A Waiter in Paris

Adventures in the Dark Heart of the City

巴黎侍者

城市黑暗中心的冒險，
一位年輕作家眼中的底層巴黎

Edward Chisholm
艾德華．奇索姆＿＿著

張家綺＿＿譯

目錄 CONTENTS

waiting noun

BrE /weɪtɪŋ/

1. 留待原位，或延後某事，直到某人／物抵達或某事發生
2. 從事服侍客人的工作

序言 INTRODUCTION

在我動筆的這個當下，巴黎萬籟俱寂。她的大道空無一人，商店、餐酒館、咖啡廳、餐廳門戶緊閉，長達數週的封城將我們的世界限縮在十幾平方尺內，一個我們稱為家的地方。

這座城市屏息以待，夢想著生活回歸正常的一天。在巴黎，這意思就是坐在咖啡廳或餐酒館、露天用餐區、公園，享受精緻珍饌和平價美食，這就是我們熱愛的巴黎。

最奢侈的莫過於外出用餐。踏進餐廳，服務生帶位入座，菜單赫然出現眼前，你只需要放輕鬆，望著杯盤、酒瓶形同魔法出現又消失在你面前。

無疑是巴黎普及了上餐廳用餐這件事。即便如此，在這裡這依舊是一件奢侈的事，這就是它的終極定義。尤其是封城期間，買菜、備料、烹飪、洗碗的無限循環，更在在提醒我們這點。所以我們總是朝思暮想，想像著外出享用美食和踏入五花八門的餐廳。

沒有哪個城市比巴黎更能代表餐廳的世界。

《巴黎侍者》故事的起點是二〇一一年十一月，也就是金融海嘯過境後三年，當時我大學畢業兩年，這段休耕期間，我在倫敦接過一堆打雜工作，包括客服中心、勞動活、發送傳單，還有（畢生職涯亮點）推銷三級片給東歐電視頻道。同時我當然還申請了其他「更有尊嚴」的工作，無奈這些工作似乎突然消失無蹤，再不然就是早就不存在。

從表面看，問題再簡單不過：在一個揮別金融海嘯的世界，我們這種擁有人文學位的大學畢業生究竟該何去何從？這問題始終沒有正解，我在倫敦孑然一身，存款和選項消耗殆盡，於是決定接受好心法國女孩愛麗絲的邀約一起去巴黎。當時她正準備從倫敦搬回巴黎，找到落腳處前我可以暫住她家。這個解決方案堪稱完美，不但實現我的冒險心願，人生也總算不再停滯不前。

我扛著一袋衣物和兩本書抵達，其中一本當然是讓我多年前愛上閱讀寫作、對巴黎心生嚮往的讀物：喬治・歐威爾較鮮為人知的作品《巴黎倫敦落魄記》，書中描寫他前後在巴黎和倫敦謀生一貧如洗的日子。歐威爾讓我們清楚看見光鮮亮麗後方的當代巴黎，這個世界與費茲傑羅的豪奢宴會、還有海明威、畢卡索、馬蒂斯為座上賓的葛楚史坦文學沙龍是天壤之別。

我做夢也沒想過自己會找餐廳的工作。我天真以為能在巴黎找到一份「正當職業」，殊不知這裡和倫敦沒兩樣，終究是一場空。眼見存款即將見底，我只能和許多人一樣去端盤子。這是一種深入體驗巴黎、遠離同鄉、自學法語的方法，如今回想，也可以說是一種自我證明的方式，我能掌控人生，當自己故事裡的主角，而不是金融危機中的被動受災戶。

當時我並不知道，其實這是一場華麗冒險的序幕：潛入巴黎餐廳的世界，這個世界和一九二九年大蕭條下的《巴黎倫敦落魄記》大同小異。這場經歷讓我和法國與歐洲展開一生一世的糾葛，我學會了勤奮工作與謙遜的價值，知道有志竟成。外面的世界機會無限，你只需要鼓起自信，奮不顧身投入就對了。

巴黎的服務生就像法國三色旗或艾菲爾鐵塔一樣無所不在：他們在露天用餐區忙進忙出、躲在餐廳後門抽菸、深夜收工後一臉疲態肘撐在吧檯。服務生俯拾即是，或許正因如此，我們往往視而不見，不過這正中他們下懷。我們只在餐點出問題才喊他們，或用餐結束才突然想到他們，隨手掏出幾枚銅板丟在桌面。但你是否好奇服務生的生活？終其一生端盤子會是什麼樣子？事實上，服務生是一個殘酷的行業，職業生涯以週計算，上頭往往是虐待狂經理，薪資微薄到服務生之間爭搶小費。端盤子是一種體力活，遭人羞辱是家常便飯，弱肉強食到難以置信。這個世界隱藏在你看不到的角落，由古老規則和卑微階級主宰，都是你這輩子想像不到的三教九流：小偷、自戀狂、退伍軍人、巴望成名的演員、非法移民、毒販⋯⋯

我們每天自由穿梭巴黎廚房，所以等到自己終於可以外出用餐時，總認真思考這少得可憐的薪水要花在哪裡。

我追尋寫作之路時當了四年的服務生和吧檯，然而，沒有哪份工作比第一份難忘，《巴黎侍者》講的就是這一段故事。我要講的不是我個人的故事，畢竟我只是人間的過客，或是套一句克里斯多福・伊舍伍描述柏林人生的話：「我只是一台打開快門、被動等待畫面的相機」。書中角色都是我在餐廳真實遇見的人物，為了保護他們，我特別使用假名，不過幸虧這間餐廳已經關門大吉，這也不意外。

其實這篇故事的主角不是餐廳，而是現代巴黎的寫照，也可以說是整體法國的縮影。將一間巴黎餐酒館縱切成兩半，你就能得到一幅捕捉法國現代社會的精準剖面圖，從這個差異微妙、多語多種族小社會的畫面裡，你會看見最上層是富人，窮人墊底，中間的則是你和其他人。沒錯，巴黎無法代表全法國，但你卻絕對能在巴黎找到全法國。

如果你不相信，下次踩著巴黎餐酒館的石階下樓找廁所時，不妨偷窺一眼廚房，再告訴我你看到幾張斯里蘭卡或黑人面孔，他們在那裡的原因其實和我這個白人服務生在樓上做外場服務並無不同。

這段經驗充滿酸甜苦辣，我遇見美好的人和工作夥伴，總覺得不寫下來太可惜，所以我自告奮勇，賦予無形勞動人口聲音，訴說他們的故事。

雖然故事背景是巴黎，使用的是法語，但這些故事稀鬆平常，在現代的倫敦、巴黎、紐約、柏林、馬德里、羅馬等地真實上演，只是我們往往選擇視而不見，只注意到自己想看的：美食、店內裝潢，只停留在表面。

再來就是美妙的法語了。一個法語文盲（老實說，我連英語的普通中等教育證書都沒有）都是怎麼了解當下狀況？關於這點，我很快就發現只要弄懂一段話的背景脈絡，即使十個字只聽得懂一個，通常也能抓到重點，畢竟人類有強大的自動腦補功能，所以書中對話也是配合我聽不懂，刻意空白。除非特別點出，否則每個人都是對我說法語，絲毫沒有放過我這個英國佬的意思。不過你們會慢慢發現，其實我還過得去。

我希望《巴黎侍者》可以訴說「PRIVÉ（非請勿入）」餐廳回轉門後方的故事，記錄這些人的工作與生活，稍微分享巴黎人生，以及我在巴黎餐廳當服務生，或至少努力嘗試當好服務生的故事。結果如何？可想而知，和我大學畢業後找過的工作一樣，餐飲業也不認為我適合吃這行飯。

若說這本書有什麼警世忠告，我希望你得出以下心得：下次要是吃到性價比爆表的美食，思考一下真正付出代價的人，可以的話別忘了多留幾枚銅板給他們。

聽說後疫情時代世界會變得不一樣，我也真心盼望，尤其是對於踏進餐飲業的人。

艾德華・奇索姆

二〇二一年三月筆

開胃菜
AMUSE-BOUCHE

午餐時間，餐廳逐漸滿座。黑套裝打領帶的服務生有模有樣，充滿專業架勢，很顯然全是法國面孔，他們忙著遞菜單、點菜、迴避問題，最後如刺客或僧侶般迅速遁入餐廳後方的回轉門，消失無蹤。

我呆立在原地看著這一切，試圖隱藏內心的恐慌，我是不是應該隨手捉住一個人，把他拉到角落據實以告：我不知道自己在做什麼。

但就連這件事我也辦不到，因為這只會暴露另一件我急欲隱瞞的事，那就是我根本不會說法語。我人在法國首都的時髦餐廳，精心裝扮成巴黎服務生，卻一句法語都不會。

這不是什麼不起眼的咖啡廳，不是小酒館，而是貨真價實、頗具聲望的巴黎餐廳，門邊帶位櫃台前不苟言笑的女接待員、粗暴無禮的服務生大軍、一副拿破崙表弟似的餐廳主任（但高多了），還有識破我不屬於這裡、處心積慮踢走我的壞心經理。

運用幾個時機恰當的法式聳肩和事先預習的求職金句，我成功騙到這份工作（如果這稱得上工作的話），要是他們現在發現我不會說法語，我就玩完了，不管怎樣我一定要融入餐廳，即便我還不確定這是正式工作，還是試用期。否則接下來又得從早到晚抱著一疊履歷表，回到寒風刺骨的巴黎街頭。

目前的狀況是這樣的：天剛破曉我就穿著一身鬆垮的廉價西裝到達餐廳，我還不能和其他服務生一起工作，而是像希臘神話中的牛頭人身怪，關在地窖內拋光玻璃杯，直到手指冒水泡。

和其他服務生短暫相處時，我反覆聽見「跑堂員」三個字，我猜這大概是在說我。我當然不知道跑堂員是什麼，更別提跑堂員該做什麼。

於是隨著餐廳逐漸客滿，優雅入時的巴黎人湧進，我盡可能站在原地不動，免得引人注意，同時觀察其他服務生，從中搜尋這份工作的線索，了解這部機器怎麼運作。服務生猶如裝上發條，隨著某種奇異的編舞節奏，不假思索地移動腳步，搶先一步跨到顧客面前，擺放或取走銀製餐具、欠身鞠躬、拉開座椅、在客人膝上鋪上白色餐巾、拔掉軟木塞以非常法國的優雅姿態斟酒、不失禮貌地微笑點頭……

不用說，我沒有紙筆，也不知道菜單內容，更不知道怎麼幫客人點菜，或者我是否應該為客人點菜。我不曉得食材來源，也不清楚料理烹調方法，就連廚師是誰都一問三不知。

客人當然都想招我上前，但三番兩次下來還是聽不懂，於是我鐵了心充耳不聞。沒想到這麼做易如反掌，反而讓我充滿專業服務生的架勢。

正當我自以為成功融入身後的厚重紅色布幕裡，發現一身灰西裝的長臉經理在餐廳另一側來回巡場。

餐廳採用典型法式風格裝潢，天花板高聳，光線昏黃，牆面掛著路易十六陳舊斑駁的金框鏡子、鳶尾花飾壁紙，還有一整面讓幽暗巴黎冬陽穿透室內的寬大單層玻璃窗。餐廳已近乎滿座，室內充滿閒聊人語、陶瓷餐具輕盈的碰撞聲、昂貴香水從桌面飄起，傳送至飄浮於客人頭頂的服務生世界。服務生捧著大面銀色托盤，前臂垂綴的白色茶巾如飛機的蒸氣尾跡在身後飄蕩。

這時瘦臉經理腳步迅速，慢慢逼近，於是我使出裝忙大絕招，直奔餐廳後方的雙開式回轉門。回轉門十分輕巧，鉸鏈前後輕輕一晃，就把人送到一個空氣沁涼的世界，那裡沒有飄散香水味，想當然也不會有禮貌性的閒聊。

但是這扇門沒有那麼簡單，它同時是一個邊界，跨過就是一個截然不同的世界，這天稍早我見過一眼的世界：裡頭猶如迷宮，廚房、備料室、儲藏室、洗碗室、置物櫃、垃圾桶區、廊道、隱藏階梯等。再來就是為這個世界賦予生氣的人，躲在陰影中埋頭苦幹，隱沒於巴黎角落的臉孔，多虧他們你才能以合理價格吃一頓飯。

我前方有一條天花板低矮、光線昏暗的石板廊道，鑽進建築深處，空氣中飄散烹調食物的氣味，交雜著男人叫嚷、尖銳撞擊、金屬碰撞的聲響。

我身後雙開回轉門的另一端，幾百個巴黎人正在奢華的知名餐廳等待餐點上桌。

這裡就是兩個世界的邊界：一個是你已知的巴黎，另一個是你不知道存在的巴黎，我想知道那背後藏著什麼，我想看見表面下的真實巴黎。

突然間，瘦臉經理衝過回轉門大聲嚷嚷，粗暴地推我走進幽暗通道，將我一把推向神祕聲音和香味的來源。

「————————！」他嘶吼。

我聽不懂，但看得出他很生氣。

「我是跑堂員。」我試著用法文回他。

「——狗娘養的跑堂員！」他爆粗口。

他的語調證實了一件事。我就是跑堂員，這有多難懂？

他粗魯推著我的後背，逼我走向通道，深入這座機器的核心，步步逼近詭異聲響和氣味來源，最後他奮力一推，我踉蹌跌入一個小房間。小房間裡有三個男人，三名服務生簇擁在牆上一個開放窗口前，嘴裡不斷咆哮，朝彼此叫囂，你推我擠，最後像是驚嚇鴿子般作鳥獸散，在手裡的銀色托盤擺上精緻餐點後，瘦臉經理帶領他們轉身走回用餐大廳。

四下無人，我又獨自站在這裡，高度及腰的神祕窗口空蕩蕩，保溫燈熾熱赤紅，猶如地獄入口，黑暗室內另一端忽地黑影竄動。

「有人嗎？」我說。

沒人答腔。一會過後鈴聲作響，黑影變成骯髒的白色夾克，顯然是某人的下半身，一雙手默默推出一只餐盤，後面有個聲音大喊：「上菜！」

我呆愣著無法動彈，我要是真的端起這盤像是鵝肝的東西，該送去哪裡？

「上菜！」他加重語氣。

管他的，我就去送餐吧。雖然不知道送去哪桌，但我能出什麼錯？

第一部 餐前酒 LAPÉRITIF

❖東巴黎

我很快就適應了巴黎新生活。我和愛麗絲住在她巴黎東區的二樓小公寓，公寓一樓是一間鋼琴維修店，位置比鄰丁香門。這裡不像巴黎，至少不是我童年想像的巴黎，沒有寬闊林蔭大道，也沒有小朋友推玩具船的池塘公園。這一帶是邊界區域，不偏不倚坐落於巴黎邊陲，戰前工廠員工的宿舍和戰後建設的高樓林立，再過去就是「banlieues」，也就是「郊區」，下層社會的工業住宅，也是環城大道（巴黎環狀公路）內圈居民不屑一顧的地帶。來這裡不會讓人想起奧塞美術館的館藏，倒是想起那部郊區暴力電影《恨》（*La Haine*）。

通往市中心的美麗城街是巴黎兩大中國社區之一，街上林立著狹小餐廳、混亂不堪的中國超市、商品雜亂的小店，招牌和店門標示全是中文，熱鬧非凡，白天路邊有中國男人以物易物、賭博、抽菸、朝人行道吐口水，入夜後中國妓女成群結隊霸占街頭，遊晃閒聊，對路人微笑。要是多盯一秒，她們就朝你臉上噴出香菸煙霧，以濃濃中文腔調的法語說：「晚—上—好—你—好—嗎—先—生。」要是需要服務，她們會帶你去大樓地下室角落的小房間，甚至是路邊停靠的廂型車裡。

我們公寓一角是狹窄的黃銅小床，另一角則是連結腐朽櫥櫃的水槽，還有兩台可以煮飯的電磁爐。薄門背後就是褪色的鴨黃色浴室，只能勉強擠進去沖澡，樓梯旁的過道有一間共用廁所，空間狹窄，沒有燈泡，瀰漫著泥臭和尿騷味，地板沒有乾燥過。

公寓建築偶爾會加上阻隔不了噪音的薄牆，變出更多狹小房間，我們從沒見過其他住戶，卻都親密熟悉彼此。凌晨三點鐘牆後傳來沖澡的流水聲，凌晨五點鐘是有節奏的床板碰撞聲，早晨八點鐘則是令人血液凍結的尖叫咒罵。隔壁鄰居是一個身形高大、臉色慘白的服務生，總是一臉厭世，灰髮往上梳成側分油頭，聽見一點噪音聲響，就不耐煩握緊拳頭或操起飯鍋，瘋狂敲打牆壁，聽見英語似乎讓他更火大，大喊：「Espèce d’Anglais de merde（死英國佬）！Sale con de roastbeef! Pauvre con（他媽的英國烤牛肉！白痴）！」所以沒多久我就學會很多髒話。

他的房門一直微微敞開，所以整個樓梯井都是揮之不去的菸味和體臭，只要他大聲咆哮，我一定回敬，拍牆、髒話樣樣來，沒多久其他住戶也加入，簡直像是監獄囚犯或瘋人院。

「Ta gueule（閉上狗嘴）！」

「Ferme-la（你才閉嘴）！」

要是哪天夠倒楣，樓下可能正好還在為鋼琴調音。

一晚他火氣特別大，只差沒有敲破牆壁或心臟病發，於是我直接衝進他房間。看見我衝進去他嚇傻了，我看見他的小房間時也嚇傻。這男人悲慘到連一扇窗都沒有，角落一張小露營床，上面整齊鋪著扎人的羊毛毯，還有一張擺放電磁爐的廉價餐桌，充當燭台的葡萄酒瓶上插著一截短蠟。我總算知道樓梯頂端的通道為何臭氣沖天，因為室內到處是滿到溢出的菸灰缸，剝落油漆表面還覆蓋一層尼古丁油漬。

簡單來說這裡確實就是牢房，大小不過幾平方公尺，本來應該是窗戶的牆面貼著三張明信片，全是痛苦扭曲或禱告中的基督教聖人和殉道者。

我們呆滯瞪著彼此，兩個有巨大隔閡的世界總算面對面。他高舉的手握著湯鍋，身後牆上的鐵釘掛著服務生制服，地面有一雙磨損破鞋。我像是發瘋般用拳頭敲擊牆壁，警告他要是再敲牆壁，我也會敲回去。他坐在室內唯一一張椅子上，一身厚重浴袍和拖鞋窩在煤油暖爐前，滿臉震驚反感，我從他的錯愕沉默看出他聽進去了。

接下來幾週我常常想起這名服務生鄰居。我不懂他怎會這麼落魄，生活在這麼不人道的環境，這還是二十一世紀的巴黎。他年紀不輕，也不是學生，可是對他來說，這樣的生活已經很理想。

❖巴黎人生

巴黎的生活開銷比倫敦低，就算沒錢也能如魚得水。基本來說，某幾項日常開銷很固定：一條傳統長棍麵包一．二歐元、小杯啤酒一．五歐元、櫃檯點一杯咖啡一歐元。在這裡香菸相對便宜，葡萄酒也是，就連搭乘地鐵都不貴（單程一．七歐元，倫敦是五英鎊）。

我過著奢侈浪費的有錢人生活，每天悠哉起床，躺在床上或窩在咖啡館讀報，想像自己是年輕小說家或詩人，手裡拿著筆記本在巴黎街頭漫步。巴黎是一座讓人想要散步的城市，我每天漫無目的地走，看遍整座城市，迷失在她的巷弄中，走到筋疲力盡才搭地鐵回家。

這是我自開始有大學學貸後，第一次體會到我的購買力上升。儘管如此我還是得工作，除去想要成為歐洲人的模糊想法，我來巴黎的目的就是找工作。我找工作的管道有兩種：晚上到網咖申請所謂的「正職工作」，白天尋覓「短期」付現工作，我通常搜尋當地商店和麵包店的公告欄，不然就是幾乎從不更新的簡陋求職網站。

抵達巴黎幾個月後逐漸進入冬季，「臨時工作」零零星星，工作類型倒是不少，像是幫反覆暗示我去見他太太的法國商人上英文課、在花園市集販賣守護神小雕像、電影臨演、組裝宜家傢俱，只要能賺到一點現金，我什麼工作都接。但主要收入來源還是兼兩份差的愛麗絲，她在巴黎八區小餐廳打工，那裡的商務人士渾身午餐味，晚上則是去十六區的公寓豪宅當保姆，帶嬌生慣養的貴族小孩。除此之外，她很認真讀書，希望有天成為藝術品修復師。她的毅力堅定，清楚自己的人生方向，我敬佩不已，畢竟這兩樣特質我都沒有。

見到她這麼奮發圖強，我也帶著社會新鮮人的活力找工作，四處尋覓公司、隨機寄出電子郵件，能試的都試了，偏偏沒消沒息，到處碰壁。

＊＊＊

隨著十二月到來，巴黎愈來愈冷，白天愈來愈短，外出散步不再寫意。人行道結著冰霜，整座城市停擺。大多時候我都泡在咖啡廳，再不然就是盡可能窩在床上保暖，還是會積極申請「正職工作」，不過已失去信心，多半石沉大海，最終我停止了，畢竟沒人會在毫無回音的情況下持續寫信，感覺自己是對著強風嘶吼的瘋子。再說我的存款快撐不下去。

「才過兩個月，你會找到工作的。」愛麗絲安慰我。

「兩年又兩個月，妳忘了把畢業後那兩年算進去。」

我們之間的發展也不順遂。原本閃亮的愛情遇到瓶頸，我們愈來愈常吵架，理由不明。一開始互相吸引的優點，卻慢慢令彼此漸行漸遠。除了我和我的沒自信令她疲倦，她自己的處境也讓她沮喪。她想要從事藝術，而不是在餐廳當服務生、幫有錢小孩把屎把尿。我們都想要達成人生目標，不同的是她已經有方向，我還在茫然。

「我不想每晚回到家都看見你這麼……消沉。」她對著牆上碎裂的鏡子梳著一頭金髮。

「找不到工作，怎麼打起精神。我不斷思考我人生要的是什麼？要是不快點找到工作，恐怕就沒望了？永遠一事無成，快三十歲還沒有正職，也許我就是一個什麼都做不好的魯蛇？可是我真的喜歡巴黎。」

愛麗絲有所不知，為了打發時間、不滿腦子想著財務和工作困境，現在我常到危險的巴黎邊緣地區，像是奧貝維埃、蒙特勒伊、甚至更北邊的薩爾賽勒的咖啡廳和酒吧。那裡反而給人一種活著的感覺，物價合理，不用裝腔作勢，甚至有點危險，有很多失業的人，大家以自己的方式面對生存危機。

這種感覺更真實，暫時不必去想線上求職、履歷表、達成人生目標這些事。

「我呢？」

「妳有工作啊。」

「我不是說這個。我呢，你愛我嗎？」

我稍微遲疑，遠方響起喪鐘。

「當然愛。」

「你不愛，而且你連說出口的勇氣都沒有，你愛的只是你想像中的我。」她放下梳子，轉身對我說：「別擔心，我早就知道了。我愛你，但不能逼你愛我。我不想要這樣，也不需要你勉強。」

你連說出口的勇氣都沒有……

她在冰冷房內迅速脫下衣服，鑽進我旁邊的被窩。

「我好冷，抱我。」過了一下她又說：「你太沒自信了，不可思議。」

愛麗絲一眼就看穿我，也知道一件沒人知道的事：那就是我真正的夢想是成為一名作家。但有件事她不知道，那就是我根本沒東西可寫，就算真的有，我也沒有寫出來的自信。再說該怎麼成為作家或是文字記者？寄電子郵件和履歷表似乎沒用。我只聽過文字記者被裁員的消息，沒聽過在徵人的消息。在當地酒吧或危險郊區殺時間，我能一睹這個我想深入認識的世界，但就算寫下這樣的巴黎，也是外人視角的冒牌貨，除非我真實過著這種生活。

隔天愛麗絲某個朋友介紹我們認識幾個旅法的英美人士，他們在巴黎生活的時間有長有短，但有一個共通點，就是不會講法語，他們做的事也讓我困惑。我原本指望利用這次機會牽線找工作，卻很快發現他們全是靠爸靠媽族。他們的人生都很陳腔濫調，一人說是為了創作小說來巴黎，另一個人說是攻讀攝影，第三位則是小有名氣的部落客，專門撰寫「尋找巴黎最強馬卡龍」或「法國男生約會須知」等「深度主題」文章。他們每天遊手好閒，但我來巴黎不是為了和夢想旅法或自稱作家的英文母語者鬼混，不打算告訴他們我的作家夢。

「你沒有那麼與眾不同。」走路回家的路上，愛麗絲忍不住挖苦我：「但至少他們還找了些事做，不是整天坐在那裡沉思。」

「沒有，他們只是坐在那裡裝模作樣。」

儘管我很高興能待在巴黎，但是一週週過去，我也愈來愈悲觀，反正工作沒著落，我也找不到人生方向。日子愈來愈模糊，就像一條從手裡滾落的絲線，亂成一團。即使有大把時間，卻感覺時光飛逝，而我還是一事無成。閱讀應該是空閒時刻的奢侈享受，不是用來打發時間。博物館要收費，外面又冷得不得了，存款快要見底，我卻成天躺在床上發呆，而不是出門去過大家想像中的巴黎生活：去老劇院看戲、看展覽、上酒吧。為了節省所剩無幾的生活費，我每天只能在吧檯前點一杯濃縮咖啡，在吧櫃點單比較便宜，而且到處都撿得到別人看完的報紙，你可以好整以暇讀《隊報》或《巴黎人報》，逗留酒吧，延長一杯咖啡的時間。

我常去的香菸酒吧就在地鐵約旦站旁的大馬路上，店內空間狹窄，裝潢單調，卻總是人滿為患，隨時都塞滿不務正業的人。隨著聖誕節的腳步愈來愈近，酒吧甚至扛出曾經流行一時、現在比較適合拿來通水管的假聖誕樹。在這種香菸酒吧，來一杯啤酒或「生命之水[1]」從來不會太早，常客展現出我最想認識的巴黎面貌，比起聒噪美國腔傳遍全餐廳、人人打扮光鮮亮麗的市中心，這裡更真實，也比某英國女性部落客在「全巴黎最巴黎的酒吧」文章中推薦的酒吧更巴黎。

我甚至偶爾在這裡巧遇服務生鄰居，不過自從上次發生口角，他就裝作不認識我。

香菸酒吧的店主是一個愛碎念的法國老先生，他把香菸販售轉讓給兩個認真賺錢的中國兄弟，然後躲在吧檯後，整天對願意聽他說話的人大肆抱怨這對兄弟。

「足足百分之九十八……」講得好像是他本人做的調查：「這些中國人搶走大家的生意，你知道嗎，我這裡之前是碩果僅存的幾家之一。」

中國兄弟把他的話當耳邊風，他們門庭若市，人潮絡繹不絕，應付購買香菸和刮刮卡的客人都來不及了。

❖假期結束

在法國，你從事的行業，決定你是什麼人。法國不講求可轉移技能，你不能說自己是歷史系學生，可是未來想當文字記者或電視編劇。如果你是歷史系學生，將來就只能在博物館工作，沒得商量。想要從事行銷業？廣告業？金融業？最好一開始就讀對科系，否則回去當學生。在法國，早在你知道自己的人生目標前，你的職業生涯已成定局。

「我有件事要告訴你。」愛麗絲說。

她的聲音低沉，雙眼濕潤。

「有一份工作……是藝廊工作，幾週後開始……然後……呃，我準備接下這份工作。」

說到這裡她頓了頓。

「問題是，這份工作……在倫敦，所以——」

暗示很明顯了。我們可以一起回去，但她沒問我要不要回去，而我也沒提出這個想法。她和我都心知肚明，要我回去是不可能的事，畢竟我剛抵達巴黎，也打算留下來。這就是我的決定，除非我完成什麼，即使只是學會法語，否則我不會走人。

接下來兩週，我們就像兩艘夜班船擦身而過，一人出門，另一人回來。這時氣溫陡降，廣播電台形容這是巴黎近年來最強寒冬，室內和屋外幾乎沒兩樣。我的解決方法就是延長逗留咖啡館的時間，不過這需要花更多錢。慢慢喝一杯咖啡，我就能坐在餐桌前多取暖兩個鐘頭。昨天的報紙在我面前攤開，上面有原子筆的注記，左手邊則是一本英法辭典。

說來諷刺，和服務生鄰居正面交鋒不到一個月，我的人生已經天翻地覆。我不再同情他，反而羨慕起他，因為我迫切需要他擁有的東西：一份工作，以及一個可以落腳的地方。時間對我不友善，愛

1 Eau de vie，白蘭地等烈酒。

麗絲再過兩週就會搬走。

愛麗絲宣布消息後的幾天，我開始深度探索內心，最後得出一個結論，過去的學經歷不過是預備我去面對一個早已不存在的世界。真要說，現在的我甚至比剛進大學時更慘，像是怕我忘記，學貸負擔也不時提醒我這件事。我接受了在巴黎沒錢沒朋友的事實（抵達巴黎後愛麗絲介紹認識的朋友，一聽說我決定不和她回倫敦，都很有默契地消失在我的世界），也決定要是我真想振作，就得從低谷爬起。接受了這個事實之後，我內心輕鬆不少。我只需要證明自己辦得到，我可以完成一件事。之前的我也不是沒接過爛工作，可是現在不同，我會留在巴黎，看這場冒險帶我前往何處。這是我現在唯一能做的，畢竟我已經一無所有。

念頭聚焦後，沉重壓力也減輕了。去他的閉門羹、倫敦的各種失敗、功成名就、闖出一片天的壓力，現在我有機會體驗不同生活，或是成為連我自己都意想不到的人，也許還能認識真實的自我。

＊＊＊

一陣安靜之後，我聽見高聳的大樓大門砰地合起，她的腳步聲消逝在漆黑城市。

床鋪還有她的餘溫，室內殘留她淡淡的香水味，這就是我們僅存的所有。

我評估自己的狀況，公寓租金付到二月中，意思是我只剩不到四週，要是找不到工作和公寓就準備回英國，人生清單又多一筆失敗紀錄。

❖找工作

在巴黎，餐館分成不同等級。有藏身住宅區巷弄的普通餐酒館或咖啡廳，主打出餐快速的平價美食，是巴黎上班族的午餐好去處。有高檔的米其林和富麗堂皇的五星級飯店餐廳。這兩種餐廳都不收沒受過訓練的服務生，畢竟前者講求效率，要的是動作俐落、經驗老練的服務生，後者則只收專業服務生，也就是知名餐飲學校的學生，或在街坊餐酒館累積經驗的老手。這兩種極端天秤之間有各式各樣的餐廳，包括不同異國餐廳，有巴黎最常見的前殖民國料理，例如北非小米飯、黎巴嫩或越南餐廳，還有各種不同的餐酒館。

到網咖列印出一疊履歷表（可能是我目前為止最強文字創作）之後，我開始找工作。計畫很簡單，這座城市有成千上萬間餐廳，我肯定找得到服務生工作。

從早到晚，從晚到早，我穿著最幹練的服裝，踏遍巴黎每個角落。我一大早就到用閒置店面匆促改裝的「臨時工介紹所」排隊，所內燈光刺眼，有磁磚地板、廉價辦公桌、盆栽裝飾，他們每次都笑我是大材小用。再來是走路，走很多很多路，不同的是，此刻我已不是波特萊爾筆下的浪漫遊者「le flâneur」，不再是抵達巴黎時自詡的藝術家詩人，而是想討口飯吃的求職者。

我帶著決心，還有一張翻到邊角翹起的巴黎地圖，踏進巴黎所有餐廳和酒吧。

總的來說，我的求職過程備受羞辱，眼睜睜看著他們把履歷表丟進垃圾桶，離開時聽見同情的竊笑。巴黎服務生似乎很團結，說什麼都不讓我加入，好處是經過這兩週，我也慢慢摸索出一套求職獨白，模仿流利法語，學法國人說話時聳肩的時間點，開始有當地人的樣子。

我找到幾份付現工作，一份是收酒吧桌面空瓶的雜工，連續三天從晚上七點工作到凌晨三點。第四天，搶走我工作的小子上前找我。

「這裡不需要你了。」他竊笑。

真的要吃土了。

我嘎吱踩著樓梯回到公寓，從門縫瞥見服務生鄰居的搖晃影子，他正在收聽電台足球轉播，酸臭菸味飄至樓頂。這幾週我常想到他窩在無窗房間的可憐畫面。至少他有地方住，一間房間和一份不怎樣的工作。我走投無路，決定上前敲他房門。我聽見他調小音量，沒反應，再敲一次，過了半晌他總算稍微拉開門，門縫露出他的尖嘴猴腮，我還沒開口，他已經連珠炮似地捍衛聽廣播的權利：

「______怎樣？我不能聽廣播？______！Espèce de con d'anglais de merde（他媽的英國垃圾）……」

我用破法文問他，他是不是服務生。他瞪著我，以為我在嘲笑他。

「……我在找工作。」我硬擠出法語：「服務生。」

他掀起上唇，吸了一大口氣，享受這個他等了一輩子的片刻，接著敞開房門，裹著厚浴袍筆直站在我面前。

「你以為你______服務生？」他笑了，一抹假笑。「你不可能______服務生。」

這métier（工作）不是鬧著玩的。」

他準備關門。

「Attends（等一下）。」

「Quoi（幹麼）？」他厲聲反問。

「你在哪工作？呃，我可以去嗎？」

「我在哪工作？」他一臉不可置信：「你以為英國垃圾夠格？我可是在高級法國餐廳都是巴黎有頭有臉的大人物。你這種低等『chômeur』。想當我同事？T'es fou（你瘋了）。」

話一說完，他狠狠甩門，調高收音機音量。

Espèce de merde d'anglais很好懂，但我沒聽過chômeur。我回到冰冷房間查字典，chômeur，是指不事生產的人，也就是無業遊民，罵人是遊手好閒的米蟲。

＊＊＊

求職第三週，我開始吃起加熱罐頭扁豆配麵包。我搭乘高速電梯，降落職場最底層，卻還是找不到工作。臨時工介紹所的油頭男顧問告訴我：「這些工作都不適合你，去找辦公室工作吧。」他不懂，哪有這麼好找。

準備宣告放棄時，一位皮加勒區的愛爾蘭酒保給我小道消息。他知道有個女生在「市中心某餐廳」

擔任hôstesse（女接待員），待遇不錯。他用孩子氣的字體寫下餐廳名稱：Le Bistrot de la Seine（塞納河畔餐酒館）。我決定了，這是我最後一天找餐廳工作。愛爾蘭酒保的描述讓我覺得希望不大，塞納河畔餐酒館聽起來不是巷子裡的小酒館，也不是米其林餐廳，介於兩者之間，包裝成時尚精緻餐飲的朝聖地，是beau monde（名人）喜歡公開露面的場合，也是觀光客填飽肚子的好選擇。酒保說餐點價格不太高，也不低。這間餐酒館可說是現代巴黎的縮影，過度重視外表。為了證明，他形容曾在那間餐廳工作的女子：「很漂亮，自稱模特兒，我深感懷疑，有件事倒是假不了，那就是她真的是婊子。」

＊＊＊

傍晚時分，天色已黑。我穿過塞納河畔餐酒館的沉重大門，踏進更漆黑的前廳，穿著昂貴西服的高䠷男子站在帶位櫃檯，飄浮在幽幽發光的黃銅小燈上，彷彿正在書房閱讀。

「你好。」他招呼我。

他糾正我，他是主任，不是經理。「Schweeler le Directeur（我是主任）……」

他不發一語聽我那套求職獨白。

聽完後他嘴唇抿成一條線，渾身濃郁香水味走出帶位櫃檯，上下打量我，像是農夫在市場打量一匹不怎樣的種馬。

「________commencer quand（什麼時候開始）?」他問得很突兀。

不再是一開始招呼我的客套。

我告訴他，隨時可以。

「Bon. Faut qu'＿＿＿＿ à six heure（很好，六點到）。」他的短促語氣略帶不屑，彷彿和 untermensch（低等動物）呼吸相同空氣令他反胃，我只是一個漫遊者，現在是夢想當服務生的無業遊民。

「Le matin（早上嗎）？」

「Evidement, le matin. ＿＿＿＿（早上，不然呢。＿＿＿＿）」後面那句語氣不太友善。

我謝過他，轉身離去。

「Attends（等等）。」他大吼。

我乖巧轉過身，驚訝於自己的奴性。

主任視線本來黏著地板，從我的雙腳游移至臉，盯著我的棕鞋、灰褲、藍襯衫、灰夾克，補充：

「Avec des chaussures noires, un costume noir, une chemise blanche, et un nœud papillon noir（穿黑鞋、黑外套、白襯衫、『黑蝴蝶』）。」

我向主任道別，還沒搞懂這是正式工作或試用期，還是和其他主管進行面試，只知道商店再一個鐘頭就打烊了，我需要一套便宜的黑西裝、白襯衫、黑皮鞋。最後一項提到的蝴蝶，我後來才恍然大悟是領結。我正好讀完亨利・查理葉的《蝴蝶》，知道這個字。《蝴蝶》講述他流放法國殖民地圭亞那魔鬼島服勞役的經歷，書封有隻大蝴蝶，現在一回想，也許宇宙在暗示我什麼。

❖下層世界

清晨五點四十五分，氣溫冷冽刺骨。美麗城街尾有條人行道，幾個穿假皮草的華人娼妓站在漆黑門口，我踩著愛麗絲的老單車經過，幾雙深色眼珠默默凝望我，空氣飄散菸味，接著又變回無味冰冷空氣。

平價飯店外，有位晚班門房在街燈下抽菸，衣領在耳邊豎起，手插口袋。我騎到瑪黑區，聞到香味四溢的可頌，有人說巴黎充滿尿騷味，但是早晨的巴黎飄散迷人的可頌香。

單車咯噠聲迴盪在老舊石牆上，閃亮白光瞬間灑落街頭，奢侈內睡衣店的燈光還亮著，高聳的半裸美女液晶展示櫥窗下，藍背心非裔老人拖著地板，頭也不抬，我就像一道從他身邊滑過的陰影。

街頭再度鴉雀無聲。

里沃利街上，兩部計程車閃著綠燈，在路上蟄伏潛行，尋覓最後一名乘客。一個男人面朝下躺在百貨公司前的金屬排氣孔，像是跌倒在那。男人一動不動，只有排氣孔的悶暖氣流輕微吹動他糾結的黑髮。前一晚氣溫零下七度。

我踩著單車回到巴黎四區，先是聽見一道尖銳刺耳的聲響，接著看見打在牆面的橘光，傳來男人的粗聲叫喊及塑膠蓋關起的聲音。走近垃圾車時總是聞到的臭氣，喬治·歐威爾形容是「酸味」。穿綠色連身服的幾個男人跳上金屬踏台，垃圾車蹣跚搖晃前進，消失在下一個轉角。

又是一陣鴉雀無聲。

到了塞納河畔，歐洲七葉樹光裸無葉，毫無生機。你能嗅到泊岸襲來的寒意，駁船無聲在河面前進，貨物壓得船身沉甸甸，邊舷幾乎快碰到水面。舉目不見星辰，西邊就是睡夢中依然污穢骯髒、耀眼壯麗的巴黎。

沒多久我聽見慢條斯理的微弱刮擦聲，一個綠衣人影在街燈下拿著掃帚彎身在汽車之間掃水溝。天將亮未亮的二月巴黎是主角缺席的龐大劇院，只有躲在背景布景後的舞台工作人員。

我在鐵欄杆上鎖好單車，迅速衝過餐廳的黃銅招牌，正前方是長長的露天用餐區，整齊排列著幾百張座椅，前方小廣場空無一人，橘色街燈在昏黑薄暮中閃耀。

餐廳大門依舊深鎖，只有接待櫃檯小燈亮著，很像神龕。我敲了敲門。一個高挑優雅、面無表情的黑人女子圍著披肩上前開門，輕輕說「早安」。她修長憂鬱的臉龐猶如莫迪利亞尼肖像。

「Ça caille!」今天超冷，我說，朝兩手猛哈氣。公寓冷到我們吐白煙時，愛麗絲都這麼說。

「Oui.」她回答。「你——新來的跑堂員。我是瓦倫丁娜。」然後伸出冰冷的纖纖玉手：「Enchanté（請多指教）。」

瓦倫丁娜帶我踏上昨天見過的紅毯階梯，來到寬闊昏暗的空間。是用餐大廳，我在黑暗中隱約看見餐桌和座椅剪影，空氣中混雜花香和木蠟氣味。

「Attends ici（你等我一下）。」瓦倫丁娜說。

她留下我，大扭臀部離開。我好奇「跑堂員」是什麼，服務生的別稱嗎？瓦倫丁娜回來後走回裡面的吧檯，讀昨天的報紙。她沒有說話，餐廳內靜悄悄，我聽得見她翻報紙的聲音。我想提醒她我還在，這時地毯下的鑲木地板嘎吱作響，我轉頭看見某人走上前。

「Viens avec moi（跟我來）。」他說。

我們走向餐廳後側那扇「Privé」黑門，我一陣興奮：這天總算來了，跨越這扇門，通往另一個世界。

黑門在我背後合起。我們兩人走在刷白的過道，碰到一個小開口，前方有狹窄的石梯井，改裝成餐廳前這裡肯定有別的用途，我們站的位置可能是私人宅邸或宮殿的幫傭區。他沒有轉頭，只是警告我絕不能上樓。「Interdit（禁止進入）。」他像是指著天堂，也像指著人間。

我們踩著階梯下樓，轉了一個彎，各種聲音瞬間從地底深處傳來：沉悶人語、咆哮嘶吼、叮噹撞擊。是廚房嗎？我們沒進去。我們還沒走到那不曉得是哪的地方，就彎進了一間刷白的小地窖。

「你等我一下。」他說。

他回來了，提著一個裝著滾燙醋水、漂著檸檬片的塑膠水桶。在小地窖的昏暗光線下，我總算看清楚他的臉。他目測比我大幾歲，臉孔寬闊俊俏，深棕髮，嘴巴活潑生動，標準的高挺法國大鼻子。

「——————————？」他指了指地窖角落，有十幾個高高堆疊的灰色餐具塑膠盒。

他是要我清洗餐具嗎？

「——————乾淨。不能——————肥皂——————。」

「要喝咖啡嗎？」

「好啊。」

「我叫路西安。」他語氣不帶感情。

我們握手。

「——腔調？」他問。

「英國。」

「Anglais, chic（英國腔，帥喔）。祝你好運。」最後一句是英語。

路西安把我留在沁寒的刷白小房間，仔細一瞧，我才發現餐具的確需要拋光、搓掉肥皂污漬、摳除洗碗工漏掉的乾硬殘渣。這項工程漫長不見盡頭，我兩手埋進刀叉餐具盒，泡水發皺的手搓到破皮了，再浸入檸檬醋水，刺痛到令人想尖叫。

樓下肯定就是廚房，又傳來各種噪音：哐啷、嘶嘶、甩門聲，偶爾也有模糊不清、難以辨識的人語……

我期待著路西安說好的咖啡，但他沒有回來。

❖開門營業

六點四十分，路西安總算回來了，他帶我上樓回到用餐大廳。室內依舊漆黑，瓦倫丁娜已經不見蹤影。路西安不發一語，我模仿他的每個動作，默默並肩工作。先是打開百葉窗，碩大的木製百葉窗嘎吱露出黑夜尾聲的巴黎。室內暖氣還沒開，我們雙手凍僵，摸黑工作，硫磺橘街燈穿透窗戶流瀉室內，讓人放鬆，彷彿我們還沉睡夢鄉，像是巴黎的幽靈。餐廳外不時有計程車隆隆駛過大道，對面大樓高樓層的窗戶漸漸亮起，巴黎正在甦醒。這天會是陰天，空氣中飄著冷冽霧氣。

「Putain il fait froid（媽的，冷得要命）＿＿＿＿＿＿＿＿。」路西安說：「要是尼油辦公室，還油一個小『暖魯』就不一樣了。」路西安以英語好心補充。

我的目光飄向「辦公室」，也就是神祕暖氣的漆黑所在，瓦倫丁娜八成就在那裡。長得漂亮、婀娜多姿的瓦倫丁娜。但我不想問路西安，會暴露我的破法語。有太多我想知道的事，但現在最重要的是捧穩飯碗，盡量不說法語。我使出熟能生巧的法式聳肩。

「＿＿＿＿＿抽菸？」

我不想抽菸，但要是我沒誤會，路西安的意思是現在不休息就沒了，下一輪休息是好幾個鐘頭後的事。

「如果尼不抽菸……最好開始。」一踏出餐廳，他用濃濃法國腔的英語告訴我。「別以為尼可以出去……comment dire（怎麼說）？呼吸新鮮空氣？別傻了，mon ami（兄弟），想得美。」他哈哈大笑。「抽菸就是為了透氣。」

我露出笑容。

＊　＊　＊

我們耳朵凍僵，站在刺骨寒風中，菸頭飄出藍色輕煙，餐廳後巷寂靜無聲，你可以感覺到城市各個角落正在甦醒。聽見巴黎慢慢醒來，車流警笛，地鐵列車偶爾隆隆駛過。

一輛漆有塗鴉的小送貨車嘎吱停在單向道中央，瘦子駕駛拿著寫字夾板、叼著菸跳下車，使勁拉開後門把一個大袋子扔上肩，這時一個可能是印度人的矮小男子步出餐廳的黑色後門，用破法語和另一種語言破口大罵。送貨遲到，我只聽懂這句。兩人互嗆，火藥味十足。

路西安對吵架場面完全不感興趣，快抽完菸時，他用菸蒂餘燼又點燃一根，踏著腳取暖。總算沒人在旁邊吵鬧後，他以英語問我是否有餐飲經驗，我盡可能裝出輕鬆語氣，他也沒繼續追問，對我的回答顯然沒興趣，我也鬆了一口氣。我很想問他什麼是跑堂員，我今天應該做什麼，這是不是試用期，但我太怕露出馬腳，被他識破我沒有餐飲經驗，於是謹守沉默是金的原則，暗自祈禱順利撐過這一天，祈禱這不是試用期，我能繼續留在巴黎，一切都很美好。

「要喝咖啡嗎？」路西安又問一次。

「好啊。」

第二支菸抽完，我們正要走回餐廳，腳都還沒踏進去，瓦倫丁娜突然出現。

「你在這裡摸什麼？拿去。動作快，去掃露天用餐區。這裡————。」

我接過掃把，轉身走向露天用餐區。

「你不能這樣出去————，快要營業了。」說完轉身離開。

幸好有路西安，他幫忙解釋：「開始營業後只能穿制服。」

我一臉茫然看著他。

「不能穿外套。」

我心不甘情不願交出風衣外套，他接過去，掏出皮夾和廉價諾基亞手機，放在我手心，還警告我要提防其他服務生，只能相信他，然後關上門離開。我掃著地，巴黎寒風像冰冷河水刷過我身上的便宜合成外套。我討厭這套西裝，完全不合身，可昨晚我沒有其他選擇。我認命掃著露天用餐區和人行道，雙手凍僵發青、齒列瘋狂打顫才走進餐廳。

上午瓦倫丁娜和路西安指派我做各種雜務，大多都是我自己在地底洞穴，繼續拋光餐具和玻璃杯，整理分類、燙熨摺疊全餐廳的白色桌巾和餐巾，成品像受過大型織物摺紙藝術訓練的陽春機器人摺出來的，也立刻感覺到法國人多在意事物的呈現。工作同時，更接近地獄的地下蟻窩持續傳來咆哮和奇異的烹煮香氣，午餐時間逼近，聲音氣味愈來愈熱烈，更神祕激烈。我努力壓抑蠢動，不去一探究竟，填滿餐廳的地圖空白。

上午十點鐘，我飢腸轆轆、口乾舌燥，不知去哪找水喝，不過我寧可低調，躲在角落安靜工作。說不定拋光熨燙就是跑堂員的工作，這樣也好，但要求穿黑西裝就誇張了。

最後路西安回來，皮笑肉不笑對我說：「l'Anglais（英國佬），跟我來。C'est l'heure.」時間到了。

這句話給我不祥的預感。我放下熨斗跟他走，手表顯示上午十一點三十分。

❖服務生

服務生只有兩種價值衡量基準：小費和桌位，也就是你賺的錢和客人的數量，兩者都是愈多愈好。

路西安帶我去地窖路上行經的低矮空間，原本空無一人，現在大約有六個人在準備午餐營業。

「Hé! Le gars. Voici le nouveau. L'Anglais.」嘿，各位，認識一下新人。路西安介紹我。

像資深機長冷落菜鳥，他們對我視而不見。他們應該覺得我撐不過午餐輪班，不必太努力記我的名字。我倒是記得他們的，這群社會邊緣人太難忘，他們不像高級法國餐廳的服務生，比較像穿了西裝的街頭幫派。

「這是出餐口。」路西安指著延展至小房間後牆的低矮方洞，大約兩公尺長、半公尺高，在腰部位置，懸掛著紅光保溫燈，有如地獄之門，出餐口後面還有一個小房間，可是開口太低，看不見裡面。出餐口瀰漫著緊張興奮的氣氛：彷彿舞台劇演員在側廳等著上場，或是戰壕裡準備突襲的士兵。空氣和室外一樣冰冷刺骨，卻飄著舒心的咖啡香和殘餘香菸的味道。

「對了，那位是德蘇沙。」路西安用法語說。

深色油頭梳得一絲不苟的矮小男人，臉孔俊俏、膚色略深，鼻子被打歪破相，渾身上下散發緊張能量，踮著腳跟不停走動，西裝緊緊巴著身體，在出餐口燈泡的昏黃橘光下閃爍微光。他正拿餐刀在刮除外套前襟和袖口的乾燥污垢，餐刀不時折射光線。德蘇沙抬起頭，我感覺到他從頭到腳打量我的目光。

「Ça va（你好）？」他說。

「這位是賈瑪爾。」

賈瑪爾跪在地板上，拿客用油瓶倒在白色餐巾上擦亮破皮鞋，頭頂髮量稀薄。

「Ça va mon frère（你好，兄弟）。」他說。

賈瑪爾身形過胖，略微吃力地起身，太陽穴閃著汗水，站在德蘇沙旁，西裝顯得廉價。賈瑪爾看起來像北非人，也許來自阿爾及利亞。他髮際線後退，深色厚重眼皮下眼珠微凸，稍微鬥雞眼。

「Alors（怎樣）？」他與我四目相接，又瞄一眼他的皮鞋。

舊皮鞋發出水潤光澤，彷彿浸濕了或剛剛上漆。

「給我。」德蘇沙說。

他們傳遞著擦過皮鞋的餐巾，扔進專放髒餐巾的籃子。

「明天又白白淨淨，回到餐桌上。」賈瑪爾眨眨眼。

「————。」

「————。」

「————。」

他們全在出餐口前大笑，我聽不懂，看不出他們是不是在笑我。

「嘿，荷諾。」路西安喊。

荷諾身旁擺著一大罐髮膠，他把髒手指伸進髮膠，抹上深色短鬈髮，對著霧面金屬冰箱門檢查倒影。荷諾第一眼就讓人沒好感，雙眼深黑猶如雪貂，鬍子沒刮乾淨。他比其他人年長，大概快四十，是專業服務生，有著圓頭短下巴，以及不值得信賴的嘴巴。他沒答腔，只是俐落抬頭回應。我看著他掏出外套內袋的服務生皮夾，數起鈔票，像檢查上膛槍枝的刺客。老規矩般，他心滿意足數著鈔票，清楚知道我正在看：「我昨晚賺到的。」他說，骯髒指甲刷過一疊厚鈔票。其他人也數起鈔票。

「昨天我至少有兩百個couverts（客人）——」荷諾像是自言自語，又像是對在場的人說話。

「——放屁！」德蘇沙打斷他。

「————。」路西安補充。

荷諾發現我注視著他。

「Quoi l'Anglais? T'as un problème（怎樣，英國佬？想找碴）？」他掀起薄唇，露出一口醜牙。

「喂，你有五歐鈔票嗎？我沒了。」賈瑪爾向荷諾討五歐元，大概需要找零。

「沒有。」他撒謊。

這時一個金髮油膩骯髒、臉部坑坑疤疤的男子穿過霧氣，走出旁邊的狹小蹲式廁所。這人體格結實、牙齒泛黃，看來不好惹。

「嘿，亞德烈。」路西安拍了拍他的背：「Voici l'Angalis（這是英國佬）。」

亞德烈疲軟地握了握我的手，但對路西安說話，彷彿我不存在。

「C'est qui（這誰）？」

「Le nouveau runner（新來的跑堂員）。」又是這三個字。

亞德烈不感興趣，彎身在出餐口拍打鋁製檯面，銀色戒指發出激烈撞擊聲，粗暴喊道：「喂！我的咖啡咧？」

裡面傳來一個說話聲音，我聽不懂，不像法語。沒多久，另一端冒出一隻手，重重放下一只濃縮咖啡杯後又消失了。亞德烈舉起咖啡杯，一鼓作氣灌下，重重放回金屬檯面。

烏漆抹黑的洞穴傳來連珠砲似的吼叫，同一隻手取回咖啡杯，扔進出餐口遠端的塑膠桶，杯子應聲碎裂。

「Putain（媽的）！」亞德烈彎身，對著黑暗粗暴辱罵。

對方也爆怒回應，還是不像法語，至少我聽不出來。是不是法語很難說，因為亞德烈又罵了一遍才走，讓黑洞那端的人繼續罵。

「他是服務生領班，人稱大魔頭。」路西安微笑：「要喝咖啡嗎？」

他彎下身，朝漆黑室內大喊：「喂，尼姆沙！Deux cafés（給我兩杯咖啡）——」

「——Tre.」三杯。靠著牆修指甲的魁梧男插話，很像義大利語。

充滿苦澀香氣的咖啡出現。

「Caffè de merde francese. Cazzo（幹，他媽的法國咖啡）。」口音濃郁的男人朝黑洞喊，然後轉過頭對我微笑。

薩爾瓦多，西西里人，眼珠湛藍，眉毛濃棕，體格如熊。我感受到他攪拌濃縮咖啡時的冷冷注視，他朝牆面內的黑洞點頭微笑。「這什麼鳥＿＿＿＿咖啡？」

「T'as geuele Sal.」閉嘴薩爾。出餐口後的黑洞傳來外國腔調。

薩爾瓦多傾身：「你知道我們愛你，寶貝。」他像是馬戲團黑猩猩，朝黑洞送飛吻。

裡面喊出一句話，我聽不清楚。

有個矮小老先生踩著輕快步伐，步出另一側走道，濃眉蒼白，鏡片厚重，腋下夾著一份*L'Equipe*舊體育報。

「馮喬，容我向你介紹——」

老人舉手制止路西安，在出餐口放下體育報，急忙踩著小碎步離開，服務生全撲上去。

「侍酒師，馮喬。」路西安對我說。

「你哪隊的？」西西里人薩爾瓦多問我。

我聳肩。

「Un Anglais qui n'aime pas le foot（居然有不喜歡足球的英國人）！」荷諾語氣浮誇，充滿不可置信。

「————————。」賈瑪爾補充。

「————PSG。」有人在講巴黎當地的足球隊。

他們嘲笑我，繼續對我視而不見，準備開門營業，我喝咖啡看著他們，不確定該做什麼，不確定我在這間餐廳的職務，更不知道他們都說什麼做什麼。

這群服務生對外貌十分自滿，稍微觀察就不難發現，大多人的西裝都改得合身挺拔，即使價格不貴，看來卻像高級品。對比之下，這身不合身的廉價西裝更讓我不自在，我看起來像八〇年代的會計師，而這些傢伙是從D&G廣告走出來的模特兒。

路西安先讓我看他的華麗袖釦，再細看領結，「我祖父的，愛馬仕。」

「愛馬仕？最好是。」大魔頭亞德烈無情譏笑，轉身告訴我：「你知道路西安現在——教堂？——bon petit catholic（我們虔誠的小天主教徒）。」

「狗屁，是真的愛馬仕。——。Putain de serveurs（王八服務生）。」路西安說。

我完全沒搞懂他們講什麼，只能順著話點頭，最後他們開始包圍我。

「Ça, c'est mon truc（這是我的專屬行頭）。」德蘇沙指了指他的黑色襯衫袖釦，「D'accord（懂了沒）？」

「Regarde-moi ça（看我這個）。」亞德烈要我摸摸他翻領上的花形刺繡。

應該是叫薩爾瓦多的傢伙告訴我，他的西裝墊肩很柔軟，「拿破崙風格」。

德蘇沙笑他鞋頭太尖。

「Va f'an culo, stronzo（去你的，王八）！」薩爾瓦多不甘示弱。

服務生向我展示他們的個人風格「小物」，趁機警告我：「不要踩雷。」

其中一名服務生扯了一下我的西裝，其他人笑指我的衣服：「可憐喔。」甚至有人拿打火機，假裝要燒掉我的西裝。

石板上忽然傳來高跟鞋聲響，一個臉色凝重、下顎寬闊、年約三十多的金髮女子從後方出現，她濃妝豔抹，手托一本皮革書。

「啊，寶琳——」路西安說。

她視線灼人，路西安立刻閉上嘴。她翻開書，對服務生依序喊出我聽不懂的東西。他們繞著那本可能是預約名冊的書念出人名，有人露出笑容，有人飆罵三字經。我認得幾個她說的人名，全是名人、政客、演員。薩爾瓦多掐了一下寶琳的屁股，她抬頭快速掃視出餐口，發現我盯著她，問薩爾瓦多我是誰。

「誰知道。」薩爾瓦多傻笑。

「T'es qui（你誰）？」她冷冷發問。

「Le runner（跑堂員）。」我說。

話是這麼說，但連我都不確定自己是不是跑堂員，更別說跑堂員該做什麼，只知道今早踏進餐廳後，所有人都這麼叫我。跑堂員。

「Et le dernier（之前那個呢）？」她問薩爾瓦多。

他還來不及回答，走廊再次響起腳步聲，這次是刺耳的皮革摩擦聲，腳步刻意緩慢，給人一種不祥預感。寶琳砰地一聲闔起預約名冊，轉身離去，服務生垂死掙扎，乞求她調動桌位，她面露疲態，噓聲打發：「Dégagez（閃開）。」

「Cazzo! Il Directtore.」薩爾瓦多喊著，又是那個微笑。

他肯定是說主任，也就是昨晚與我面試的男人。

服務生迅速交換眼神，全變了一個樣，男孩變回男人。他們面對面檢查彼此的領結儀容，十足兄弟情。咖啡杯瞬間消失，他們站成一排，我一人孤單在角落。

雙開式回轉門啪地打在牆上，頭髮稀疏的大頭主任昂首闊步下階梯，猶如拿破崙將軍發出低吼，我只聽見句尾：「Il y a du monde déjà!」字面意思是「全世界都來了」。過一下我才明白，他是指外場已經忙起來了。

服務生連忙衝過還在擺盪的回轉門，踏過門檻，回到地表的用餐大廳。主任在昏黃燈光下停頓，望著他們一一離開，臉上閃過一絲驕傲，一絲憐憫，最後目光落在我身上，瞥見我的廉價西裝時，嘴角扯成一條線，彷彿喝到壞掉的牛奶。

「你真的做過餐飲業？」他又問一次，聲音裡透出些許擔憂。

「Oui（是的）。」我再次向他保證。

「————好好跟著路西安工作。————。D'accord（聽見沒）？」

「D'accord（聽見了）。」

他撫平西裝前襟，淺藍色襯衫剪裁精緻，搭配嫩黃色絲質領帶。他深吸一口氣，抬頭挺胸，一手在前，一手收在背後，走回用餐大廳。

還在出餐口的領班亞德烈把我拉至一旁。「L'Anglais（英國佬），」他手伸進外套內袋，掏出皮夾。「你想要的話，我可以幫你弄一個。這種服務生皮夾很優，真皮的，如果你認真想在巴黎當服務生，就不能沒有它。」他露出猶如迷你黃水晶的牙齒，口氣散發菸臭和咖啡氣味，皮夾內少說有三百歐元。

「Combien（多少錢）？」我問他。

「Pour toi（算你便宜）。四十歐。」

「我考慮一下。」這是謊言，也許我想當服務生，不，從今早的觀察來看，我真的想當服務生，可是不想付出這種代價。

❖午餐

午餐營業正式開始。饕客穿梭在人聲鼎沸的餐廳裡，跟在像是剛下班的模特兒一般的女接待員身後，饕客不由自主盯著她們不可思議的修長美腿，視線一路從高跟鞋掃上貼臀迷你裙。正對小廣場的大窗凝結著一層暖氣薄霧，室內瀰漫著縹緲虛幻的白光。餐廳總算溫暖，空氣中已聞不到木蠟氣味，取而代之是客人的香水、髮膠、古龍水味，餐廳外的天寒地凍屬於另一個世界。餐廳風格奢華，左右兩端各有一個大理石壁爐，上方則是路易十六的斑駁鑲金大鏡子。鋪在鑲木地板上的厚實地毯，深紅如女接待員的唇膏。

「你之前在餐廳工作過？」換路西安問我。

我們正在用餐大廳的服務台前，也就是服務哨站，放了玻璃杯、餐具、餐巾等各式備品，也就是我今早擦拭三個鐘頭的餐具。我認出一名晚間新聞主播，個子比我想像中還小，膚色更黝黑。女接待員帶他前往角落餐桌。

「Oui（對）。」我回答。

「En ＿＿＿ runner（也是跑堂員）？」他問。

我想換話題，於是靈機一動，講起這名新聞主播，誇他髮型好看。

「Oui（什麼）？」路西安反問。

後來我才發現原來他聽成新聞主播的馬[2]很好看。

「不重要。你的托盤在哪裡？」他問。

「我的什麼？」

「Viens（跟我來）。」

他鑽進雙開式回轉門，經過狹長的刷白走廊，回到出餐口，攫起一面銀色托盤，塞進我手裡，明顯埋怨要帶我工作。

「這個，你知道怎麼拿吧？到底會不會？等一下——」

他從待洗籃中拾起沾有橄欖油的餐巾，把托盤擦得亮晶晶，猶如珀修斯盾牌，再擺上我攤平的手掌，一一放上空酒杯，托盤開始搖晃不穩。

「一定要先擺正中央。」酒杯輕微碰撞，發出清脆叮噹聲，「再往裡面擺，朝手臂的方向放。」為了示範，他壓了一下內側，托盤稍微往上翹，中央的酒杯滑向我。「小心。」他擺正托盤，繼續放酒杯，直到沒有位置。

我想以右手輔助。

「Non（不行）！」他喝斥。「絕對不能兩手，只能一手端托盤。」

他找來一條乾淨白餐巾，摺成長型，掛上我高舉托盤的彎曲手肘，乘載易碎物的托盤隨時可能傾覆。

「Bien（很好）。」他往後退一步，凝視著我，十分滿意自己的成果，我肯定有模有樣。

「那我要做什麼？」我總算用不流暢的法語問。

「Quoi（什麼）？」

「跑堂員，需要做什麼？」

路西安笑了。他在奸笑。

「C'est simple（簡單）：跑就是了！」他咯咯竊笑，自以為是地拍了拍我的肩膀。

我滿臉問號望著他，他眼中閃過一絲憐憫。

「聽著。」他故意用英語私語，免得有人聽見。「你來這裡……出餐口……端出玻璃杯、餐具、飲料、餐盤、食物……只要是擺在出餐口的全送上餐桌，懂了沒？客人用完了再帶回來，髒了需要替換的東西。愈快愈好，不要停下腳步，Compris（懂了沒）？」

「Oui（懂了）。」我手臂太瘦，想放下托盤。

「Non. On y va（不行，該走了）。哦，還有，如果你——你的薪水。」

路西安一溜煙就回到用餐大廳，我想跟上腳步卻很吃力，托盤上至少有十六支易碎高腳杯，輕微一動，酒杯就搖搖欲墜，滑向邊緣，叮叮噹噹地恥笑我。不管是誰想到以一面巨大鐵盤運送脆弱杯盤，肯定都沒親自試過。我無法順利前進，太害怕玻璃杯落地粉碎，便如鐘樓怪人彎著腰，最後宣告放棄，

2 法語中「頭髮（cheveux）」和「馬（cheval）」發音接近。

改用兩手端托盤，像個年邁的司機倒退走出回轉門。

一踏進用餐區，我看見如一個世界之遙的路西安，突然間餐廳內充滿客人的熱絡交談，服務生忙進忙出，女接待員手拿寫字夾板優雅地昂首闊步，經理四面埋伏，潛行巡視。這是一場嚴酷的考驗。不誇張，我真的是拖著腳步穿梭在餐廳，緊張地盯著酒杯，服務生還故意戲弄我，快要碰到我之前輕快閃過，看我會不會摔落托盤，飆出髒話。這就像在板球比賽上挖苦對手，也像噴火戰鬥機特訓上，菜鳥剛下到中隊，王牌飛行員故意飛出視線，「低空飛過」他頭頂。我的服務生夢想就快隨著這十六支大酒杯碎裂一地。

「來這裡。還有我不是說過了嗎？只能用一手端。」路西安斥責，下一秒轉頭對客人微笑。

我傾身把托盤放在邊桌上。

「Putain（媽的），你在幹麼？」他壓低音量，四處張望，確定沒人聽見。「絕對不能把托盤放在桌面。Jamais（絕對不行）。」他的視線匆匆越過我的肩頭，搶走托盤，說了一句話，我只聽懂句尾的「桌子」。

我不太確定，開始把玻璃酒杯擺上桌面，這時耳邊突然有一個聲音。

「Très bien（非常好）。」

主任的視線越過我的肩頭，手像牧師那樣交疊，皮笑肉不笑。「Plus vite（動作快一點）。」語畢輕快移動腳步，在餐桌間來回穿梭，對客人露出裝熟假笑，按一下客人肩膀，或輕拍對方背部。

「他說的沒錯，你動作太慢了。」路西安發牢騷。

離開這一桌時，老侍酒師正莊嚴地向客人慎重介紹葡萄酒，就連托著酒瓶的手勢都彷彿受洗儀式的牧師，一副這瓶酒價值不菲的樣子。

我們在出餐口和用餐大廳之間來來回回，由路西安幫客人點餐，再去出餐口領取飲料送餐，我像個男僕不吭一聲端著托盤站好，讓他拿走飲料。我看得出他很厭煩，其他服務生都嘲笑他「保姆」，讓他非常尷尬。轉過身，他們又變回優雅鬥牛士，踮著指尖在餐桌之間華麗旋轉，招呼客人，閃爍發亮的托盤高舉半空中，抵抗地心引力擺滿飲料。他們舉起托盤的模樣令人為之讚歎，就算托盤滿到不能再滿，依然在空中旋轉，安全送往不同餐桌。

我看著領班亞德烈走出出餐口，托盤上滿是飲料，他卻只用指尖就撐起托盤。朝他全速衝上來的，是托盤也滿到毫無空隙、鼻子被打歪的冒牌拳擊手德蘇沙，看來勢必避不了碰撞，沒想到他們猶如完美編舞，在最後一刻旋轉托盤互朝反方向傾斜，絲滑順暢地擦身而過，宛如在客人頭頂上演一場高空戰鬥機表演，卻沒有人發現。每個服務生都身手不凡，在偌大的餐飲圓形劇場上熟練扮演角色。

飲料都上桌了，點餐也結束後，餐廳一度靜下，服務生都回到出餐口。路西安幫我快速惡補，帶我了解餐廳平面圖和桌號。我總算搞懂寶琳為什麼喊出一堆號碼，原來是桌號，她是指派桌位的人。每個服務生都有自己的領地，也就是rang（桌位），在這裡是一種「階級」。

「看見我rang的餐點準備好了，就端走送餐。」路西安說。

「Hé! Moi aussi, mon ami（嘿，我也是，兄弟）。」德蘇沙揮舞著上勾拳，補了一句，「永遠保持警戒，不要卸下防備。」他把我雙手擺到面前，繼續揮假拳，有幾拳打在我頭頂。

「欸，他應該要幫所有人吧。」滿臉坑疤、雙眼發紅的領班亞德烈厲聲道。

服務生從四面八方湧上，要我跑他們的餐，喊出自己負責桌號和應該是分攤小費，我點頭答應，嘴裡不停說：「Bien sûr.」當然其實我根本沒聽懂。他們不是對我視而不見，就是出言恐嚇我。

「看見我的餐點好了就出餐。」壞人臉的荷諾嘶嘶說。

「不要慢吞吞，不要搞砸。」路西安說：「你聽見主任的話了。」

「Comme le dernier（跟上一個一樣）？」亞德烈嘟囔。

「Espèce de Runner de merde.」薩爾瓦多追加一句髒話，對上一位跑堂員顯然沒好感。

「上一位跑堂員怎麼了？」我鼓起勇氣發問。

沒人回答。

幾隻手將擺盤優雅的小餐盤推出出餐口，服務生全衝上去，肘擊爭搶。

「C'est à moi（我的）。」薩爾瓦多說，一把抄起小餐盤放上托盤，出發。

出餐口繼續推出餐盤：煙燻鮭魚、鴨肝、南瓜湯。要是醬汁灑出或餐點移位，服務生就用手指、餐巾或旁邊的布巾修飾餐盤，送去用餐大廳。我看見幾個餐盤標有路西安的桌位號碼，正準備接過，路西安猛然拉我到一旁：「你根本沒有餐飲經驗，對吧？老實說。」

「Non（沒有）。」我招了。

他搖一搖頭，然後笑了出來，是和之前一樣的譏笑：「我就知道，其他人也猜到了。那你來幹麼？學生打工？寒假零工？」

「不是，我來找正式工作。」我只擠得出這幾個字。

「你想當服務生？」

我聳聳肩：「對。」

「你還有很長一段路要走。」他接過前菜，擺上托盤。「Mais, bon courage（不過，加油）。」他拍了拍我肩膀。「C'est parti（出發）。」語畢他離開出餐口，溜回用餐大廳，我獨自站在出餐口前的低矮走廊。

就在這時，我總算在出餐口看見裡面的一張人臉，他向外張望，是我早上看見的印度小個子。他遞給我一杯咖啡，巴黎到處都喝得到的咖啡，苦澀變質，已經冷了，顯然是有人忘記喝。

「英果人。」他面露微笑，用英文說。

他的名字是尼姆沙，「我是泰米爾人，不是印度人。」他說話時眉飛色舞，不疾不徐吐出每個字。他的大圓眼和爽朗笑容，是我抵達餐廳後最溫暖的面孔。

「英果人。」出餐口另一頭飄出同一句話，是不同人，母音拉得長長的，彷彿說出「英國人」三個字非常享受，可惜我看不見臉孔，只看見一個大肚腩。我發現出餐口另一頭有三個人，但還沒機會發問，他們已經消失無蹤，躲進洞口後方的陰影。

我很快就知道原因了。獐頭鼠目的經理科倫丁站在我身後：「你在磨蹭什麼，英國佬？喝咖啡？——！——！拿去……四九三。」

他抬起一腳將我踢出回轉門，我瞬間回到奢華靜謐的用餐大廳。餐廳變了一個樣，充滿喧鬧活力，午餐營業的能量已全面啟動。餐具叮噹撞擊陶瓷器皿、客人熱鬧對話，服務生彷若烏鴉在走道上滑行跟蹤，守護著他們的桌位領域。主任窩在角落，巡視餐廳各個角落。餐廳入口，立在黃金鑲飾接待櫃檯小閱讀燈前的，正是掌握預約名冊及滿臉敵意的寶琳，她在確認預約後露出微笑，向古希臘冥河船夫卡戎般的亮麗女招待員輕輕點頭，帶客人移步大廳入座。但這時我還是沒搞懂四九三在哪裡，巡了兩輪後，科倫丁再次出現，咒罵著奪過我的托盤，親自走向正確桌位。事後我看見他和主任交頭接耳，上下打量我。

午餐服務就是這樣，在餐桌和出餐口之間來回折返，工作時都有服務生嘶嘶下令，要我幫他們清桌或出餐，來來回回，腳步沒有停下的一刻。服務生都在等看我出糗，好幾次故意塞給我餐盤，要我送去錯的桌位，搞得用餐客人滿頭問號，不懂為何這些菜到他們桌上，除了道歉和「d'accord（好的）」，我和啞巴沒兩樣。他們通常只拿其他服務生負責的餐點耍把戲，不會惡搞自己的桌次，這遊戲讓我非常搶手。

「Débarrasser.」八成是我這天最常聽見的一句話。一說完，服務生的手就指向某張骯髒餐桌。我猜是要我清理桌面。

「狗屁。」荷諾在出餐口對賈瑪爾說，我正匆忙下樓取餐。「我跟你說，他忘光了。」

「他撐不了多久。」稍微鬥雞眼的胖服務生賈瑪爾不管我在不在場，拍胸脯保證：「要是我的話……」

他們滿臉厭惡瞪著我，又匆匆回到用餐大廳。事後我聽見亞德烈向德蘇沙抱怨我，好像說我害他損失小費：「他以為我會給他什麼嗎，別做夢了。Connard（混帳）。」

就連路西安都刻意迴避我。

這天大概就是這樣，事情多到做不完，時間不夠用，也沒有喘息空間。工作沒完沒了，直到傍晚寶琳突然把我拉到一旁，在我耳邊輕聲說：「Bon. Stop（好，夠了）。你可以走了。」

我知道一切都結束了。

我把托盤放在出餐口，穿過狹小的刷白走道，慶幸其他服務生不在場，只有亞德烈還在，他很好心假裝沒看見我。我沒看到路西安和其他人，也沒拿到他們說好會分我的小費。找不到路西安很嚴重，這代表我要在沒有外套的情況下回家。我到處追問他的下落，卻沒人知道。他已經走了，最後我只好這樣離開。

這一天的工資肯定也飛了，最慘的是我為了西裝和鞋子花了一百五十四歐元，明確來說，將近我戶頭餘額的一半。我走過空無一人的用餐大廳，腦中唯一的想法是接下來該怎麼做，居然連跑堂員的試用期都撐不過。

主任和寶琳在餐廳大門前看預約名冊，聽見我的腳步聲，兩人不約而同抬起頭，露出禮貌微笑，發現是我時笑容馬上消失。我呆立在那，看著他們小聲討論神聖的預約名冊，「不，他不能坐在他們旁邊。不行，想都別想。不能安排這桌給她。」

「A demain（明天見）。」主任頭也沒抬對我說。

「Six heure（六點到）。」寶琳說。

餐廳外冷颼颼的巴黎空氣猶如一顆硬拳打在我臉上。天色已暗，天空飄起雪，我穿過十三個小時前走過的那扇門，昨晚之後就沒再吃過東西，餓得前胸貼後背。但不重要，重要的是，我總算找到工作了。

❖ 冰天雪地

翌日清晨，整座城市白茫茫，埋藏在雪下。白皚皚的雪堆積路邊，輕柔覆蓋著公園鐵柵欄尖角。巴黎變成一段柔軟回憶，萬物皆沉浸夢鄉，四下不見人影，也沒有半點聲響。彷彿冰封，水不再流動，除了飄浮雲朵，寂靜空氣，萬物像是按下了暫停鍵。我的廉價皮鞋在雪地裡吱啾作響，腳趾凍僵麻痺，已經沒有感覺。寒意畫下生命休止符，只剩下我穿越時空，在亡者的世界獨行。

清晨五點二十分，我在聖諾荷街的香菸酒吧喝美式咖啡打發時間。我今天一早就被凍醒，發現窗外飄著大雪，由於擔心會出不了門上班，我決定馬上出發，沒想到地鐵正常運作，絲毫不受影響，我提前半個鐘頭抵達。酒吧角落的電視正在播報今年即將舉行的總統大選，沒人在聽。吧檯後的咖啡機噴出嘶嘶蒸氣，震耳欲聾。噪音總算停止，兩個男人推門而入，我的腳踝感到刺骨寒意，冰天雪地的人行道讓我腳趾凍僵，幸好咖啡廳很溫暖。抵達巴黎後，除了我的床鋪，所有地方都冷颼颼。這讓我想起我急需一件冬季夾克，不是原先那件無法禦寒的二手風衣外套，那件若不是還在餐廳某個角落，就是路西安偷走了。

天色依舊漆黑，城市還在沉睡。咖啡廳吧檯後的玻璃，映照出勞動者、計程車司機、送貨人員、街道清潔工、以及我的倒影。這就是我想認識的巴黎。

吧檯後方的女人披著黑披肩、套著奶油色厚襪子、橡膠涼鞋，沉沉敲打金屬把手，把咖啡渣倒進垃圾桶，她敲打一下、兩下，砰！砰！拖著腳走回小暖爐，繼續煮咖啡。有個男人坐在我身旁的吧檯，深色眼眸、灰髮稀疏的矮個子，他已經喝起小杯啤酒，看起來累壞了，可能剛下大夜班，啤酒杯貼著下唇，想到就喝一口。他緊盯著吧檯後方鏡子的電視倒影，我們默默無語地看著電視，咖啡機的嘶嘶咆哮響起又落下，砰！砰！新聞主播說現在還沒到法國最冷的時候。

「Encore plus froid, putain（還會更冷？媽的）！」身邊的男人放下啤酒，拿起昨日的《巴黎人》報紙，讀起後面的體育版，看完時頭版現任法國總統的臉也被啤酒浸濕了，模糊難辨。男人加點一杯小杯啤酒。

我在腦中複習昨天學到的東西：人名、專有名詞、規矩，試著想像餐廳其他角落的模樣，但目前還是一片空白，等著我填滿，能找到工作我已經很滿足。我用最後一張鈔票結帳找零，愛麗絲的公寓鑰匙就放在吧檯上，殘酷地提醒我，再一週我就無家可歸了。

「Bon courage（加油）。」吧檯前疲憊不堪的男人在我離開時說。

「Merci. Bon courage（謝了，你也是）。」我回道。

其他幾個男人也喃喃著加油、祝你今天順利，他們往往這樣為彼此打氣，無論做哪一行，大概知道我們同在一條船上，否則不會一大早出現在這。

街道依舊冷清，不見人影。銅板在我口袋叮噹作響，雪地詭譎害我雙腳打滑，發出清脆聲響。大道空無一人，無盡綿延的草地白皚皚，僅有幾條髒兮兮的褐色線條。萬物靜止，冰冷空氣刺痛我的臉，嗅覺已完全喪失。某學校掛著法蘭西共和國建國精神的匾額，「自由、平等、博愛」。

餐廳大門深鎖，跟上次一樣沒開燈。我敲門，一張臉孔在陰影中浮現，一樣是昨天那張，瓦倫丁娜完美對稱的標緻臉龐，有如法老王后娜芙蒂蒂的半身像。

「早安。」她打招呼。我進去後她迅速關上門，緊緊攬好披肩。

她搖擺臀部上樓，消失在我眼前。我跟上去走進用餐大廳，原本以為會比外面溫暖，沒想到一樣冷。室內還沒開暖氣，餐廳一側整排單層玻璃高窗散發著陣陣寒意，窗外的露天用餐區和空曠小廣場庭院覆蓋著一層初雪。

「Assieds-toi（隨意坐）。」瓦倫丁娜說。

荷諾坐在一張餐桌前，以鯊魚般的深沉雙眼注視我。

「Salut（哈囉）。」我說，坐下時搓揉手臂取暖。

荷諾不發一語，裹著大衣的服務生領班亞德烈從後方出走來，找了一張空桌坐下，背後就是通往出餐口和廚房的回轉門。回轉門在鉸鏈上無精打采地擺盪，一推開，可以聽見堆盤子的聲音，一關上，神祕聲響轉為靜音，又回到餐廳，黎明遲遲不來。

亞德烈發出一聲咕噥，兩手插進大外套口袋，閉上眼。瓦倫丁娜帶著另一名經理科倫丁回來，那個老是不知在趕幾點鐘的瘦皮猴，我聽見服務生私下都叫他「鼠人」。瓦倫丁娜告訴他，我不在工作名單，聞言後他搖頭。

「你來這裡幹麼？」他的發問充滿威脅，小鑽石耳環閃閃發亮。「站起來。」

我的胃部翻攪。科倫丁個頭不高，臉龐細窄，牙齒尖長，自以為是成功人士的服務生，穿著俗媚灰西裝。他離我太近，一開口就飄出大蒜味。

「你今天來幹麼？為什麼來？」

我想告訴他主任對我說的話，但等到我知道該怎麼說（在腦中進行過去式變化和反身動詞變化後），時機已過。主任顯然沒找他商量，直接要我回來。

「Je suis le runner（我是跑堂員）。」我勉強擠出這句話。

「跑堂員！你算什麼跑堂員！」

「喂——」他的視線越過我肩頭，問其他服務生：「你們認識他嗎？」

「Oui. C'est l'Anglais（認識啊，英國佬）。」亞德烈聽起來快睡著，我大概永遠別想甩掉英國佬的稱號。

鴉雀無聲，小頭銳面的科倫丁怒火中燒，他跨向前，往我臉噴出溫暖大蒜氣息。

「Le Directeur（主任他）——」我想再解釋。

「閉嘴！」他打斷我。「我知道你這種貨色，主任在想什麼。——————！餐飲工作不是鬧著玩的，你給我滾。」

他轉頭對瓦倫丁娜喃喃細語，我聽不清楚，說完他逕自上樓。

我一臉空白望著她。我剛才是被開除了嗎？主任為什麼沒說今天是他要我回來的？我胃好痛。

「La neige（大雪）。」她說。

「Quoi（什麼）？」

「因為大雪，今天沒有全員到齊。你走運了。」她說。

經理不知去了哪，亞德烈和荷諾還是悶不作聲，充分發揮服務生的「博愛」兄弟情。我們沉默坐著，不知道在等什麼，噴出的氣息凝結成白煙。我心跳加速，努力在腦中湊出前後一致的簡單句子，釐清目前狀況。瓦倫丁娜拿著電話回來了。

「路西安打來，他不能——」

「放屁。」荷諾起身，昏暗光線下清晰可見兩天的鬍渣。「我才————————。」

這下就複雜了。要是路西安在，我還能說一點英語，釐清狀況。換作其他人，我感覺他們不喜歡我，也不願意幫我。對他們來說我消失最好，就算他們會說英語，也不覺得他們願意說。

「我出去抽根菸。」亞德烈說。

「我也要去。」我低聲說。

亞德烈聳聳肩：「你的外套在哪裡？」

「Je ne sais pas（不知道），路西安他……」

「你不冷嗎？」

「冷啊。」

亞德烈拱起眉毛，外頭飄著大雪，我卻不穿外套，他八成以為這是英國人的怪癖。或許他以為我以醜西裝為榮，想要全世界看到。老天，不能表達想法真沮喪。

亞德烈抬手順過油膩膩的金髮，快速抽著菸，彷彿不想被抓包。亞德烈是服務生領班，法文是Máitre d'Hotel，可能是這原因，大家都叫他「大魔頭」。他的表情有點神經質，街燈下疲憊黑眼圈清晰可見，瘦到皮包骨，渾身上下沒有一絲贅肉，最醒目的就是掃把般亂糟糟的油膩金髮。他的臉坑坑疤疤，像是長過嚴重水痘。他是Máitre d'Hotel，比其他服務生有分量，這裡他說了算，所以我得討好他。

「沒人來。」亞德烈吐出口水，黃色液體飛越欄杆落在雪地。「Putain de merde（他媽的王八蛋）。」他一邊吞吐濡濕菸頭，一邊沮喪補上髒話。「太糟了，太慘烈了。」

荷諾也出來了，我們三人抽菸等候，耳根凍到發紅，吸鼻子，然後用手抹了下。

「你的外套在哪，英國佬？」荷諾問，露出沾沾自喜的討厭表情。

我聳聳肩，試著克制身體的顫抖。餐廳前的小廣場依舊空蕩蕩，披蓋一層純淨無瑕、完整無痕的白雪。城市寂靜無聲，沒有車水馬龍的盛況，沒有警笛呼嘯，全面靜止，萬物皓皓，死氣沉沉，就像巴黎的幽靈。

「英國佬，問你，你們女王幾歲了？」亞德烈問。雖然這問題很怪，但我很感謝他開話題。

我隨口編一個數字。

「Sacré femme.」人瑞欸，他咕噥著。

我請抽菸，他們各拿了兩根。

「Pourquoi il a un problème avec moi（他為什麼對我有意見）？」我組織簡單句子問起鼠人。

「什麼？」亞德烈心不在焉。

「你說誰，鼠人？」荷諾露出髒兮兮小黃牙。

覆蓋短黑髮的頭形狀渾圓，猶如一顆巨大撞球。

「對，科倫丁。」

「他是經理。」亞德烈說：「經理都是渾球。——」

「經理！最好是！」荷諾酸溜溜地說。「————不久前他跟我們一樣，服務生而已。」

「怎樣都比你強的服務生。」亞德烈說。

荷諾往白雪吐出一串黃唾液。

「去你的，大魔頭。」

「不要那樣叫我。」

餐廳後門推開，瓦倫丁娜拿著電話走出來：「準備開店了。」

「Quoi（什麼）？」荷諾說。

「要開店了。」瓦倫丁娜重複這句話，走回餐廳。

荷諾尾隨她進門。

「科倫丁對我有意見嗎？」我又問了一遍。

亞德烈聳聳肩：「他不喜歡你。————我怎麼知道？」

趁他還在抽菸，我做了垂死掙扎，想贏得大魔頭的歡心。

「我要買皮夾。」

亞德烈貪婪的小眼珠閃閃發亮，我這天上午第一次看見它們閃耀光芒。

「沒問題。黑色的？」

「黑色的。」

「明天給我錢。」

「週末給你，我現在沒錢。二十歐嗎？」

他笑了出來，很清楚我的困境。

「不，四十歐，這可是真皮。」

四十歐元？分明搶錢，但如果我欠大魔頭四十歐元，他可能會保證我在下週前不被開除。

我正要踏進只比室外稍微溫暖的餐廳，科倫丁勃然大怒衝了出來。

「你在幹麼？我付錢不是要你抽菸。垃圾爛貨。——在露天用餐區抽菸？你看這裡，——。」他手指著空無一人的長形露天區，拉我上前，指著不存在的東西，一手壓我後頸，粗魯推向地板。我們下了台階，站在街道。「還有這個……無可救藥。」他指向白雪覆蓋的人行道，從他的反應來看，也可能是在說全巴黎。

「工作沒結束不准進來。」我想他大概是這個意思。

「我沒有外套——」

不久前還是服務生的鼠人經理科倫丁氣得渾身發抖，他血液沸騰，臉愈漲愈紅，痛罵我冬季外套不算制服，勞動之後身體就會變暖，但我只注意到他臉上一塊塊核彈引爆的漲紅，我的目光游移，最後停在右臉品味粗俗的閃耀耳環——他究竟為何那麼恨我？他覺得我代表什麼？為何恨意如此強烈？

我只穿著尼龍薄襯衫、領結、廉價合成黑西裝，在露天用餐區掃地，清除積雪。我齒列不住打顫，雙手發青，夾不住取暖用的香菸。我的手顫抖，連打火機也握不住，於是走回出餐口。

開始營業之前，鼠人一把將我拉到旁邊，說了些我不太懂的話。我發現核彈引爆的漲紅瀰漫開來，有毒輻射漂移擴散。我猜他在講我的輪班，順口問他今天幾點下班，並告訴他我要找房子。他的回答意外友善，含糊說著午餐時段結束就可以下班。很好，我下午可以去找房子了。話說完，我跟在他背後回去用餐大廳，沒想到他突然轉身，問我在做什麼。

我看見他下顎閃著第一道紅光，核戰正式引爆……

「去啊！去擦餐具，你笨嗎？」他語氣像在對小孩說話。

我整個上午待在地窖，像是《基督山伯爵》的艾德蒙．丹提，賣力擦著餐具、熨燙桌巾，滿腦子想著鼠人說的話，他說我絕對當不了服務生，這是認真的工作。和服務生鄰居說的一樣，目前為止其他服務生也恐怕也贊成。我只是裝模作樣的假貨，撐不了多久，路西安昨天說了很多，但也許我誤會他了，沒聽懂。今天是最後一天上班嗎？不是沒可能。無法表達自我、被當弱智真的很洩氣。我所有的知識，二十四年的人生經驗只能留在腦中。他們覺得我什麼都不是，只是一個笨手笨腳、和啞巴差不多的英國人。他們沒錯，我不值得他們費心記得，他們努力維持巴黎古老侍者傳統，也不認為我值得服務生的名號。

早餐時段結束，主任大搖大擺走進地窖，背後跟著鼠人。

「你在做什麼？」他唐突地問。

我起身，支支吾吾回答。

主任望著鼠人，下一秒笑出來，說我很適合當軍人，有個英國跑堂員很新鮮，鼠人笑不出來，只說：「永遠不能相信英國人。」

「只是玩笑話。」主任對我說。「對吧，科倫丁？」他拍拍他的背，「今天有進步，亞德烈說我們可能找到適任的跑堂員了，這週做完就正式錄用你。」

主任隆重地旋轉腳跟，昂首闊步走出地窖。腳步聲消逝，鼠人湊上我的臉，壓低音量說「T'est personne ici, d'accord?」——我一開始以為是「你在這很重要，知道嗎？」但思考過後，語境不對，後來才想通他是說我「什麼都不是」。要不是他一副瘦皮猴樣，這句話或許比較有魄力。

儘管科倫丁答應我午餐時段結束就放人，但我還是留到晚餐。十四個鐘頭的輪班，沒有中場休息，沒有用餐時間。因為今天缺人嗎？可能吧，但我依稀覺得他只是想給我個下馬威，讓我知道誰是老大。他和服務生鄰居都說我絕對當不了服務生，這句話反而燃起我的鬥志。我會成為服務生，在守舊老派的巴黎世界闖出成績。

餐廳總算放我出去，夜幕低垂，這天又是摸黑上班，摸黑下班。白雪已不再白皙，被推至角落，堆砌成幾座骯髒小山。撒鹽除雪的人行道濕漉漉，馬路交通嘶嘶，公車疾駛而過，濺灑爛雪泥。學校大門還是掛著那句精神標語：平等、自由、博愛。我看得出餐廳裡有博愛，但我無福消受。自由和平等則不好說，繼續觀察。

我隨便吃過飯，精疲力竭爬上床，在內心咒罵鼠人，也痛罵路西安。我還是沒找回外套。如果我能趁商店還沒打烊，離開餐廳一個鐘頭，就能買一件便宜外套，但這是最不值得我消耗腦容量的煩惱，當務之急是找到新住處。不過換個角度思考，只要撐完這週，我就是正式跑堂員了。

❖ 週日愉快？

週日服務不算餐飲業，而是一場消耗戰。服務生站在前線，作戰規模浩大危險，想完成任務不可能全身而退。短短幾個鐘頭要應付六百五十多個客人，這還只是開始。週日服務全天候，沒有盡頭，等待餵食的饕客猶如襲上諾曼第灘頭的巨浪，一波波拍打餐廳階梯，聽見需要候位，全露出忿忿不平的吃驚表情，彷彿全巴黎只有他們想到週日外出用餐。

接下來六天我不停工作，從清晨忙到半夜，中間通常沒有休息時間，每一天都提心吊膽，生怕哪一刻突然被炒魷魚。多虧路西安、薩爾瓦多、德蘇沙耐心指導，跑堂員的工作輪廓清晰多了，儘管有專人指點，我還是很不想面對週日工作。

我後來才知道，路西安以虔誠天主教徒要參加週日禮拜的名義逃過一劫，不用一大早就報到。第一天上班，亞德烈笑他是虔誠「天主教徒」，就是說這件事。

連開店前的氣氛都不一樣了。相較於其他時候，服務生這天似乎更焦躁不安，彷彿他們知道什麼等著他們，像是一場逃不掉的宿命，無法逆轉。

週日服務猶如暴風雨，在你看不到的角落累積能量，逐漸成形，服務生向廚房各部門報上幾百道餐點點單後，廚房開始手忙腳亂。只隔著一道牆，用餐大廳一片祥和，如同暴風雨前的寧靜。

服務序幕緩緩揭開，餐盤咯咯上下升降機，服務生在走道來回奔波。點菜單據浸泡醬汁、貼在餐盤上，字體難懂，泰米爾廚子一一破解，在出餐口組裝餐點。餐點齊全時，出餐口會傳來一聲：「上菜！」這時馬上會有服務生衝上前，以旋風般的速度送上餐桌。

「Va chercher le seau!」幫我拿一個葡萄酒桶，看見我經過，一名服務生吆喝。

我衝進廚房，填滿酒桶冰塊，拿出一瓶全新葡萄酒，插入冰塊中。

「Il me manque un Perrier sur la tois cent.」三〇〇桌還缺一瓶沛綠雅氣泡水，另一名服務生說。

我瞥見一杯沛綠雅氣泡水，一把攫起，客人說加冰不要檸檬。於是我拿著玻璃杯衝回出餐口，一個泰米爾廚子咆哮，要我同時出其他飲料，我裝作沒聽到，用手指撈出檸檬片，吸吮一口，扔進垃圾桶。

營業時段全速進行。餐盤咯咯作響，下層廚房頻繁送來小菜、醬汁、沙拉，全堆在出餐口旁，多虧硬質塑膠蓋，我們將餐點往上堆疊，以暖燈保溫。目前還在出飲料，還不用出餐。

接著是一籃籃麵包。服務生徒手撈起麵包，放進小籃子，送到迫不及待撕開麵包的客人面前。

我們就這樣來回折返：葡萄酒點錯、酒變質走味、飲料漏掉沒出、不要檸檬不要冰塊、要冰塊要檸檬、換玻璃杯，「先生，不好意思，杯子不乾淨。」我在餐桌之間加速奔波，高舉著銀色托盤，上面擺放十二支全餐廳最高級的葡萄酒杯，隨著我的步伐發出猶如輕顫的清脆聲響，好像一座水晶森林。說時遲那時快，荷諾突然轉身。

「Chaud derrière（小心後面）！」我發出警告，向其他服務生現學現賣。

我近乎垂直高舉托盤，屏住氣息，酒杯稍微傾斜，發出輕盈叮噹聲，現在我已漸漸熟練托盤技巧，也掌握它的離心力。

服務生全回到出餐口前待命，偶爾探頭查看用餐大廳，看負責桌次是否有問題。現在暫緩休兵，飲料全上了，第一輪餐點也差不多都交給廚房準備，德蘇沙斜倚在金屬出餐檯上。

「Allez. Allez（快點，快點）。」

他的托盤已放滿一半，準備出餐。

「尼姆沙，putain（他媽的好了沒）？」

「Ta gueule（閉嘴）！」尼姆沙比出手勢。

回轉門另一頭，餐廳傳來窸窸窣窣的禮貌對話。

出餐口後方像是小旋風襲擊。尼姆沙拿下升降機上的餐盤，另一名泰米爾廚子迅速把餐盤放上出餐口，有醬汁分開準備的鰈魚、炙燒韃靼牛排、法蘭克牛排佐紅蔥……

德蘇沙一把拿走鰈魚，醬汁澆上魚肉，手指沾一下醬汁，舔一口確定還溫熱。

「Bon（很好）。」他說。

然後踏出回轉門。

出餐升降機忙著上上下下，服務生不耐煩地在出餐口前等待，架起肘子守住餐點，泰米爾廚子不斷往上疊起還沒完成的點單，加上塑膠保溫蓋，幸好塑膠蓋夠高，不會碰到食物，三兩下就積聚成一座小塔，不占據出餐口空間。尼沙姆查看濕答答的點菜單，試著湊出完整點單，整理安排每個桌位的餐點。服務生趁亂偷拿餐盤，填補自己的餐點。他們愈快出餐，翻桌率愈高，服務人數自然愈多，怪不得大家都認為其他服務生會偷拿自己桌位的菜。他們在出餐口等待擺滿托盤，視線瞥向出餐口後面的黑洞，看等一下會出哪道菜，雙腳不耐地輕點地板，手握拳，嘴裡重複碎念「putain, putain（媽的，媽的）」。等待同時，他們不斷用手指沾取醬汁、輕戳肉塊、咬一口蔬菜，檢查溫度是否還符合出餐標準，內心盤算著：如果我現在離開出餐口，能不能趕在其他人偷走餐點前回來？

「L'Anglais! Tu m'aides.」英國佬！過來幫我，亞德烈大喊。

那是一張大桌。他在我的托盤上擺起餐點。

「Ça va（行不行啊）？」他沒有抬頭看我，繼續調整托盤上的七個餐盤。

托盤重到我上臂痠脹，他腳跟一轉，我馬上轉身出發。

「Attends. Putain!」等一下，媽的。

餐點還沒擺好。餐盤懸空在邊緣，緊密堆疊，我忍不住好奇要怎麼取下餐點。他拍打我的頭。

「Fais attention.」小心啦。

黑胡椒牛排醬不慎流至義大利方餃的盤子裡，我兩手穩住銀色托盤，讓亞德烈拿最靠近手邊的東西——待洗籃中的餐巾，把醬擦拭乾淨。

「C'est bon.」可以了。

回到用餐大廳，我猶如潛水員，順著渠道滑水前進，上半身平衡著裝滿餐盤的托盤，穩穩頂在面前。

「À une main!」一隻手！我經過時鼠人厲聲大喊。他扭過腳跟，觀察我的一舉一動。

我換回一隻手，手臂開始痠痛，每根肌纖維都要我放棄。大魔頭亞德烈緊跟在後，我感覺到他的存在，他雙腿大開，粗大膝關節頂著褲管，走路姿態像隻蜘蛛蟹。

「Allez! Allez（動作快！動作快）！」

我們像是遷徙候鳥或編隊戰鬥機飛行員，排成一列穿過餐廳。走到他負責的餐桌後，他率先放下自己的餐點，我撐起一手耐心等待，痠痛難耐。我集中精神抬高手臂，亞德烈幫我取下托盤邊緣的兩個餐盤，導致托盤一邊突然上翹傾斜，其他餐盤全朝我的方向移動，幸好我及時穩住。

「Putain（媽的）。」我聽見他轉身前碎念。「Alors, le boeuf, c'est pour vous monsieur. Les ravioles, ici（來嘍，先生，你的牛排。義大利方餃）……」你可以聽見他平時的笑意。

「J'avais commandé des legumes de saison aussi（我還缺一份時蔬）。」餐桌角落的女人提醒我們，她點的時令蔬菜還沒上桌。

「馬上就來，太太。」像是反射動作，亞德烈下意識禮貌回答。他轉身搶走我的托盤——「現在就去要。」——然後轉身上剩餘餐點。

我低下頭，腳跟踩在用餐大廳的地板上，視而不見客人高舉的手臂，火速走回出餐口。

我深深吸了一口氣。

「點單上天殺的沒這道菜，Punday.」尼姆沙揮著一張濕黏黏的紙要我看。「重點！回去重點！」

我不能重點亞德烈的菜，我根本沒有收銀機鑰匙，要是這個女客人沒吃到她點的蔬菜，就不會給小費，亞德烈會殺了我。

尼姆沙不顧我抗議，出餐口兩側滿是堆疊成山、組裝完畢的餐盤高塔，上面蓋著一層塑膠蓋，有些高塔多達七、八個餐盤，想像得到的菜都準備好，只等其他同桌餐點製作完成。服務生來回奔波，把骯髒餐盤擺在高塔之間的空間，用過的髒餐具丟進金屬桶的泡泡水裡，發出驚人巨響。

「你回去收銀機重點。」尼姆沙堅持大喊。

在我身後，薩爾瓦多正將一個客人幾乎沒碰的漢堡撕成小塊。

「Tiens, les gars（喏，大家吃）。」他分給服務生，眾人狼吞虎嚥吃著漢堡。

「De la haute cuisine, hein（高級欸，對不對）。」德蘇沙嘻笑。

「你真該看她的表情，可憐的太太一口都吃不下。」薩爾瓦多說。「她丈夫正在告訴她，他們有財務問題，必須賣掉……」

「我不行，幫我重做，尼姆沙！」我說。

尼姆沙總算爆炸，說什麼都不肯幫我做這道菜，我轉頭查看，發現亞德烈正走回出餐口。「真他媽的要命！」他說。

他們大吵起來，最後亞德烈隨手拿起一道放在出餐口的小菜，塞進我手裡。

「Vas-y（快去）。」

我回到餐桌時，女客人主餐已吃了一半。

「我不要了，Ça ne sert à rien（太晚了）。」

她的丈夫叫她收下，究竟她當初有沒有點這道菜已不重要，可以確定的是亞德烈收不到小費了，他放棄，只求他們早點吃飽早點離開。

出餐口前，服務生和泰米爾廚子彼此怒罵不屑，口水戰的水準降到新低，服務生上演肉搏戰，爭搶餐點。

「C'est à moi ça（這是我的）。」

「Non! C'est à moi（才怪！明明是我的）。」

餐點升降機又嗡嗡送來餐點，服務生如鴿子四面飛散。

廚房火力全開，猶如噴出烈焰的地獄之門，吐出升降機。準備就緒的餐盤在出餐口前層層堆疊，還沒湊齊的同桌餐點愈疊愈高，服務生取下準備好的餐點，在托盤上組裝成完整點單。可惜動作還是不夠快，總是缺一道菜。每次廚房送出一道菜，餐盤高塔就像是遊樂場的推幣機，稍微往前推送。

就這麼來來回回，一來一往，要做的事太多，偏偏時間不夠用。腳踝疼痛，腳底痠脹，喉嚨乾渴，我咕嘟嘟灌下客人喝剩的大瓶沛綠雅細緻氣泡水，氣泡波波冒。我肚子很餓，趁出餐口沒有其他服務生，拿起一塊麵包，撕一小角塞進嘴裡。我手指黏糊糊，把沒吃完的麵包塞回架子後方的咖啡杯。太乾了。主任繞過角落上前。

「你在做什麼？」

「等地瓜泥。」我勉強擠出這句話。

「東西在哪？」他對尼姆沙咆哮。

「Ça arrive, ça arrive（來了，來了）。」

主任從一座高塔取下一個餐盤，砰地一聲放在我的托盤上，一股蠻力推我出去。

我回來時，所有服務生正在推擠，想要接近出餐口。

悲劇就這麼發生了。

暴風威力持續醞釀，首先遭殃的是左側高塔，猶如塌落大海的懸崖，傳來驚心動魄的瓷器碎裂聲，服務生都知道這是什麼意思。就算在出餐口，你也感覺得到用餐大廳的對話戛然而止，想像得到客人掃來的目光，可是他們看不到我們眼前的畫面：兩秒前已準備出餐的六道主餐、一疊小菜，如今全墜毀地面。賈瑪爾率先發出沉痛呼喊，再來是荷諾，兩人互不相讓，責備彼此。德蘇沙連忙拉開他們，我則幫忙撿拾地上殘渣，這時主任回來了，他將我整個人一把拖起，壓在牆上，對著我的臉粗暴怒吼，臉色漲紅，上唇閃著光，我想告訴他這不是我的錯，荷諾對我使一個眼神，要我乖乖閉嘴。

「你死定了。」他以低沉嗓音叫嚷：「尼姆沙！給我健怡可樂！」

主任喝著健怡可樂，我們三人跪在地上，主任總算冷靜下來，轉身離開現場，回到餐廳，猶如舞者在餐桌間旋轉腳跟，向客人卑躬屈膝。

我感覺就像共犯。拿到乾淨餐盤後，我們開始徒手撿起地上還能過關的菜，並以先前收拾骯髒餐盤及塗抹髮油的同一雙手，忙不迭地組裝鴨胸肉，調整四季豆位置，一秒就完成任務。至於缺乏的一小把四季豆、一湯匙馬鈴薯泥，則是偷拿其他等待出餐的餐盤。尼姆沙對著內部通話設備嚷嚷，要求重新製作餐點。服務生作鳥獸散，餐點全都出了，客人什麼都不知道。

荷諾捧著春雞佐炸馬鈴薯球回到出餐口，手背輕輕一推，炸馬鈴薯球順勢滑入垃圾桶，他舔了一下手，拿起旁邊的餐巾拭淨餐盤，用手挑幾根出餐口上還沒出餐的薯條，放上餐盤。他刻意把餐盤留在出餐口，消失一下子才回來，等時間差不多了再送上桌。

「這是我請廚師幫你做的。」我聽見他對客人說，「特別為你趕出來的喔。」

餐廳另一端，路西安的客人正準備離席。「週日愉快。」他們語氣輕快對他說。

「週日愉快。」他禮貌回應。

事實上，如果你是服務生，週日根本不可能愉快。服務生很辛苦，奔波勞碌，命懸一線般卯足全力，沒什麼比指派的小任務重要，餓到受不了卻不能吃飯，只能以偶爾偷來的一口香菸、廉價咖啡、麵包裹腹，驅逐飢餓感。我們團結合作，卻獨善其身，畢竟沒人在乎你失業，每個人只擔心自己。服務生隨時可能因為一個小錯誤遭到開除：偷吃食物、動作慢吞吞、顧客抱怨，都可能讓你命在旦夕。每逢週日你只能埋頭苦幹，向上帝禱告下週還有排班。

這就是我目前的情況。我正式成為跑堂員，至少就我理解是。不過合約還沒簽，也不知道餐廳如何支付薪資、何時支付、我的薪水多少。這讓我想到另一個問題：明天起我就無家可歸，那就真的慘了。這週我離不開餐廳半步，無法找新住處，現在租約到期，明天起我就要流落街頭。

離開前，我問瓦倫丁娜我週一能不能休假，她啞然失笑，不可能，但她可以排我不必一大早準備開店，午餐營業時間前抵達就好。

「你欠我一次。」我踏進夜幕前，她俏皮地說。

可惜准假半天的輕鬆心情撐不了多久，我走回停車的地方，愛麗絲的老單車已不見蹤影。一輛警車呼嘯而過，閃著幽幽藍燈，像是在取笑我。

第二部 湯品 LA SOUPE

❖走向巴黎盡頭

在巴黎租屋會經歷繁雜瑣碎的行政關卡。首先是「le dossier」，看屋前要備齊各種證明文件，呈交五花八門的個人資料，包括去年的退稅資料、前三個月的薪資單、銀行賬戶紀錄，最重要的是保證人，要是你拒繳房租，這人可以幫你扛下房租，而且必須是法國人，還要甘願交出自己的退稅單，親手寫一整面Ａ４文件的信，證明他賺的錢至少是你房租和他房租的三倍。不意外，每個我主動連絡的租屋都謝謝再聯絡，因為我拿不出完整的證明文件，有些甚至光聽見我的口音就不租，要找到一個能提供完整證明文件的法國人已經夠難，租給外國人是自找麻煩，他們才不幹。

清晨五點鐘，樓下的地鐵列車隆隆駛過，整棟公寓大樓跟著震動，巴黎第一班不具面容的員工，死氣沉沉坐在空蕩蕩車廂，沒人察覺城市地底的蛇行地鐵。在冰冷幽暗的小房間，我吐出的白煙凝滯空中。我幾乎徹夜未眠，行李擺在門邊，幾週前愛麗絲的行李也是這樣擺在同一個位置。我從床上爬起，下一刻已經下樓。總算找到工作的欣喜很快消耗殆盡，這份工作榨乾了我，我已經累到不成人形，昨夜還得在腦中思索可行方案。

現在情況是這樣的，我的英國銀行戶頭剩下一百多英鎊，口袋裡只有八十幾歐元，我有工作了，但還沒收到工資，甚至還沒簽合約。無論如何，沒有工作合約和薪資單，我就證實不了自己有工作，不能租房間，不能申請銀行帳戶，但是沒有銀行帳戶，照理說也不能找工作，畢竟老闆無法付你薪資。但沒有固定住址，就拿不到國民保險號碼，因此繳不了社會保險費，於是無法看醫生，也不能簽合約，這就是法國行政手續的矛盾，我進退兩難。

我憂心忡忡背起行囊，頭也不回離開愛麗絲的租屋。和平常一樣，服務生鄰居的門縫透出一絲光線，我聽見他在室內走動，他好像都不用睡覺。我駐足半晌聽著，他也停下動作。我想像我們隔著這扇門，像某種詭異的鏡像投射，一個年輕，一個老成，一個迷失，一個扎根。

＊＊＊

城市的寧靜夜色下，蒸氣冉冉升起自公寓的金屬小煙囪，屋外凜冽漆黑，商店都還沒開門，只有地鐵站旁那家轉手中國人經營、前老闆哀嘆連連的香菸酒吧開著。我坐在酒吧裡，累到雙眼快睜不開，想破頭還是不知道可以做什麼，可以去哪裡。我上班前得找到落腳處，我想過青年旅館、收容所、甚至借住其他服務生家，但我沒有他們的電話，老實說我們也不熟，要求借住太尷尬。

喬治·歐威爾曾經待在左岸的廉價旅店，現在已經沒有這種旅店，遇不到流亡海外的俄羅斯移民，遇到流亡海外的俄羅斯寡頭還比較有可能。我想過打電話回倫敦求救，也許向愛麗絲借一筆錢，買張火車票打道回府，雖然只是幾個鐘頭的車程，卻遠如另一個世界。我發現愛麗絲離開後，我只活在自己的世界，沒有交談傾訴的對象。在法語國度以英語思考感受很多餘，沒有幫助，這個我正慢慢消失。我以基礎法語含糊溝通，這個「法語的我」只具備三歲小孩的溝通技巧。

天光逐漸破曉，我喝完咖啡，早班員工陸續抵達，巴黎閃耀清晨榮光，讓我打起精神。這個選擇本來就充滿挑戰，現在離開就是宣告失敗。再說我回倫敦能做什麼？要待在哪裡？走到哪裡問題都一樣，至少這裡麵包好吃，我還算有工作。此外，雖然我的法語還是零零落落，已經比剛來時進步，最重要的是，我正穩定深入巴黎底層，一點一滴走進深處，下一步是縱身跳進污濁黑水，沒有退路。

我決定去巴黎北方，之前找工作時曾見過幾間破爛飯店，就在克利西廣場北邊，往沙拉佩勒門和克利尼昂庫爾門的方向。我不知道那地方好不好，但是租金肯定便宜。我內心的浪漫主義者告訴我那裡很合適，畢竟亨利．米勒也住過那一帶。

到了地鐵四號線終點站後，我開始步行，這裡是巴黎北方邊陲，混濁的都市河口，來自不同郊區河水的人類渣滓，全沉澱在城市海底。

城市瀰漫著棕色霧氣，垃圾碎屑散落人行道。北非男人坐在簡陋咖啡廳的塑膠桌前急促交談，街上還有清真認證的肉鋪、像是完整從非洲運來、生意興隆的大規模美食市場，販售運動品牌假貨的店面，賣國際電話卡的便利商店。唯一一個白人是市場乳酪攤位的店長，攤位清閒，沒有客人大喊著以物易物，他滿懷期待望著我。我在歐納諾大道轉個彎走進寧靜住宅區。街道不長，都是一百五十年來以不同風格建造的五層樓建築。走到一半，我看見一面招牌：辛普朗飯店。

巴黎危險邊陲有幾百家同類型飯店，鄙陋卑微，小門道掛著骯髒招牌，穿過不起眼的門道就來到建築內部，巴黎井然有序的門面後方，深藏著密室世界、幽暗庭院、建築中的建築。在巴黎某些地區，這樣的隱密所在就像靜謐綠洲，其他地區的暗巷則像巴黎鬼街，都是以為奧斯曼男爵和拿破崙誓言重整巴黎市容時早就拆除的建築。這類建物猶如兔子洞，地板凹陷、牆壁傾斜，踩著歪斜樓梯才能爬上破舊陋室，沙子沉積多年，木地板烏漆抹黑。辛普頓飯店就是如此，很難從骯髒招牌看出飯店是否有一星，或者只剩往日飯店的空殼。

入口處有一道狹長走廊，走到底是嚴重刮損、高度及肩的壓克力窗口，頗有機場護照檢驗海關或警察局的味道，前方已無路可走，只有一道上鎖的碎裂強化玻璃門。壓克力窗口後，一個胖女人坐在破舊小辦公室，抽著菸，觀賞東歐電視節目。

我站在窗前，她開始裝忙，以為我看不見藍色煙霧後她正在看小電視，整理散放桌面的紙張。等了一下她才起身，隔著半透明壓克力板瞇眼打量我。她有一張圓臉，下顎有幾顆痘痘，粉色破髮圈紮起往後梳理的深色油膩髮，看來比我還累。

「給我一個房間。」

「沒了。」她朝桌上溢出的菸灰缸捻熄香菸，坐下。

「沒空房了嗎？」

「Quoi（什麼）？」她的近視眼瞪著我。

「你們還有空房嗎？」

她微微靠向窗口，仔細打量我。我把行李踢到前面，不讓她看到，我直覺要是她發現我走投無路，入住機率也許更低。

「這就要看嘍。」她說。

「看什麼？」

「看你想要哪種房型。」

她又用菸頭餘燼點燃一根菸，期望地看著我。

「一間多少錢？」

「二十歐，附私人衛浴。」

她口音濃厚，百分之百是東歐腔，幸好周遭沒有法國人，不然聽見我們踐踏法語，八成會頓足捶胸。

「妳有更便宜的房型嗎？」

「警察？」她沉默一下才開口。

「警察？」

「你要是警察，老實說。」

「我不是警察。」

「你要是警察，老實說。」她又說一遍。「法律問題。」

「我不是警察。」我再三保證。「也不是法國人。」

她對後面房裡某人嚷嚷，宏亮聲音用另一種語言回答。

「便宜一點的？單人，每晚十歐。」

巴黎居然找得到這麼便宜的住宿，太扯了。情況很看好。

「沒有私人衛浴。」她躊躇半秒補充。

「我可以看一下房間嗎？」我問。

她與低沉嗓音稍微商量，從窗縫推出一把二樓雙人房的鑰匙，嚴厲指示我不能進其他房間。她按下開關鍵，強化玻璃門打開，我走了進去，爬上窄到不可思議的階梯，空間低矮，頭頂有髒髮長期摩擦的深色污痕，空氣飄散著熟悉的菸味體臭、食物和大麻氣味。二樓房間很小，裝潢風格令人不敢恭維，但勉強過關，也比我的公寓溫暖，我靠坐在電暖器上，打開電暖器，灰塵燒焦的味道飄了上來。

「我要租這間房。」下樓後我告訴她。

「單人房，你有一個男室友。我先收前兩晚的費用。」

「男室友？」

「房間是隔開的，有私人睡覺空間。前兩晚收你二十歐。」

我當場付現，行李請她幫忙看管。離開前她問：「你英國人？」

「對。」

「我沒去過英國。」

她停頓了好一會兒，顯然對英國很好奇，要是我回答了，說不定她會幫我換一間房間，不用和「男室友」同房。說來奇怪，開始在餐廳工作後，幾乎每個人都問我英國皇室的事，所以我多少惡補了英國皇室的知識。這次會是什麼？伊麗莎白女王有幾個孩子？查爾斯王子今年幾歲？或是更重要的事，像是尼姆沙會想知道的那種關於倫敦生活的芝麻綠豆小事……

「你告訴我。」近視眼大姐開問：「你說，你們英國有沒有一種……賣香菸的機器？」

「妳是說香菸販賣機？」

「對。」她的熱情近乎於零。

「哦，那個啊。」我猶豫了一下。「我想沒有吧，應該都收光了。」

我結結巴巴解釋，香菸販賣機的現況我不太清楚。話都還說完，她已經一臉無趣地坐下，讓我看她油膩膩的頭頂和冉冉上升的輕煙。

＊＊＊

辛普朗飯店不怎樣，但至少在找到長期住宿前，我還有一張床。現在我沒有單車，住在地鐵站旁很方便，對面還有小裁縫店，店面狹小，大小不超過一個小隔間，猶如西裝外套環繞的阿拉丁洞穴。一個身材微胖的男人坐在小桌前，在西裝外套包圍下，低著頭屏氣凝神盯著裁縫機工作，地中海禿頭閃亮。我走到他面前，他像是彈簧跳了起來，張開雙臂，瞇眼看我，然後脫下放大眼鏡。

「先生請坐。」他聲音宏亮，我感覺就像千里迢迢從伊薩卡島回來的奧德修斯。

他從整排懸掛的外套中變出一把小凳子，「等我一下。」然後端著兩杯加了新鮮薄荷的熱開水回來。他叫尤瑟夫，埃及人，十分健談，還沒告訴他我想改長褲，他已經向我報告他的祖宗八代和這條街的歷史。

「……通常我不會這麼早到，但我太太離開我了，有時不預告一聲就回來……我別無選擇，只好來這裡過夜。公寓鄰居都笑我，真的很慘。」

「你睡在這裡？」我問，想像西裝外套變成帳篷、他躺在地板的模樣。

尤瑟夫笑了，金牙臼齒閃閃發光。我們站在門口，埃及裁縫娓娓道來這條街的奇人異事。

「經過那一戶時要記得抬頭，那戶的太太年紀很大，超級老。她喜歡站在窗邊，拿一鍋滾燙熱水潑向路人，管你是不是伊斯蘭。」

「什麼？」

「她非常蒼老，老到不行。」他說，彷彿這足以解釋她的行徑。「對面那間，千萬不要去，他們在賣毒品。」幾個年輕人聚在屋外。「你看，他們會往不同垃圾桶移動。」觀看他們就像看杯球把戲，根本看不出毒品換到誰手中、藏在哪裡。

「那幾戶都是妓女。」他繼續說。「一樓那邊，你仔細看，有個男人從不離開，隨時都守在窗前，房內堆滿雜物，堆疊報紙、垃圾、瓶子、各種廢物。有時他會朝窗外大喊，揮舞拐杖。可是他人很好，他叫西德里。」尤瑟夫像是突然被雷打到：「等等，老弟，你住哪裡？該不會住在這裡吧？」

我告訴他我住辛普朗飯店，他的臉色變得十分凝重。

「呃，那地方很有意思。我希望你不是淺眠的人。」

他不願多做解釋，於是我請他幫忙修改西裝，西裝外套和長褲都要。我還沒錢改外套，他說可以先改褲子，只收十一歐元。不用穿著小丑褲回去上班讓我鬆一口氣。尤瑟夫從懸掛西裝後變出一面鏡子，開始修改，用大頭針固定長褲修改位置，抓窄，裁短。

「可是這樣就會露出你的襪子。不，不，不，這怎麼行，白白毀了一條好褲子。」

尤瑟夫顯然不懂服務生的穿衣風格，不過他最後還是妥協。他忙著裁剪，我望著窗外街景，路邊停靠一排汽車，有個女人從其中一輛下車，身後跟著一個小孩，呼氣凝結成白煙，看起來很冷。我仔細一看，發現那輛破汽車裝滿東西，彷彿所有家當都在裡面。

「她們是誰？」

「啊，她們醒了。你等我一下。」尤瑟夫從我眼前消失，端著兩杯熱茶回來。「老弟，幫我開個門。」

他跨過馬路，把熱茶遞給這名女士和她的小女兒，指向裁縫店舖，她搖頭，尤瑟夫自己一人走回來。

「真的很可憐。沒錯，她們就住在車裡。你能想像有多冷嗎？我請她們進店裡，有時小女孩會進來，可是媽媽從來不肯，因為她們所有家當都在車裡，她不肯離開車子半步。每天早晨她們的臉都凍到發青。你看。」

我望著她們，女人三十多歲了，小女孩約莫六歲。女子一臉恐懼，瞠大雙眼站著，瞪著冷氣逼人的街頭。是什麼樣的悲慘命運帶她們來到這裡？世上那麼多條街道，為何她偏偏來到這裡？

「Voila（完成），老弟。」

長褲完美貼合身型，尤瑟夫再次拉起布簾露出鏡子，鏡中回望我的是半個服務生。

我正在成為服務生的路上。

❖辛普朗飯店人生

「連我也差點被砍，對方共有三個人。但我運氣不錯，還有這個——」史蒂芬從長褲中掏出摺疊刀。過去三晚都差不多：我回到辛普朗飯店已過午夜，布簾另一側的男人則站在共用小水槽前整理儀容準備出門。由於懶得去走廊盡頭的廁所，他也常在這個水槽小解。說他是男人，其實和我年紀相仿，自稱史蒂芬，卻招了這不是本名。史蒂芬很健談，滿口陰謀論。我不知道他做什麼工作，每天都一身黑絲襯衫，午夜才提著公事包出門，清晨回家，有時在我起床前回來，但通常我都快出門了他才會到。我對他幾乎一無所知，唯一敢說的是他遭到嚴重洗腦。

我換下服務生制服，史蒂芬繼續描述錯綜複雜的毒品販子網絡，毒販埋伏於某些車站的地下道，普通人應該盡可能避開不去。按照他一貫的說法，他正準備出門「處理事情」。

史蒂芬並不高大，面孔很像田鼠，瞇起小如豆的眼珠，透過小方鏡片看你。他不會英語，卻很有耐心聽我講法語，偶爾還糾正我。

「後來怎樣了？」我追問他摺疊刀鬥毆事件。

「我不該大嘴巴的。」

「Allez（說啦）。」我鼓勵他說下去，心知他其實暗爽有聽眾。

「你不能告訴別人，懂嗎？我不能讓les flics（條子）找碴，現在真的不行。」

「我不會講出去。」

他在襯衫衣領和頭髮噴灑甜膩香水，一手還舉著摺疊刀。他就是我一週以來的室友，即使史蒂芬給人一種腦袋不正常的感覺，目前還不算危險，不過看到他亮出那把刀，我才猛然記起我得趕快搬家。我腦海閃過一個煎熬又好笑的想法，說不定我的室友是連續殺人魔？或許他深夜就是去幹這種事？外出殺人？

「……我只能告訴你……他們付出的代價可大了……」史蒂芬揮著摺疊刀，不流暢地比劃著切割動作。

我無動於衷，史蒂芬顯然很失望，他從鏡子前轉過頭，發現我一臉疲倦盯著地板那道巨大深色污漬。自從搬進來，我就一直好奇那是什麼。

「那是血跡。有個男人在這裡被殺，要是你好奇，我可以告訴你，這裡是完美的犯案地點。你知道巴黎警察沒空理謀殺案嗎，至少十八區是這樣。我朋友的哥哥在警局工作，據我所知他們懶得管兇殺案。垃圾人渣自相殘殺，少了文書工作，他們輕鬆多了。老實說，你在這裡看過條子嗎？一個屁都沒有，他們偶爾開車經過，但是不下車，巴黎警察真正下車，都是去買中東烤肉。」

「那些穿直排輪鞋的警察呢？」

「他們才不是警察，丟人現眼。你知道我曾經參加警察考試，成績是他們有史以來最高分……」

梳理完畢，他走回鋪位，從床底下拉出公事包，小心翼翼打開，不讓我瞥見內容物。史蒂芬自稱「商人」，不過從他告訴我的話，我大概猜到他從事非法賭場工作，不然就是某種邪教組織，或者是經營非法賭場的邪教組織。

「英國佬，你以為巴黎很危險？試試馬賽吧。我之前都在那裡……工作。暫時應該是不會回去了，工作機會倒是不少，很適合腦筋動得快的人。」他輕輕敲了一下他的太陽穴。「也很適合你這種服務生去，夏天去馬賽，錢很好賺，你應該也這麼打算吧？」

我不知道我有什麼打算，但血跡的事他應該說對了。聽見史蒂芬稱呼我服務生，感覺很奇怪，不過也沒錯，除了知道我是服務生，他對我一無所知，對他來說這樣就夠了。我甚至無法說出真相，告訴他我其實我不是服務生，只是跑堂員，要是他知道了，對我的最後一絲敬意恐怕會消失殆盡。

史蒂芬擦亮他的黑皮鞋。

「今晚也要工作嗎？」我問。

「Oui, comme toujours（要啊，哪天不工作）。你很幸運，英國佬。這就是當服務生的好處，不必深夜工作，還可以到處旅遊，每座城市都需要服務生，這可是走到哪做到哪的國際工作。」

他套上寬大俄羅斯軍裝外套，拾起公事包。

「這件外套是去哪買的？」

「跳蚤市場，克利尼昂庫爾門那有一間軍事專門店，不只賣外套，你懂我的意思吧。要是你去，直接報我的名字，說是『尚雅克』介紹你來的。」他眨眨眼。

他出門後，走廊飄來一陣揮之不去的大麻菸味。我站在水槽前刷牙洗臉，思考史蒂芬剛才說的話——他說的對，我是服務生。我躺回床，試著在隔壁男人值回票價的嫖妓聲音中入睡，震耳欲聾到牆壁就像不存在。就我猜測，除了接待旅客，辛普朗飯店似乎也提供空房給街上的妓院。我總算昏睡過去，睡眠幾乎都會被吵架或買春的聲音中斷。

辛普朗飯店坐落在十八區最北邊的三角地帶，再往克利尼昂庫爾門北走，就是馬格里布[3]區，再過去就是搭建在廢棄鐵道的羅姆人棚戶鎮，生火取暖的濃稠煙霧瀰漫。東邊是亞撒哈拉居民盤據、人稱「黑色非洲」的古特多爾。南邊則是範圍逐漸擴張的邊境，法國人稱「les Bobos（波布族）」，波西米亞小資族區，一個充斥有機超市和可愛咖啡廳的世界，那位我和愛麗絲打過照面、經營部落格、打著「行銷」工作頭銜的人就是住在這。以歐納諾大道為據點，上述幾個世界全擠在一、兩條呈放射狀的街道，轉角之後世界驟變。和餐廳內部運作一樣，這裡的地域屬性界線也很明確：跨過馬路，你就踏進不同社會階級或文化。巴黎市中心就是這麼獨特，完全是大城市的縮影，不同文化與經濟階級全壓縮在一起，環城大道的腰帶緊緊勒到無法呼吸，慢慢擴張至中產階級化地區。十八區一直都是勞動階級地區，史蒂芬說他的曾祖母在附近的蔬果店工作。他的曾祖母來自德國，曾在工廠製作炸彈，逃離納粹來到巴黎。現在這一帶大多是馬格里布居民，這也反映出巴黎不斷變遷、流散異鄉的僑民面貌。

3 非洲西北部一帶，後來演變成法國對摩洛哥、阿爾及利亞、突尼西亞的代稱。

不管是好是壞，波德里克街都是十八區縮影，居民背景紛雜，以不同族群領域為基點，分布擴散。一樓店鋪空間不是出租，就是以木板封起，南邊盡頭有三名亞撒哈拉的非洲理髮師，旁邊是尤瑟夫的裁縫店，走到中間是洗衣店，對面則是改裝成小酒吧的Le Seau「水桶」，娼妓常在那裡消磨時光。往北走還有三個理髮師，但是客群不同，光顧上門的都是北非男女。再過去還有汽車修理廠、清真認證肉鋪、投注酒吧，電視螢幕全天候播放賽馬節目，男人在露天咖啡座瞪著眼前的濃縮咖啡，雙腳埋在一堆投注單中。停靠汽車緊挨著彼此，照理說人人都可停車，但要是你停在「有人預定」的停車格，回來時恐怕會發現自己的側後視鏡慘遭敲碎。

波德里克街的公寓和空房不會閒置太久，老太太（拿滾水燙路人的那位）遺體從公寓搬出不到一天，就看見那間門外有男人排隊守候。

「非洲女孩。」史蒂芬爬下床時說。

「什麼？」

「排隊的男人。」他語調枯燥地說。「從進進出出的男性客群，你就分辨得出妓女類型。」

賣淫、賭博、理髮業、毒品，以上就是波德里克街專屬的經濟體。居民在街上留下不需要的物品：床墊、馬桶、舊微波爐、單隻鞋，一整天下來會有人過來撿走，不是徒步，就是開休旅車來，入夜後多半物品都不見了。至於占領空屋，很多女孩長期霸占公寓賣淫，也有人很快就被踢出去，但通常不消多久就會發現其他空屋，重操舊業。

❖夜生活

凌晨五點鐘，窗外的波德里克街傳來一連串男人叫囂，厲聲怒罵斷斷續續，緊接著是撞擊和物品碎裂聲響，鬥毆鬧事沒有就此結束，我聽見更多噪音叫罵聲，一個女人歇斯底里尖叫。年輕馬格里布男子在骯髒的妓女酒吧「水桶」前群聚，幾個老男人上前架開他們，有人拉住一個穿著紅絲綢短睡袍、濃妝艷抹的年輕女子，一個男人坐在一輛路邊停靠的車頭，垂頭遮眼。

街上再次傳來叫囂，一個女人從對街建築的某扇窗探頭大吼：「Ta gueule! C'est Dimanche! Y'a des gens qui veulent dormir!」——閉嘴！今天是星期天，還有人想睡覺！

她的吼叫惹火這群男人，他們咆哮回敬：「Ferme la, salope（賤人閉嘴）。」「P'tite bourgeoise de merde（去你媽的小資垃圾）！」

這時，一個身材臃腫的老女人步出水桶酒吧，低胸上衣，巨乳下垂，手指夾著一根菸，下半身穿著短皮裙，寬大漁網褲襪緊緊勒住火腿肉般的大腿，外面套了一雙膝上皮靴。我白天看她穿著普通衣服，坐在酒吧外的骯髒塑膠白椅上抽菸，以阿拉伯語閒聊，可是現在很明顯了，她是老鴇。休戰時刻，她把一個男人拉至一旁，從胸罩掏出東西交給他。

和老男人幾經商量後，老鴇發出連珠砲似的命令，年輕人作鳥獸散，其中幾人潛入掛著髒床單的隔壁大樓。總算有人攙扶受傷男人，他走向歐納諾大道，依然低垂著頭，猶如斷了線的牽線布偶。

波德里克街又回到原先的靜謐，還留在現場的男人走回水桶酒吧，老鴇抬頭掃視建築窗戶，看見和我一樣探頭看好戲的住戶，揮手大喊：「Quoi（看夠了沒）？」消失在我們視線。沒多久鐵捲門降下，金屬刮擦尖銳刺耳，只留下一條小縫讓人進出水桶酒吧。街頭再次鴉雀無聲。媽媽和小女孩待在車上，沒有動靜。

我累壞了，躺回床鋪閉上眼。才剛昏睡過去，垃圾車的液壓升降台吁吁大喘，塑膠蓋的撞擊聲震耳欲聾，又吵醒了我，垃圾臭氣沖天，緩緩飄入我房內。時間是六點三十分，這是今天第一輛垃圾車，聲音嘈雜得不得了，垃圾車工人的叫喊清晰，彷彿他們就在我房內。史蒂芬帶著黑眼圈回來了。

我又倒回去睡著，半個鐘頭後鬧鐘響起，什麼都沒變，屋外一樣漆黑，我還是疲累不堪。翻身時我感覺到冰冷床單，史蒂芬在分隔布簾後呼呼大睡，我在漆黑房內套上長褲，昨天用剩的歐元在口袋裡叮叮噹噹，這就是我的日常。

❖飯店廁所

餐廳偶爾會給員工休息時間，但通常只有一個鐘頭，根本不夠用，回家免談。再說雖然我們在市中心工作，卻沒幾個廚房員工住在附近。最慘的是，要是遇到雨天或冬季，市中心沒有可以免費休息或小睡的地方。你已經疲憊不堪，還要四處尋覓休息歇腿處，而且要盡可能鄰近餐廳，才不會浪費時間在走路上。時間殘酷，經理一宣布休息，一個鐘頭開始倒數。夏天就不一樣了，你可以在杜樂麗花園、公園長椅上小睡片刻，遇到冬天你只能自求多福。

砰！隔壁廁所的甩門聲震醒了我。我的嘴巴有一股噁心味道，混著咖啡、香菸、酵母的氣味。時間是下午五點四十分，十分鐘前餐廳已經開始準備晚餐營業，我遲到了。情況不妙，我人在巴黎市中心某間富麗堂皇的五星級飯店深處，正確說法是男廁，充當枕頭的國際版《紐約時報》還黏在我臉上。

我不耐煩聽著剛踏出廁所隔間的人悠哉洗手，最後聽見廁所大門推開又關起的聲響，廁所內安靜無聲，只有寬闊建築的低沉嗡嗚。

我彷如火箭衝出隔間。

我匆忙拔下領結、脫下襯衫，開始清洗腋下、後頸，瘋狂刷洗臉上的墨水印痕。我豎起耳朵，用力聽有沒有黃銅海豚水龍頭之外的聲響，有沒有人推開廁所大門。要是有人發現我像流浪漢在廁所洗手盆前洗澡的樣子，我肯定馬上就被轟出飯店。

巴黎籠罩著一層冰寒霧氣，這間飯店是我目前找得到最溫暖的地方，也是我與外界保持連結的場所，可以撿到免費國際報紙，並在我臉上留下怎樣都洗不掉的墨水印子。儘管我的世界一天天縮小，只剩下餐廳工作和有限睡眠，外界對我也愈來愈不重要，我還是沒放棄追蹤時事。

這天有收不完的髒餐盤，我專注絕望刷著手上沾到的醬汁。高級的飯店香皂散發著淡淡香草味，還有香氛護手霜和毛茸茸的白色擦手巾。在巴黎，我發現廁所會透露一個地方的等級。塞納河畔餐酒館的廁紙厚實，品質卻不如這間飯店。後來我發現餐廳會想辦法節省經費，雖然很膚淺，但他們只想維持奢華表面。這裡不一樣，飯店富麗堂皇，溫暖的洗手間一塵不染，表面鋪著淺橘色大理石，猶如一個適合睡午覺的墓塚。這間廁所最美妙的，就是它藏在飯店深處，幾乎不會有人來打擾。

我一踏出飯店，馬上有位服務生箭步上前：「先生需要幫忙嗎？」

我含糊回答「rendez-vous（我有約）」，腋下夾著《紐約時報》，若無其事頭也不回邁向出口，但我敢說他知道我的祕密。服務生大老遠就能辨識彼此，就連我在街上都能一眼認出服務生：西裝舊舊髒髒、失魂落魄、腳步倉促、疲憊不堪、穿著一雙破皮鞋、梳著油頭、弱不禁風。

外面天色已黑，白天工作結束，巴黎生氣盎然，交通堵塞，人行道上許多人行色匆匆、趕著回家，也有很多漫不經心、左顧右盼的觀光客。咖啡廳熱鬧非凡，空氣冰冷。人群聚集在橙色暖氣燈下，對著冰空氣呼出藍煙，喝著熱騰騰的熱紅酒，我看見起霧窗子上的人形剪影在暖燈下移動。計程車猛按喇叭，穿著皮草的女機車騎士不滿被超車，對計程車司機咆哮。腳底下的地鐵列車隆隆作響，人潮川流不息，湧出吞沒在裝飾華麗的地鐵站出口。救護車鳴笛，想要穿越癱瘓交通，挺進協和廣場，再穿越香榭大道，前往凱旋門。

五分鐘後我又回到後巷，來到通往出餐口的低矮黑門，聽得見黑門後的喧囂，嘶吼拍打、碰撞聲響，另一名趕著值晚班的服務生搶先一步鑽了進去，他不是什麼了不起的人物，只是一個普通的巴黎人，在街上叫不出名字、沒有特色的路人甲，就和黑門裡數不清的人一樣，不管是服務生、廚師、清潔工、女接待員、夜班經理，還是洗碗工，我們都在這裡，沒日沒夜躲在你看不見的角落埋首苦幹，賦予這座城市生氣。

當然我們不是這麼想，對我們而言，這不過是短期工作，我們告訴自己，這還不是我們真正想要的人生。

這個當下，我們只能靜候時機。

❖ 四號線地鐵

大多遊客有所不知，巴黎有兩種地鐵：一種是白天的地鐵，一種是黑夜的地鐵。夜深人靜時，儘管人造燈光刺眼，白色磁磚污穢，地鐵內依舊散發黑暗不祥的預感。深入巴黎地鐵就像在探索這座城市的本我，讓人領略巴黎的「另一面」。在巴黎，無人不知、無人不曉四號線北向的惡名昭彰，列車車長甚至拒絕在某幾站停靠，幾條地下廢棄人行道臭名在外，毒品販子氾濫猖獗，蟄伏在那裡出售古柯鹼和海洛因，明目張膽和客人交易。

蛇行穿梭充斥精品店和高級公寓的左岸和聖日爾曼區地底後，四號線地鐵在西堤島和夏特萊站的巴黎市政廳稍作停留，又沿著地鐵路線北往，挺進最終目的地：克利尼昂庫爾門。

四號線地鐵列車上，形同鬼魅的男男女女遊蕩：無家可歸的遊民、毒蟲、瘋子，不顧震耳欲聾、尖銳刺耳的煞車、反向會車的噪音，他們以沙啞嗓門生無可戀地敘述人生故事，在列車走道上與疲倦乘客摩肩擦踵，伸手討錢。不同停靠站有不同乘客族群，畢竟巴黎還是一座社會階級層清晰、文化種族隔離分化的城市。

人海大洗牌發生在巴黎大堂年久失修的購物中心下方的悲慘地底世界，這裡是換乘RER火車的大站，郊區通勤列車塞滿窮人，RER火車隧道比巴黎地鐵更深，更貼近地獄核心。

我就是在這一站上車。經過十四個鐘頭的值班，只休息一個鐘頭，讓我可以到M飯店男廁午睡三十分鐘，再衝回餐廳，繼續如火如荼的晚餐服務。我這天共吃了四塊圓麵包、灌下九杯咖啡，抽了十幾支菸，指甲下的指尖發黑，雙腳痠痛，現在我只想睡覺。列車駛進水塔站，一個衣著五彩繽紛的法籍非裔男人在我對面坐下，對我微笑。他腿上擺著一只塑膠袋，袋中癱軟的雞已經一命嗚呼，羽毛還沒拔除，血水積蓄在袋底，不時滴落地面。他和多半法籍非裔及非裔乘客在北站下車，肯定準備搭乘停靠北站的RER某線列車。列車門滑開，車廂再次撲來巴黎地鐵的氣味：令人頭暈腦脹的腐爛蛋臭味、舊鞋味、煞車污垢味、尿騷味。

下一站是巴貝斯站，什麼都賣、什麼都不奇怪的邊境前哨站：大麻、黑市香菸、巫毒醫師、失竊手機。一群俐落削髮的馬格里布男孩站在月台上，有人上車，有人下車，刻意握手，交換小包毒品。過了這一站，就進入無法無天的世界。在紅城堡站，一名眼神空洞、破褲頭以細繩繫綁的男人頭也不抬地上車，車廂內都是他沒有熄滅的菸味及尿味，感覺很久沒洗過澡。列車開始行駛時，有個男人咯咯傻笑，追逐一顆隨列車加速滾動的彈珠，最後他總算撿到彈珠，入迷盯著掌心的彈珠，遞給我身旁的男人，然後遞給我。

「拿去。」他乞求我們：「可以保護你們。Regardez（你們看）。」

他怔怔凝視著彈珠。列車驟然停駛，發出尖銳金屬聲響，彈珠再度從他手心滑落，於是他又瘋癲傻笑，搖搖晃晃追著彈珠走到車廂後方。在某一站，眼神空洞、衣服骯髒的男人起身，可是車門不開。六個男人並排坐在月台地上，三人躺在紙板上，兩人捲著古柯鹼菸，有個人正在昏睡，另外三人躺在骯髒地板上。月台遠方傳來呼喊，有人在吵架。我們什麼也看不見，還有力氣的幾個毒蟲從地上抬起頭，其中一人甚至起身，朝呼喊的源頭吆喝我聽不懂的話。與此同時，站在車門前的流浪漢焦躁不安，反覆拉著小金屬門把，門就是不開。香菸快要抽完，於是他從夾克口袋掏出一把在地鐵站四處搜刮的菸蒂，像個工廠作業員指頭靈巧地快速翻看，把太短的丟在地上，總算有一支還能抽的，他趁菸頭熄滅前點燃。列車沒有開門，直接駛離月台，男人不滿地以拳頭敲打列車車門，衝向列車車尾，彷彿可以從那裡跳下車，追彈珠的瘋子跟在他背後。月台上傳來叫囂打鬥聲，乘客扭頭查看，看見一個男人被壓在牆上，另一人躺在地上，我們只瞥到一眼，又被送回隧道的黑暗及自己的倒影中。

清晨的地鐵是另一個世界，像是黑黢黢的循環系統，將人輸送到需要他們的地方，重新為城市注入生氣。天光快要破曉，辦公室清潔工結束夜間輪班，準備回去郊區，有廚工、勞工、街道清潔工，有睡在月台上的男男女女，他們躺在綿延的紙板上，便溺的刺鼻黃水灘咫尺之近，世界的一切皆與他們無關，就算無家可歸，在巴黎地鐵站也不難找到容身之處。別忘了還有為了生活打拚累到虛脫的人。我們隨著列車搖晃移動，悶不吭聲坐在車廂，差點打起嗑睡，就像沉睡城市地底的黑影，等著地鐵列車吐出我們，過沒多久又回到地底的工作崗位上。

第三部 前菜 L'ENTRÉE

❖ 泰米爾猛虎

要是有人以為精緻奢華的巴黎餐廳，像一台流暢的機器，一組受過精良訓練的部隊，幾世紀以來都優雅運作，不能怪他們。

但這不是真相。

巴黎餐廳每天會進行兩次危機處理及最高收益演練，見識過雙開式回轉門後的真實運作之後，我可以拍胸脯告訴你，要是你的餐點符合預期完整上桌，所有餐點還能同時送上，就可以說是一大奇蹟。

真相是，巴黎餐廳是低效率的組織架構，全由待遇卑微、飢腸轆轆的奴隸掌管。

一間巴黎餐廳就像蜂巢，身為客人的你處於最高位，廚房墊底，而連結這兩個世界、餐點輸送的交會點，就是我這三週最常待的位置：出餐口。

僅僅六平方公尺、天花板低矮的煉獄，就是所有餐點飲料的必經之地，無論是準備送出的餐點，或是剩菜剩飯，都會經過出餐口。這裡就是地底世界的通道，擁有專屬的三頭地獄犬，三名斯里蘭卡人，寧死不屈的退伍軍人。他們在駕駛艙大小的地窖中，佇立在一顆赤裸燈泡下工作，穿著不再雪白的實驗室袍子，好幾層衣物塞得袍子鼓脹。即使是地府掌門人，他們還是得在猶如冰河的巴黎冬季工作。出餐口有一個出入口，夏天時對著露天用餐區敞開，不過到了冬天，餐廳會好心鋪上薄捲簾鐵門，蓋起洞口。

尼姆沙是塞納河畔餐酒館三人幫的頭頭，這短小精瘦的男人臉上刻著深刻的皺紋，烈焰般的灼人視線和不囉唆的態度隨時可能爆發。尼姆沙身材結實，皮膚黝黑，肌肉發達，可能年近三十或已四十好幾，外表很難判斷，他每次發火都會發出驚人低吼，後來我才知道他九年前離開斯里蘭卡，就再沒回去過，過去八年都窩在這個出餐口。

「泰米爾猛虎，自由鬥士。」他咆哮：「英果佬，我們不是斯里蘭卡人，也不是印度人。」

另一名泰米爾人是服務生稱呼巴羅、高大壯碩的巨人，五官深邃黝黑，眼神溫和，從容不迫，彷彿生怕打破東西放慢動作。第三個泰米爾人是新人，我還不太熟，之前從沒見過他，他只會注視著我，露出微笑。

後來我發現這些掌管出餐口的男人，全是二〇〇六年歐盟列為黑名單的游擊隊組織成員，我和尼姆沙等泰米爾人交談後得知，他們都是英勇強悍的軍人，有數不清的恐怖故事和服務生分享，熬過漫長的餐廳營業時光。有時實在很難想像這些堆疊餐盤、對著服務生咆哮的男人，都是擅長策劃和執行護衛艦隊游擊攻勢、身手敏捷的肉搏戰高手。尼姆沙可以說是我在餐廳最敬重的人，認真工作起來沒人比他拚命。要是少了一盤菜，服務生或許會忍不住怒吼、亂發脾氣，但他們清楚分寸，知道這個一百六十公分的好鬥筋肉人絕對會給他們好看。不用動口，他的眼神已經說明一切，不過他偶爾也很孩子氣，令人發笑。經理有時會拿無聊瑣碎的規矩粉碎泰米爾廚子的獨立精神，卻低估他們，忘記自己在對誰說話，無論多麼艱鉅，泰米爾人都不容許他人輕視貶低，絕不輕言退讓。閒暇之餘我喜歡想像科倫丁衝進出餐口責罵他們，不甘示弱的泰米爾廚子咬著切肉刀、跳出猶如散兵坑的出餐口，「逼退惡勢力」。有時也想像巴羅拖著科倫丁的溫熱屍體回到出餐口，妥善處置。

身為全餐廳唯一的英國人，我很快就獲得「l'Anglais」的稱號，也許是「英國佬」的身分認可。

我後來發現L'Anglais的喊法有很多，可能不屑、崇拜、好奇。但沒人比尼姆沙喜歡喊這個名號，而且是用英國腔，聽起來很像「英果佬」。

除了這個表面形象，大家對我幾乎一無所知，大概也沒人在意，我無所謂，來這裡是為了工作，而我的工作能力會決定人們對我的評價。可是尼姆沙卻對我很好奇，即使我們的人生經歷不同，來這裡工作的原因也天壤之別，尼姆沙還是認為我們是一國的，因為我們都是隻身在法國的異鄉人。再說他也深深迷戀倫敦，這給我優勢，要是我想當好跑堂員，拉攏泰米爾人就很關鍵，尤其是尼姆沙。以軍事用語打個比方，把餐廳比做桌遊「戰國風雲」，那出餐口就是堪察加半島，掌握住出餐口，你就有出奇制勝的機率。

身為客人你以為你只是來餐廳吃飯，卻不知道餐廳是在販賣假象，就像一個劇場，就這麼簡單。你在樓上用餐，可憐員工在地底揮汗如雨、咒罵連連，而你的服務生夾在中間，是複雜食物鏈的唯一連結，演技最高超的演員。

別忘了服務生只有一個任務：那就是確保你的餐點正確無誤、準時上桌，聽起來太簡單了，所以你會怪他們不夠有禮貌，或是偶爾不在桌上留小費。但是想要達成這個簡單任務，你的服務生就得確保尼姆沙為首的泰米爾廚子優先處理你的餐點。簡單來說，為了搶先一步出餐，服務生會對泰米爾廚子威脅利誘，贏得他們的青睞，同時偷偷攔截其他服務生的餐點，湊齊自己服務桌位的點單，火速出餐。服務生需要你的小費，所以不惜使出小手段，而且每個人都會這麼做，這也讓情況變得複雜。身為跑堂員我承受最大壓力，服務生經常閃躲桌位的要求，嚴厲指揮我去出餐口取得某樣漏掉的餐點。要做的事情太多，我很難讓每個人滿意。反過來說，一有問題就變成我的錯，這就是食物鏈底層的一條爛命。要是我需要盡速解決某個問題，就得向尼姆沙求救。

尼姆沙不把餐廳布局當一回事，雖然只隔著一道門，對他而言餐廳不過是一種抽象概念，就和倫敦一樣晦暗不明、輪廓模糊。只有六平方公尺的工作空間就是尼姆沙的全世界，就算某位好萊塢名人在等時蔬上桌，大魔頭亞德烈急得差點沒掐死我，尼姆沙仍然無動於衷。他的工作內容很簡單：準備食物，盡自己所能完成每桌的餐點，不理會服務生干擾，骯髒餐盤被送回來，他就往身後送。如果你需要他賣你人情，怎麼說呢，你得先贏得他的認可。

你得和他分攤小費，接受他偶爾把你服務桌位的餐點轉給其他服務生，要和他據理力爭，大白天就聽到他用泰米爾髒話問候，這就是你的工作，頂多以同一句髒話吼回去，而且只能說泰米爾語，因為稱職的巴黎跑堂員或服務生都能隨口來幾句泰米爾語。等到服務時段結束，清點完傷亡人數，你又能和他好好喝杯咖啡，看他有沒有剩的食物能與你分享，畢竟你已經八個鐘頭沒有進食。這時你們又可以天南地北，東扯西聊，直到晚餐服務時段來臨，週而復始重複同樣過程。

身為跑堂員我和泰米爾廚子的關係薄弱，畢竟我無法直接賺小費，沒小費可分給廚子，但他們或許只以為是我手頭太緊。照理說每位服務生每天都要分我三歐元，卻很少人這麼做，要我每天在下班前像是孤雛淚的奧利佛伸手乞討，未免太沒尊嚴，結果可想而知，四八七桌少了一道炸馬鈴薯球，某服務生派我回去找廚師要時，尼姆沙根本不管。我需要可以轉動世界的強勢貨幣，開始賺小費，不僅為了賄賂泰米爾廚子，也為了我個人的生存。這時要是我遇上的廚師是尼姆沙，就有一張王牌：倫敦。但這張牌究竟可以用多久就不知道了。

「倫敦很好，巴黎很鳥。」他常講這句話。

尼姆沙覺得不可思議，我竟然自願離開倫敦，因為據他所說，倫敦人都很親切友善，而且不會把你當作奴隸使喚。

也許他說的有道理。

尼姆沙心中有數他去倫敦的機率微乎其微，所以常用破英語問我那裡的事，滿足他的倫敦夢。他覺得和我這個真正的英國人講話，讓他更接近美夢。

尼姆沙和其他泰米爾人一樣，輪班結束時往身上疊更多層衣物，回到無人懷念的郊區。我不太確定他住哪裡，只記得他描述一棟年久失修的公寓高樓，電梯故障，住戶要用繩索把購物戰利品送上樓，怪不得他覺得倫敦比較好。他也說過這輩子都回不去斯里蘭卡了。

「泰米爾猛虎，自由鬥士！」忙得焦頭爛額時，泰米爾人都這麼鼓勵自己。尼姆沙已經不是軍人，但他還是捍衛個人自由的鬥士，誰知道有沒有那一天。他已經在巴黎住了十年，大多時間都窩在出餐口，通往地府的入口。

❖陰曹地府

雖然你在餐廳用餐只有一個鐘頭，早在你抵達前，天才剛亮餐廳員工就開始準備，打烊時還有人善後至深夜。

要抵達地府，也就是名叫備餐廚房的所在，你就得踩著出餐口前的石階下樓，走進終點站。下樓時已經可以聞到濃烈潮濕氣味、揮之不去的菸味、瓦斯火焰、體臭、蔬菜腐臭，一股腦地撲鼻而來歡迎你。下樓後全身浸在那股味道中，馬上就感受到微妙的空氣變化，空氣濃稠，像是涉入一池溫暖穢水，無論平地幾度，這裡一直是潮濕悶熱。

我擠過正準備上樓浮出地表的賈瑪爾身邊，他已經換好服務生制服。備餐廚房後方的骯髒角落是置物櫃，餐廳所有人員都會來這裡。

「Ça va mon frère（兄弟好啊）。」賈瑪爾的腔調濃郁，「兄弟」聽起來像是咳嗽。我問他知不知道何時發薪，他聳聳肩，倉促上樓。領薪水，簽合約，這就是我目前最在乎的兩件事。

相較於多為歐洲或北非人的服務生和出餐口的泰米爾人，備餐廚房清一色是非洲或法籍非裔人士。如果服務生可以比喻成打扮時髦的街頭幫派，廚師就是一身骯髒廚師白袍、綁頭帶、配備尖刀和橡膠鞋的海盜。和服務生一樣，他們有自己的語言，隔著瓦斯爐你一言我一語叫嚷。工作環境使然，他們的對話短促粗魯，夾雜著非洲方言、法語、洋涇浜英語。按規矩，廚師不和服務生說話，這就是員工之間的小團體，廚師自成一個世界，經過他們身邊時可以感覺到他們的不信任，好像你打擾他們了，也感覺得到他們突然停下對話猛盯著你的目光。廚師心目中，服務生都是視錢如命的傢伙，全是經理的間諜走狗。服務生則覺得廚師都是沒受過專業訓練的蠢材，主要任務就是偷工減料、供應不能吃的垃圾，服務生還得把餐盤整理體面才能上桌。簡單來說，如果你是服務生，廚房會想要扯你後腿，如果你是廚師，服務生會利用你做的菜賺小費。

相較之下，備餐廚房並不光鮮亮麗，地板總是東一塊西一塊積水，廚師大多時候都得站在積水和腐爛蔬果皮之中，噪音令人難以承受，餐廳都還沒開始營業，就已經吵雜得不得了。

我輕巧跳過積水落在乾燥地面，穿過備餐廚房走往置物櫃，有個拿拖把的男人把肥皂水和菜渣倒進地板中央的排水孔。排水孔堵住時，他手伸進去撈出一把垃圾，順手扔進大垃圾桶裡。在備餐廚房我們位處河面下，隱藏在眾人視線之外卻是餐廳的核心地帶，猶如運河，是另一個時代的遺蹟。

備餐廚房後面是置物櫃和更衣室。土耳其式馬桶的廁所小門打開了，飄出菸味和屎味，緊接著露出廚師凶神惡煞的臉孔。

「Quoi（有事嗎）？」他兇巴巴問。

他出來後，馬上有人鑽進廁所。儘管到處都是洗手標語，廚師沒洗手就直接回頭切菜，反正煮熟就自動殺菌。再說廁所跟大多數的法國公寓一樣，空間不足沒有洗手槽。

備餐廚房的廚師處理食材，正如其名，備餐是他們的工作：削皮、切條、切丁、烹調、火烤、洗菜、烘烤。他們也處理魚類肉類，但主要是弄小菜，畢竟餐廳有另一個廚房，也就是專門料理魚類肉類的上層廚房，用升降機把主餐送上樓。我知道上層廚房在哪裡，但常有人告誡我無論如何都別去。在廚房階級中，備餐廚房負責的都是低階雜務。

我打開昨晚用來放服務生制服的置物櫃，裡面卻是別人的東西，我慌張環顧四方，最後在地板角落的一堆東西中找到我的襯衫、西裝外套、鞋子。我撿起制服，襯衫充滿地板濕氣，略帶霉味。我最近去辛普朗飯店附近的跳蚤市場，買下和史蒂芬同款的俄羅斯大衣，我把這件大衣掛在一個空置物櫃，然後把領結和皮夾塞進口袋。路西安常警告我不要把東西留在置物櫃，還說這裡是「小偷溫床」，這忠告來自一個偷我風衣的人，有夠諷刺。

有個男人平躺在兩排置物櫃中央的短板凳上，一手遮眼擋住刺眼燈光小睡。我們站在這部機器深處，噪音毫不留情，可是他累壞了，躺在那裡看著我把皮夾塞進口袋，一邊盯著他瞧。我從他的指縫間看見他正在看我，接著立刻閉上眼。這天上午我的皮夾空空如也，除了口袋裡的銅板，根本沒半毛錢，要是他發現了不知會做何感想。

幸好綽號是大魔頭的亞德烈不記得我一開始下訂的服務生皮夾，我現在最不需要的就是一個價格不合理的人工皮夾，再說我也還不是服務生，不用管理小費。

昨天的襯衫潮濕，領口內側泛黃，翻褶處快變成棕色，我扣上襯衫鈕釦，目光瞄向躺在短凳上的男人。他差不多五十來歲，臉上有深色斑點，灰白鬍子隨手亂刮。他的乾枯雙手皺巴巴，鬆垮皮膚形成手套般的皺褶。他沾有污漬的白夾克袖子看來濕答答，腳上套著一雙雨鞋，肯定是plongeur——「洗碗工」，食物鏈最底層。廁所門砰地一聲再次推開，聽到聲音他立刻起身，嘴唇叼著一根捲好的細菸，迅速遁入廁所。這裡飄著死亡氣味，空氣中瀰漫著腐敗濕氣，喉嚨深處卻是一股久久不散的乾巴巴味道，離開了也甩不掉。我套上廉價黑西裝外套，在置物櫃的強燈照射下，我發現外套變得很髒，尤其是餐盤碰到的袖口及醬汁濺灑的胸前翻領。我整整四週天天都穿這身制服，根本沒空拿去洗，不過套上西裝外套後，襯衫露出的部分勉強過關。椅凳上有一罐見底的低俗香水，我噴灑在西裝外套上，味道甜膩，還是強過西裝的臭味。

最後我穿上鞋。和鞋子一合體，我的雙腳立刻抗議哀嚎，開始在餐廳工作後雙腳就爬滿水泡，廉價爛皮鞋還害我腳趾變形。重返人間的時間到了。我穿過備餐廚房，經過在地底揮汗賣命、無緣轉世為人的孤魂，只能說我很幸運，還能在外場服務客人。不舒適的荷米斯[4]帶翼涼鞋，專屬跑堂員的鞋子帶著我回到地表，穿越地府大門出餐口，返回餐廳。

4 Hermès在希臘神話中是眾神的使者，也是少數能自由來去冥界的希臘神祇，穿著帶有羽翼的涼鞋、攜帶袋子，頭戴翼帽，手持權杖。

❖ 操你媽

巴黎餐廳有些不成文的鐵律。最重要的一項，就是每個人管好自己分內工作就好，不多管也不少做。正因如此，你不會看見服務生在出餐口疊餐盤，不會看見泰米爾人把髒餐具丟進水桶，更不會看見廚子去碰觸任何服務生出餐用的東西。原因有二：第一，你的薪水很低，做再多也不會加薪；第二，要是你雞婆攬了別人的工作，最後搞砸，就等著被開除。這是一種深具共產主義色彩的勞工分配，管理階級分配的卻是資本家，以個人的恐懼感強化執行。

在出餐口前，我又向泰米爾廚子討了一杯咖啡，拖延和經理談合約的時間。我已經在餐廳工作三週，很怕他們隨時炒我魷魚，一毛都不付。我不僅急需用錢，也真心想繼續做下去。餐廳不為人知的異世界挑起我濃厚的興趣，我可以感覺自己正慢慢進入這個幽影暗域，脫下「表象自我」深入底層。另一方面，餐廳員工也漸漸和我稱兄道弟：他們都是貨真價實的巴黎人。如果我真的想方設法潛入底層世界，體驗真實的巴黎，那麼當一個身無分文的窮小子、在巴黎邊陲的飯店兼妓院、有個參與邪教的荷官當室友，並在餐廳當跑堂員，倒是頗合我意。有錢當然很好，這點無法否認，畢竟我不知道接下來幾天還能吃什麼。

「尼姆沙，餐廳都是怎麼發薪？」

他還來不及回答，後巷小門倏然大開，冷冽空氣灌了進來，一名送貨員鑽入室內。菲力克斯從地府的樓梯井冒出來，彎身背上拖著兩大袋垃圾，往反方向而去。兩個男人錯身而過，滿臉倦意的送貨員搬運一箱箱新鮮蔬菜，黑夜守門人菲力克斯則扛著裝有腐臭物的垃圾袋。菲力克斯年約五十多歲，來自象牙海岸，沉默寡言、目光無神。他剛結束輪班，正在換下制服準備回家。他通常午夜抵達餐廳，整晚都自己清潔所有廚房和用餐大廳。其他服務生都說他其實很有錢，因為撿到太多首飾珠寶失物和不小心掉地上的鈔票。

「當心嘍。新鮮地來，腐敗地走。」與送貨員猶如夜間貨運列車擦身而過時，菲力克斯語氣單調地說。他每天早上都開同樣的玩笑，還不忘補上一句：「真不知道我不在時，他們在餐廳裡都幹了什麼好事。」不管你問菲力克斯什麼，他的回答幾乎都是「不知道」，他說這樣就不會惹上麻煩。

菲力克斯回來時，後門依然大開，巴黎黑夜冷風吹進出餐口。

「Bon（好），我下班了。」他不疾不徐、疲倦吐出每個字。

我們交握前臂道別，他爬上樓消失，回到另一個世界，餐廳外的世界，或許能趕在天光破曉前到家，或許不能。送貨員向泰米爾廚子討一杯免費咖啡，卻遭到無情拒絕。「Trop tard livraison. Toujours trop tard（送貨太慢，哪一次不遲到）。」泰米爾廚子朝他嚷嚷，送貨員飆出幾句怒罵，甩門離去。

「今早是哪個經理值班？」我問泰米爾廚子。

他們露出笑容：「科倫丁。」

「科倫丁可不像英果佬。」

模樣半死不活的大熊薩爾瓦多現身，向尼姆沙要到一杯以瓷杯和小碟子送上的咖啡。他機械式啜著咖啡，兩眼恍惚無神，看得出他很需要咖啡因解勞提神。薩爾瓦多和這裡的員工一樣，多半時候都是現代人的完美寫照，外表透露出操勞疲態，可是今早他不只是看起來累，而是從肝臟散發睏倦。靠近他幾公尺，你就會發現這可憐傢伙累得不成人形，眼球布滿血絲，散發著酒氣和香菸的混和氣味，雙手像老太太不停輕顫。

「為什麼你有瓷杯和小碟子？」我問。

「Cazzo（操）！因為我西西里人啊。休想要我用塑膠杯喝咖啡，即使裡面裝的是法國咖啡也不行。」

我喜歡薩爾瓦多的調調，於是又向尼姆沙點了咖啡，特別要求瓷杯。

他嚷著泰米爾語：「Punday! ________. 總之，薩爾，西西里人。」我只聽得懂這幾個字。

「你知道西西里島嗎？」薩爾瓦多說，他痛苦地閉起雙眼。

「我沒去過那裡。」

「那你就無法想像了。天堂啊，不像這裡……灰不拉機，也沒有這些……噁。」他低頭望著咖啡，拱起肩膀假裝嘔吐。「我朋友介紹我今年夏天去西西里島南部海邊工作，那間餐廳在盛產葡萄酒的阿沃拉。」

薩爾瓦多渾身毛髮豎起，一想到地中海島嶼全身細胞都甦醒了，光是陽光的記憶就足以溫暖他。

「英國佬，想像一下你整天都在海邊。」他又閉起眼睛，深呼吸：「到處都是……比基尼美女……而你曬出健康的小麥色肌膚……最重要的是——」他睜開眼：「你人不在cazzo Parigi（操你媽的巴黎）。」

「Cazzo Parigi（操你媽的巴黎）。」我重複這句話，沒忘記附加手勢。義大利髒話就是讓人通體舒暢，再說他用義大利語叫我「Inglese（英國佬）」感覺很優雅，我又跨出重要的一小步，大家接納我似乎不遠了。

「Essato（沒有錯）。想像你在西西里島，那裡的人都很真實，把你當人看待，不像這裡，Non animali（把人當作動物使喚）。」他輕壓太陽穴，最後開口：「西西里人都不富有，所以不是stronzi。你知道這個字嗎？不知道最好，意思是『王八蛋』。」

「Stronzi.」我重複這個字。

「這是複數型，單數型是stronzo，譬如科倫丁就是stronzo。」

「科倫丁，che stronzo（他媽的王八蛋）。」

「Stronzo!」他露出大熊笑臉。「義大利語中有很多類似的實用詞彙。」

「最髒的是什麼？」

「啊，大概是porco dio吧，但是不能亂用，porca Madonna倒是可以。意思是上帝或聖母是豬。」

我聽見尼姆沙在出餐口後面重複這句髒話。

「尼姆沙，泰米爾語中最髒的髒話是什麼？」

「Punday. 這個字非常難聽。」

「Punday.」我說，巴羅和另一名泰米爾人露出笑意。

「不行，英果佬，你不能說這個字，太難聽了。」

說來好笑，自從我開始在餐廳工作，就常試著搞懂我學到的每個字。晚上我會利用讀音拼字，在字典查詢白天聽到的生字，卻常常找不到。史蒂芬在場的話我會問他，雖然他堅稱某些字不是法語，但我還是斬釘截鐵說是法語，因為所有服務生都在用，punday就是其中一個，大概還是繼 déberrasserer（清理桌面）後我最常聽見的字。

「尼姆沙，再來一杯。」薩爾轉頭問我：「你也要嗎？」

「當然。」

「亞德烈今天來了嗎？」

「沒吧，怎麼了？」

「他的東西會有幫助的，比咖啡有用。」

我不太確定他指什麼，但我猜大魔頭有其他副業。

總是一臉苦笑、五官俊俏、湛藍眼睛憂鬱深邃的薩爾瓦多，是這裡你難得會想博得青睞的人。薩爾在餐廳的打情罵俏技巧堪稱一絕，他似乎很懂女人心，每天營業結束之時往往能要到至少一組電話號碼，雖然不管怎麼看，目前他都在和寶琳交往，也就是那個管理預約名冊的女生。但不限女性，就連男性也想博得他的好感，從其他服務生對待他的方式便可略知一二。服務生之中，薩爾瓦多算是真性情的人，就連平時惜字如金的亞德烈都拿薩爾沒轍，薩爾的性愛冒險故事常常逗得亞德烈哈哈大笑。要是可以和薩爾成為朋友，就等於多了一個強大盟友，更重要的是，這代表我在巴黎總算交到一個真正的朋友。薩爾也不是零缺點，爽朗外表下亦潛藏黑暗面，就像是羅馬天神，情緒波動劇烈，翻臉比翻書快，可能毫無預警就變得陰鬱難親近，不用一秒就變了一個人，不再是最溫暖親切的服務生，好像你犯下什麼滔天大錯。過去幾週他多次對我發作，還得克制自己動粗的衝動。遇到這種情況，望著他的雙眼時很難確定自己是在對誰說話。他性格兩極、在白晝黑夜之間遊走，這種心理狀態和情緒波動讓我不禁好奇，他是否有輕微躁鬱症。另一件薩爾對我有意見的事，可能也是他無法尊重我的主因，就是我的西裝外套版型實在太可怕，看在他時尚的義大利眼中是一大污辱，可是除非有錢修改外套，我也無能為力。

「英果佬，你該去見科倫丁了。」尼姆沙引誘我上勾。

「科倫丁那個廢物。他在嗎？」薩爾說。

「我想他人應該在辦公室。」

「我賭他不敢來這裡。」

「Stronzo.」

「Un enorme stronzo. Porco dio（混帳王八，上帝豬）。」

薩爾之所以這麼酸溜溜，是因為他今天本來休假，昨晚出去喝酒，可是今天有服務生翹班，於是科倫丁打電話要薩爾瓦多來代班，而且顯然是一個鐘頭前的事。這也充分解釋了薩爾目前的狀態，我也不知道他要怎麼撐過今天的工作，不管亞德烈的「東西」是什麼，似乎都很有用。

「欸，英國佬，我不知道你竊笑什麼。科倫丁也不喜歡你啊，真不知道你幹了什麼好事。」薩爾說。

「沒有啊，我什麼都沒做。」

「哈！我叔叔也這麼說，結果他現在在烏奇亞多尼監獄。去他的科倫丁，廢物一個。」

薩爾瓦多很明顯也不喜歡科倫丁，非常適合為我的工作合約及餐廳人緣拉票。

「你喜歡潛水嗎，英國佬？」他問我。

「潛水？」

「這運動超美妙，今年夏天我要去埃及，沙漠中央有一個蔚藍深洞，是全世界最美的潛水勝地，目前還沒什麼人知道。你要我給你一個忠告嗎？盡可能撈這些有錢廢物的錢，撈夠本後閃得愈遠愈好，當服務生就是有這種好處，無論你走到哪裡都不怕失業，還可以周遊列國。」

我想要放手一搏，看能不能要到昨天工作的小費，提醒他除非每位服務生分我三歐元，否則身為跑堂員我收不到小費，可是他當作沒聽見，沒完沒了講著潛水的事，我很難想像這個熊模熊樣的男人化身水中蛟龍的模樣，幸好他總算繞回他對法國和富人的仇視，這天上午這個角色就由科倫丁擔下。我想薩爾瓦多最不滿的就是權威，我們一拍即合，他還說我應該去認識他的「朋友」。

後來我才得知薩爾瓦多積極參與巴黎共產黨，即使無法投票，還是常看見他在廚房裡鼓吹大家加入共產黨。他告訴我，他的曾祖父是義大利戰後政治界大人物，「是西西里共產黨的領袖。」一九四七年發生著名的金雀花門大屠殺事件，他的曾祖父也參與了，據傳當時惡名昭彰的西西里土匪薩爾瓦多（全名是薩爾瓦多．吉里亞諾），在五一慶祝遊行活動上開槍掃射。薩爾瓦多似乎身體力行社會運動，他指關節上的傷疤和瘀青就是明證。我指出他和殺了共產黨同袍的兇手同名很怪，可是薩爾瓦多堅定否認：吉里亞諾沒有殺人，「他就像羅賓漢。」也因此他說我應該認識他的「朋友」時，我很確定他指的是共產黨成員，看來多數共產黨人都從事服務業，我當然一口答應，隨口說我也想幹「大事」，薩爾對我的評價大漲。

「等等，你的咖啡給我一下。」他的巨大熊掌輕壓一下我的肩膀。

我把咖啡遞給薩爾，他彎下身以不可思議的禮貌語氣，請尼姆沙去拿格拉巴酒。尼姆沙稍微遲疑，不過是薩爾要求的，於是他很快帶著酒回來。薩爾瓦多豪邁地往我們的咖啡倒入格拉巴酒，一口灌下，再夾著五歐元鈔票，把酒瓶還給尼姆沙。

「在義大利，我們叫這caffè carretto（咖啡酒）。」

「Cazzo，真的超濃。」

格拉巴酒在薩爾的血管中流竄，燃起一股強烈欲望，彷彿非要宣洩他對科倫丁的怒氣。我也在一旁煽風點火，把科倫丁描繪成象徵中產階級、壓榨員工的餐廳主管，粉碎工人階級精神，接著自信滿滿宣稱要消滅他，解放壓迫禁錮的自我。我的法語亂七八糟，也不知道他聽得懂多少。不管怎麼樣，薩爾瓦多都理解我的情感，我看見他的熊掌幾乎沒鬆開我的肩膀。

「Bene, Inglese. Bravo. Fantastico（非常好，英國佬。說得好，太讚了）。」他讚歎連連。

我和薩爾瓦多的相處氣氛融洽，或許這表示我們可以一起去見科倫丁。我在腦中想像薩爾從旁助攻，為跑堂員的權利發聲。

「……以博愛精神，復興真正的社會主義法國。」我說。

沒想到這句話又觸動薩爾某條神經：「法國？社會主義國家？他們真該來這間餐廳看看我們是怎

麼做事的。如果法國真的是社會主義天堂，那麼這間餐廳的老闆就該抓去坐牢。我昨天凌晨兩點才下班，凌晨兩點！下班後我當然去喝了兩杯助眠，可是你看我現在我又回到這裡，我睡了大概，多久？」

他瞄了一眼手表：「兩個鐘頭吧。Porco dio（你個上帝豬）。」

我還沒能提醒薩爾我們要去見「那個男人」，他已經捲起一根菸，輕顫的雙手捲得不太順暢。

早餐營業時間即將開始，如果我真的想見科倫丁，就得動作快。和薩爾聊過天，他對中階管理及粉碎工人精神的哀嘆讓我鼓起勇氣，空腹灌下的格拉巴酒煽風點火，點燃了我的革命精神，我放下塑膠咖啡杯，準備轉身去找鼠人。

「Punday box（操你媽的，放進洗碗桶）！」尼姆沙爆粗口。

「……操你媽的英果佬。」

尼姆沙咆哮，狠狠瞪著我，我乖乖回頭把塑膠杯放進洗碗桶。就算塑膠杯放在他旁邊，他也不打算自己來。

「你做好你的工作，我做好我的。」他啐了一口。

「尼姆沙，你很適合當共產黨員。」薩爾瓦多舉起拳頭，語氣肯定地說。

「不是共產黨員，是泰米爾猛虎。」他唐突地說。

賈瑪爾回到出餐口，我離開時假好心拍了拍我的肩膀。賈瑪爾就是典型的巴黎服務生：懶惰貪婪的雙面人，本來應該和薩爾瓦多準備開門，卻迅速換好制服，趁薩爾瓦多喝咖啡、與泰米爾廚子閒聊時，攻下最近出餐口的桌位，這是他一貫的作法。這樣一來，賈瑪爾的出餐距離就比薩爾瓦多近，我猜這也是為何他現在一臉可疑，額頭上已凝結汗珠，豐厚下唇稍微突出，因為他知道早餐營業通常是以先來後到的順序決定桌位，只有亞德烈不在場才是例外，今天他正好不在。

「Bon service（工作順利）。」我說。

「Inshallah frère（命運交給阿拉了，兄弟）。」

聽說塞納河畔餐酒館是以外貌挑服務生，只有賈瑪爾和荷諾是例外。

踏出出餐口後，我直接走向用餐大廳後方的幽暗處，沿著漆黑走廊，經過後面的吧檯，鋪有絨毯的牆面藏著一扇門，推開門就是光線明亮、天花板低矮的磚石行政業務區，走道兩側有好幾扇門，但我唯一有興趣推開的是最遠端寫著「主任辦公室」的門。

我預想的沒錯，這個只能形容成牆中洞的空間裡，天花板矮到必須彎身、檔案文件四散，室內擺了一個巨大保險箱、收藏幾十雙（應該是女接待員的？）高跟鞋的書架，空氣中飄散令人頭暈的愛馬仕香水味和菸味，放在地上的暖風扇吹來灰塵燒焦味，我總算找到躲在主任辦公桌後方的鼠人，看到我時他一臉不悅。

「是你啊！有什麼事？」

「我想問合約的事，我需要租房子，你之前說——」

鼠人幾乎噴出嘴裡的咖啡：「哈！除非______備齊，否則你休想拿到合約，就我看來，你永遠都別妄想了。______！」他起身，嶙峋的手在身側握成拳。

「你說，一個跑堂員要合約幹麼，啊？跑堂員根本撐不了幾個月。______。不值得費心準備文件，我們還得出錢。————。憑什麼要我們幫你這種貨色出錢？你撐不了多久的，跑堂員就是來來去去，來來去去。」他重複這句話，顯然相當滿意這個說法。

再爭辯下去只是火上加油，讓他更生氣。這個穿西裝的可惡矮小男人咆哮著要當場開除我，今早還有服務生向他告狀我不夠專業。我無法回擊，任由這個自以為是的前任服務生大肆評論，覺得非常沮喪，除非我的法語夠流利，否則我只能咬牙吞下，最後他差使我去清掃人行道，把我踢出辦公室。在戶外飽受冷風摧殘時我想通了，肯定是賈瑪爾向鼠人數落我，所以他先前才一副鬼鬼祟祟的模樣。他就是不值得信賴的馬屁精，但原因是什麼就不得而知了。有跑堂員幫忙分攤工作不是很好嗎？

無論如何，合約不在我掌控之中，薪資也沒有解答，我能改變的只有賺取小費。我要動腦筋想辦法，因為就我所知，只有服務生能收小費，照理說服務生每天都得分跑堂員三歐元小費，但他們卻常常「不小心」忘記這件事。

所以，目前的狀況只能以「punday」形容。

❖超時加班

法語的小費是「pourboire」，字面意思是「拿去喝一杯」。在餐桌丟下小費後，你可以確定服務生絕對會好好花用。事實上，小費是他們賴以維生的收入，除去底薪，小費是他們希望繳完房租和生活開銷後剩下的存款，他們相信這筆錢能解放他們，最後卻總是回到餐廳。餐廳則是謹守最低薪資原則，讓服務生插翅難飛。後來我發現服務生是一種流動階級，他們工作累得像條狗，花錢蠢得像隻豬。塞滿紙鈔的皮夾常給他們一種發財的錯覺，規則就是把小費用在酒精、香菸、美食等稍縱即逝的事物上。花光小費是好事，所以每天賺小費才這麼重要，甚至不惜展開小費爭奪戰。

晚餐時段結束，德蘇沙和薩爾瓦多正在清點今天的營收。薩爾瓦多聊到他服務的法國女人，覺得自己陷入愛河了，尼姆沙在一旁竊笑，不斷說：「薩爾瓦多是壞男人。」

「而且還是一個famiglia del mondo的男人？」德蘇沙笑了。

「四海一家的意思啦，英果佬。」拉克斯迫不及待向我解釋。

「la famiglia del mondo是什麼？」

「一種優生學計畫。」薩爾瓦多說。

上午過後他整個人變得精神抖擻，肯定是亞德烈中午交給他一小包東西，提振他的士氣。

「C'et une blague.」真是笑話。德蘇沙止不住笑意。

薩爾瓦多解釋他和不同國籍的女性孕育下一代的計畫，構想是讓小孩在成長階段學習各種語言，他形容在西西里島過聖誕節時，和孩子說著瑞典文、法文、阿根廷西班牙文、黎巴嫩腔的阿拉伯文。據他所說，黎巴嫩腔是最好聽的阿拉伯腔調。

「他還有一首主題曲哦，英國佬。」德蘇沙說。

薩爾瓦多吹起類似電台廣告歌的口哨，隨著節奏唱「la famiglia del mondo」，然後對我眨眼。

「你真的無可救藥。」我大笑著說。

「英國佬，我喜歡小孩，但結婚免談。我父母各自離過三次婚，其中兩次對象還是彼此，所以婚姻對誰都沒好處，不過在世界播種，皆大歡喜。」

「孩子的媽怎麼辦？」這問題很蠢，但我還是問了。

「對啊，孩子的媽怎麼辦？」德蘇沙也參一腳。

「她們才不會有意見，畢竟她們都知道我是什麼樣的人，我會愛她們。這就是我的超能力，每個人都有超能力，我的超能力就是可以同時愛好幾個女人。誰說愛超過一個女人不對？」

「我只愛我的未婚妻，薩爾。等到她變成我太太，我還是只愛她一人。不可能同時愛超過一個女人。」德蘇沙說：「那就不是真愛了。薩爾，你真的是典型義大利男人，丟臉丟到國外。」

「呿，愛不只一個孩子就可以。德蘇沙，現代女性也不想要婚姻，只想要la famiglia del mondo。」薩爾瓦多的湛藍眼睛閃閃發亮。「婚姻是男人用來束縛女性的制度，女人就像鳥，天生注定要自由飛翔。我是現代男性，不想壓迫女人，將她們囚禁在婚姻牢籠中……」

「薩爾，拜託你。」德蘇沙比著義大利手勢，在腰間掐著手指：「我可是為了這場婚禮拚死拚活在加班。」

薩爾瓦多不好意思連忙道歉，他知道自己說過火了。

「你工作太操了，fratello mio（兄弟），看起來真的累壞了。」他以鐵漢般的兄弟情說：「你也要來一點吧，就那個啊？」

「我就不了。」

我確實從沒看過德蘇沙放一天假，餐廳人手不足時，都是他自願扛下早晚兩場輪班，薩爾瓦多正試著說服他別輪太多班。

「我沒辦法啊。」德蘇沙回道。

「為什麼？」

「我怕啊。」

「怕什麼？」

「怕失去她們。你不曉得我有多愛她們……」

德蘇沙今年要舉辦婚禮，他的女兒很快就會長大，德蘇沙擔心養不起妻女。他們目前住在郊區的單房小公寓，但不用多久就需要換大公寓，他怕自己負擔不起。

你一言我一語的對話漸漸消逝，只剩下冰箱嗡鳴和口哨吹出的主題曲，兩位服務生開始拿起便宜原子筆，在餐廳關門後交給他們的小紙片上，潦草清點自己負責桌位的收費，注記每一筆信用卡帳單或皮夾現金，比對冗長的當日點單紀錄，至少是收銀台登記的餐點，其他的就是他們的了，而這就是他們賴以維生的收入，也就是小費。

當然服務生都會耍小伎倆，從中多撈一點，這也是為何服務生比較喜歡某幾種面額的鈔票，尤其是五歐元紙鈔，硬幣也是。在法國，兩歐元硬幣很好用。理由很簡單，要是一餐飯找零十歐元，服務生會傾向找給客人兩張五歐元鈔票，暗自期望客人把其中一張留給他們，但要是找給客人一張十歐元鈔票，客人就可能一毛都不給。服務生之間流傳一份給小費不手軟的國民名單，要是女接待員能帶這些人到你的餐桌，就能提高你賺小費的機率。打賞小費最慷慨的國家有巴西、日本，有些美國人也很大方，不過近來服務生注意到美國人有種趨勢，以為「在歐洲不需要留小費」。最小氣的就是法國人，他們覺得最低薪資包括服務生的酬勞，所以幾乎不會在桌上留小費，偏偏法國人又是最刁鑽難搞的食客。

兩名服務生結算完畢。

「Pas mal（今天還不錯）。」德蘇沙說：「Et toi（你呢）？」

「Oui, ça va（我也是，還可以）。」薩爾回答。

沒人想要攤開底牌，也許是因為尼姆沙在場，兩人都小心翼翼。正因如此，我沒有主動索討他們欠我的三歐元，其他服務生早就開溜，沒有分我小費。

「Tiens,（喏，給你），尼姆沙。」薩爾遞給尼姆沙一張十歐元鈔票。

「Attends（等等）——」德蘇沙遞上二十歐元鈔票。

這下兩人都知道了，德蘇沙今日收穫較豐。不過薩爾賞我一張十歐元鈔票，德蘇沙也是，第二局平手。多虧服務生的傲氣和好競爭的天性，現在我口袋裡多了二十歐元。

至於薩爾和德蘇沙，一整天辛勤工作、鼓脹皮夾裝著餐廳的營業所得之後，現在他們皮夾總算裝著屬於自己的收入。接下來他們得去鼠人科倫丁的角落辦公室，讓他清點個人負責桌位的所得，並勾銷收銀機登記和信用卡簽單的帳。如果服務生出錯，可能還要再交出錢，但說到小費，服務生不太會犯錯。他們的酬勞少得可憐，小費才是他們賴以維生的實際收入。一張張丟在骯髒餐盤和空杯之間、皺巴巴的破舊紙鈔。

＊＊＊

我站在鼠人的角落小辦公室，望著他拿著一隻鈍頭鉛筆計算所得，結束後把錢收進皺巴巴的信封袋，鎖進一個小保險箱。兩名服務生帶著象徵短暫自由的皮夾離開，我也想要他們擁有的東西：小費。可以吃飯的小費，可以贏得尼姆沙歡心的小費，修改西裝外套的小費，潛力無窮的小費，尤其是這些人每天入袋的大筆小費。

「你今天幾點開始？」鼠人問我。

「八點，但是我提早到。」

他取出一大本藍色文件夾，以鈍頭鉛筆注記，嘴裡喃喃說：「八點。」

「這是什麼？」

「我在記錄你的工時，正確記錄你的酬勞，超時加班我也會記下來。」

「我一直都超時加班。」我告訴他：「我來到餐廳後你都記下了嗎？」

「對，對，全記在裡面了。」他猶如一條蛇嘶嘶回道。

「超時加班會怎麼樣？」

「你蠢嗎？我剛不是說都寫下了。」他戲劇性地合起文件夾。

「然後呢？」

這句話讓他一如往常地發作：「然後……然後……如果你超時加班，可以換回________。你不是________！你什麼都沒________。」

我還是不太懂超時加班會怎麼樣，我的薪資該怎麼計算，我又問起合約，也許有助釐清狀況。

「合約已經交給會計處理。」鼠人咆哮，打發我離開角落小辦公室。「你社會保險號碼給我們了嗎？有嗎？根本沒有吧。現在給我滾。」

我走回地鐵，感覺飢餓疲倦，滿腦子想著錢。

Du fric, des sous, du pognon, du blé, du pèze, du cash, de l'argent, de la monnaie, de la thune, des billets, de la caillasse, des ronds, du flouze, de la maille……[5]

人人每天嘴裡都掛著錢，金錢就潛伏在陰影處，滲透餐廳，影響每個人做出的每個決定，因為人人最需要的就是錢，是讓他們死守崗位的無形力量，也是解放他們的利器。

為了想辦法致富，我前往街尾還沒打烊的投注酒吧，孤注一擲賭上德蘇沙和薩爾分我的小費。我拿一半小費買刮刮卡，另一半買廉價威士忌，壓下我的飢餓感，最後徹底遺忘飢餓。

我井然有序、不疾不徐地一張張刮，使用我最大面額的硬幣，彷彿這樣會影響結果。

哎呀，沒中，運氣實在太背。我只剩下手中這枚兩歐元硬幣，以及口袋裡其他面額的銅板，可以明早買一個 pain au chocolat（巧克力可頌麵包），或是現在加點一小杯 1664 啤酒，口袋裡剩下的零錢還夠我明早搭一趟地鐵，只是又不能吃早餐。午餐時段我需要小費，這樣一來要是有休息時間，我就能買東西吃了，再來是明天傍晚……

錢錢錢，我也變得滿腦子都是錢，尤其是小費，服務生的萬靈丹。只要口袋裡裝有現金，全巴黎都是你的。

❖對階級的自知之明

每次開門營業前，我們都會站在用餐大廳角落聽報告。服務生一字排開，稍息站好，主任在應要求繫領結、穿黑西裝、名為服務生的廢材面前走動，他的昂貴香水猶如牧師手提吊爐的裊裊輕煙，為他們加持。看著他們在富麗堂皇的用餐大廳，一副人模人樣、西裝筆挺、領結端正的模樣，說他們是紳士也不為過。

今天主任穿著海軍藍色高級西裝，臉龐圓嘟嘟猶如小嬰兒，面霜和汗水使得肌膚閃閃發光，他住在薩爾瓦多稱為「le Paris des riches（巴黎富人區）」的十六區。主任和我一樣努力想融入這幫人，丟出兩個冷笑話，希望服務生喜歡他，可惜這是不可能的，畢竟他不是服務生，大家都心中有數，只有他搞不清狀況。

接下來鼠人公布今日特餐，有些服務生抄寫在筆記裡，老手記在腦海中。服務生的短期記憶很重

5　以上全是「錢」的法國俗語。

要，直接記在腦中是一種地位非凡的象徵。他們面不改色接招，在腦中默記客人一一丟來的菜名，唯有專業高手才能這般老練，如果還得回頭和客人確定菜色，你就輸了。鼠人講完今日特餐，猶如獵犬緊瞅著主任。

最後由寶琳公布 rang，也就是桌位，每位服務生負責的餐桌區域。現在我明白了這個表面看似簡單的日常儀式，其實潛藏著肉眼看不見的複雜制度，也是寶琳在餐廳握有強大權力的來源之一。Rang 並非隨機分配，而是各種陰謀操作的結果。一個稱職的服務生絕對會找對人噴口水，說盡同事壞話，想要捷足先登、在餐廳占有一席之地，你的策略就必須是削弱他人能力，而不是精進自我實力。管理階層非常清楚這一點，每天的 rang 分配顯示出你在他們心目中的地位，所以午晚餐時段的中場休息時間，就是為求個人利益，暗中較勁、破壞他人名聲的大好時機。不是所有餐桌階級皆平等，而且數量有限，和隔開客人與桌位分配息息相關，也和餐廳的實際運作有關。身為跑堂員，我需要認識所有 rang，才能將餐點正確送上桌。不過對服務生來說，桌位安排才是重點，在在決定了他們的服務成果。有些 rang 確實備受尊崇禮遇，預約名冊保管人寶琳就是決定服務生位階流動和賺取小費的要角。

打個比方，如果寶琳給你的桌位鄰近出餐口，你就能加快服務速度，提高翻桌率，賺到小費的機率更高，不過帶到出餐口旁的客人往往不是有錢人，所以就像一種數字遊戲，彷如打去陌生家戶做電話推銷。要是服務桌數達到一定數字，中頭彩的機會也會提高。在塞納河畔餐酒館，桌位愈靠近窗戶，客人素質愈高，光鮮亮麗，比出餐口旁的客人多金好看。服務生心照不宣，這個桌區的小費通常較高，恐怕多半出自中產階級的罪惡感，不得不盡力配合他人的期望。接近用餐大廳中心地帶的桌區簡稱「VIP區」，也就是餐廳焦點，舞台中的舞台、聖壇、曼陀羅中心、宇宙中心。這一區神聖特殊，要是寶琳和女接待員認為客人不夠格，即使外頭大排長龍，某些營業時段VIP區依舊空無一人。再說要是保持空桌狀態，桌面上擺著菜單，示意有人訂位，反而營造出身分特殊的假象。如果你正好多金有名，就不必忍辱等空桌，悠哉繞過無產階級沼澤，在VIP區安然坐下。不過正因為VIP區空桌率高，大多服務生都討厭被分配到VIP區，可能整場營業時段下來，一桌客人都沒有，更別說賺到小費。但他們告訴我夏天是另一回事，戶外的VIP餐桌永遠滿座。

有一件事大家都知道，那就是有錢有勢的名人和外表光鮮亮麗的人不會慷慨掏出小費，習慣了免費服務，反而覺得是別人欠他們的。在這一區，要是餐桌上有客人提及小費，你最常聽見的莫過於某人高談闊論「服務生收入很優渥」。但偶爾也有人喝醉，慷慨掏出小費，讓朋友大為驚艷。傳奇故事往往也來自這個rang，服務生像是散播福音書的名言金句，講著小費多到足以直接退休的寓言故事。

還有另一種rang，就是出餐口對側、隱身角落的用餐區，特別留給團體觀光客的區域。這一區客人通常打扮隨便，或者純粹就是沒品味。

荷諾獲得最後一個rang，桌號七〇〇，他興奮舔著嘴唇，因為這代表七〇〇以上的餐桌都歸他，女接待員會帶大批中國客入座該區，由於這幾桌位置遙遠，實在很難視為餐廳的一部分。

「Les chinois（中國佬）給小費才大方，mec（老兄）。」荷諾反擊路西安的訕笑。身為跑堂員的我不懂，為何服務生把所有亞洲客人都歸類為「中國佬」。

正準備解散時，一個穿著骯髒廚師白袍的男人赫然出現，他腰間插著一把大刀，衝出雙開式回轉門找主任說話。語畢，他的慵懶眼睛不屑瞄向我們，然後猶如充滿怨念的獨眼巨人，鑽入回轉門後方。這男人就是主廚，脾氣火爆的科西嘉人，他很少離開上層廚房，也就是路西安總是費盡唇舌，再三告誡服務生非請勿入的區域。

「快想辦法銷出鱒魚。」主任走回他狹小的辦公室前說。

總算正式解散。薩爾瓦多想找機會和寶琳說話，寶琳卻忿忿轉頭離去。路西安發現我盯著薩爾瓦多的手觸碰寶琳下背。

「下次你可以試試。」他壓低音量說：「這樣你就能像薩爾瓦多，搶到比較好的桌位。」他眨眼。

「薩爾還和寶琳在一起嗎？」

「你也幫幫忙，」他用英文說，「不然你以為他怎麼還能拿到好桌位？要是服務生和寶琳在一起，這就是他們的 recompense，英文怎麼說？小福利？這方面薩爾可是高手。」

儘管寶琳在餐廳地位崇高，那一剎那間卻染上悲劇色彩。

營業準備作業完畢，接下來就是服務時段了。服務生駐守在富麗堂皇的用餐大廳，泰米爾人站在升降台前，廚子就定位，女接待員佇立在天鵝絨布條旁，經理四處巡邏，尋找問題漏洞，多虧格拉巴酒和消炎止痛藥，滿腦子都是錢的跑堂員逐漸解除宿醉。全餐廳準備就緒，暴風雨前的寧靜。

我聽見路西安對研究菜單的法國老太太說：

「Les deux sont bien. Mais pour moi⋯兩樣都不錯，但是我會選⋯⋯」你可以聽見他聲音裡的笑意，「我建議您點鱒魚，品質優良，我今早看見他們來送貨。」

「Bon, je prends la truite alors（好，那我就點鱒魚）！」她自信滿滿地說。

午餐時段一如往常，事情多到做不完，時間不夠用，這天卻閃現希望之光：一對巴西夫妻。也就是傳說中的獨角獸，最慷慨的小費金主。他們不會講法語，光是這一點我就很加分，我們以英語閒聊，他們想知道巴黎的好去處、如何避開觀光人潮，我恭敬不如從命接下觀光大使的任務，不藏私分享所有我在這座城市的小祕訣，甚至花時間在地圖上比劃說明，報給他們全英語溝通、使命必達的計程車公司電話。他們心懷感激，近乎恭敬地對待我，我突然明白為何服務生都那麼目中無人，不屑斜睨著（偶爾）把你當作知識權威的客人。離開前我發現他們交頭接耳，接著我看見丈夫從皮夾掏出二十歐元鈔票，輕輕一揮，對我露出微笑，然後墊在餐桌的水瓶下，我就像一個感激涕零的奴隸，陪同他和他迷人的太太走出大門，只差沒跪下親吻他的腳。我們在走出餐廳的路上持續交談，但我已默默盤算著該怎麼花用那二十歐元。奇怪的是與其補充身體營養，我居然想先修改西裝外套。我不想表現地太猴急，沒有立刻收下那張二十歐，而是先留在桌上，畢竟在他們眼皮下撈起鈔票未免太沒水準，我還沒這麼低級。等我繞回餐桌，那張二十歐鈔票已不見蹤影，只留下還沒收拾的骯髒桌面。有人偷走我的小費，負責該桌的荷諾直視我雙眼，他不知道我在說什麼，桌上根本沒有小費，還回過頭罵我沒收拾桌子，耽誤其他客人進場。他甚至有膽以心虛雙眼注視我，說他沒收到小費是我的錯，事後在出餐口提醒其他服務生，跑堂員的工作是在外場送餐清潔，不是與客人閒聊，其他服務生也二話不說同意。

「你們聽，他居然有臉抱怨，你哪時看過跑堂員收過小費？打開你的皮夾，英國佬。讓我們看你今天偷走我們多少小費。」

「你明明偷走我賺的小費。」我說，卻沒人搭理。

「偷走？跑堂員又不能賺小費。」賈瑪爾最後補刀。

太不公平了，要不是有我幫忙，單憑一己之力，大多服務生根本應付不了一半的餐桌。他們服務客人有小費拿，我卻只長出愈來愈多水泡，現在還莫名獲得表現不力的批評。我刻意在結束營業後向他們一一索討我的三歐元小費，幾個人心不甘情不願地掏錢，賈瑪爾只給我幾枚不及一歐的零頭，荷諾說身上沒有三歐元，晚一點再給我，完全沒有德蘇沙和薩爾心情大好時隨手掏出的十歐元。

幸好下午我獲得休息時間，前往五星級飯店男廁小睡一個鐘頭，並用手頭的幾枚銅板拿去買我急需充飢的三明治，由於已過午餐時間，麵包店不供應平價午間特餐。理解rang怎麼分配之後，我總算搞懂為何他們希望我繼續當跑堂員，而不是升格正式服務生，畢竟餐桌數量有限，但我拿不到小費太不公平。套一句法國俗語，我現在需要mettre du beurre dans les épinards，簡單來說就是加把勁賺錢。

我得想辦法接近寶琳。

❖ 聖寶琳

一間餐廳就是有共通語言的小宇宙，不管站在哪個位置，每個人都很清楚餐廳架構。服務生也許不想要位居中央的桌位，客人卻肯定想要，因為他們知道離餐廳中心愈遠，重要性也隨之遞減，邊緣都是乏人問津的桌位。就這方面來說，餐廳和巴黎極其相似，不過餐廳有一點不同，那就是如果你自帶氣場走進餐廳，就能在一餐飯的時間內，享受身為帥哥美女或富人的優越感。

要踏進塞納河畔餐酒館，你得先通過前門。更明確一點說，就是守在門前的那個人：寶琳。寶琳就像是不苟言笑的聖彼得，只要聖彼得和她一樣，冷酷無情、不留餘地執行身為天堂守門人的職務。身為女接待員之首，寶琳的位階雖然低於經理，但因為手握預約名冊，是餐廳守門人、餐廳「門面」，餐廳的 rang 也由她一人決定，所以她的位階其實介於主任和經理之間，再下來是服務生領班大魔頭亞德烈、其他服務生，最後才是我，地位低賤的跑堂員。

雖說她的位階低於主任，但是服務生和女接待員之間流傳著一個惡意謠言，說寶琳花很多時間在食物鏈頂端，也就是在老闆本人的「身上」，以確保自己的地位。

寶琳的工作就是確保身為客人的你坐在所屬的位置。就這點來看，她的工作很特殊：無時無刻不對人挑三揀四，品頭論足，你可以說這是一份非常巴黎的工作。你可能以為全巴黎有幾萬（就算不至於上百萬）個適任人選，但事實並非如此。就連她的漂亮女接待員團隊，身材臉蛋、舉手投足都是餐廳兼職、不屑和服務生說話的模特兒，看人的眼光也常常不準。事實上女接待員淘汰率比服務生高，標準自在寶琳內心，說不定這也是策略之一，以確保永遠沒人取代她。

寶琳的識人眼光非常出名，不用交談、只消幾秒她就能掂出一人的斤兩。我問她是怎麼辦到的，要怎麼只憑直覺、目測一個巴黎人的階級。

「她們都遺漏小細節。」她講的是女接待員。「以為看起來奢華就是真的奢華。可能是，可能不是，無論如何這都不是我觀察的重點，真正重要的是你怎麼穿。任何男人都能穿上華服，真正難的是穿出服飾本身的高貴。」

晚餐時段開始之前，我們站在餐廳後巷吞雲吐霧。她的倦容略帶醉意，不過乍看之下，你會認同寶琳打扮入時得體，染著一頭價值不菲的金髮，寬鬆黑洋裝突顯出高雅品味，在在說明她大可不必和年輕女接待員爭妍鬥豔，即便後者都擁有精雕細琢的胴體，宛若眾神在奧林帕斯山鑿刻出的雕像。

「他們呢？」我隨口指向一對路過的夫妻。

「哈！」她笑出聲，吐出煙霧：「平庸的中產階級，他是律師，至於她……」她上下打量女人，露出反胃表情：「……就憑這身穿搭？八成是想回布列塔尼或諾曼第，再不然就是哪個窮鄉僻壤吧。」

「他們不打算進餐廳嗎？」

「他們會進來，但是他們沒品味也沒姿色，所以我會把他們安排在眼不見為淨的桌位。」

「所以全憑美貌決定？」

「不全是，賽吉．甘斯伯格就長得不好看。」

「但是他很有名。」

「有些人與生俱來某種特質，很難說明，但我要是看見，就能一眼辨識，從他們走路的姿態、環顧四周的神態就能看出端倪——」

「是自信嗎？」

「或許是，也不全然是。」

「所以是品味？」

「可以這麼說。」

「我呢？」我問。

「你？你就是一個跑堂員。」

我盡可能不著痕跡探問，我分到rang的機率有多高，即使是餐廳角落的桌位。

「想都別想。如果我分配桌位給你，就等於幫你搶別人工作。」她深吸一口細長香菸：「你的火侯還不夠。再說有人向經理告狀你不懷好意，對你的發展很不利。」

「什麼？是科倫丁嗎？」

「還有別人。」

「賈瑪爾？」

「我什麼都沒說。」

「我需要小費，我窮到快被鬼捉走。」

「當跑堂員也能賺小費啊。」她露出微笑。

「可是服務生不分我小費。」

「向他們要就不對了，最高招是讓人主動給你小費。」

馬路另一側，一個女子自信滿滿昂首闊步，高跟鞋回音咯咯迴盪在建築牆壁上。

「她就有氣場，你看得出來嗎？」寶琳說。

「因為她很美。」

「不，因為她很優雅，都關乎優雅。你是英國人，不會懂的。」

「定義一下優雅。」

雖然她立刻就能給我答案，卻稍微停頓，上下打量我一身醜西裝，然後說：「優雅就是不多也不少。」

語畢，她用高跟鞋踩熄香菸，投給我一種眼神，宣告對話結束，走回餐廳。純粹的優雅。

寶琳的評頭論足很殘酷，但我不由得好奇，要是她以同樣標準檢視自我，又會幫自己打幾分。她鮮少談及自己的私事，我知道的故事都是來自薩爾瓦多等人的片面情報。就薩爾瓦多所知，她在巴黎沒有真正的親人朋友。如同她無情批判的人及數不清的法國人，寶琳當初也是從南部搬到首都。根據路西安的說法，她當初是為了圓時尚工作的夢想來到巴黎，她的口音也還依稀帶著吐魯斯腔調。無奈人生殘酷，雖然表面上法國社會已經告別君主時代，推翻階級制度，卻留下僵化的種姓制度。想要在法國成功，你就得在對的地區長大（通常是巴黎富人區），就讀好學校和大學。偏偏寶琳沒有這種出身背景，她想打進的世界也深知這一點，階級不容許她隨便進入。諷刺的是，她現在也強硬落實這種制度，堅定遵守古老的遊戲規則，毫不妥協。

因此她的深綠眼眸總是閃著一絲悲劇色彩。從外貌來看，她可能已風華不再，濃妝底下隱藏著殘餘的凋零美貌，在日光下才依稀可見酒後的浮腫臉龐、鼻子周遭的肌膚透著淡藍血管，翻閱預約名冊的手指輕顫。她最風光亮麗的時代已成過往雲煙，她比誰都清楚，儘管如此，她卻從不露出破綻，至少不是毫無遮掩地顯露，而是從她對他人殘酷的品頭論足看出端倪。

然而入夜之後，餐廳的黑影深沉，她渾身上下流動著性感魅惑。寶琳是服務生垂涎的獵物，她將客人和服務生玩弄於股掌之間，堪稱大師等級，她很清楚怎麼做出每一個牽動人心的小動作，藏在舉手投足之間：輕撫髮絲、拋出媚眼、勾人微笑，必要時使出娃娃音、擺出不服姿態，在對的時機說出對的話語，讓人心服口服。她表達能力豐富，是貨真價實的高手。她在餐廳裡很有存在感，就連客人都常回頭看她的背影。這間餐廳彷彿是她一人的，整場表演都是為她上演。她的行為舉止也在在說明，我們的表現與她息息相關，我們都是她個人表演的臨演。

她在這種環境下可說是如魚得水，但她究竟是該環境的產物，或只是適應良好，我們就不知道了。她總是尖酸刻薄評斷他人，說明內心深處的她並不快樂。路西安老是說，她當初以老闆情婦身分加入餐廳，後來老闆厭倦了她，變了心，為了彌補才把這份工作交給她。其他服務生甚至誇大加碼，說她懷過老闆的孩子，這份終身職就是她為他墮胎的代價。不用懷疑，這種毀謗之所以流傳，她掌握權力是部分原因，以性別和階級來說她都凌駕在他們之上。在這個男性主宰的世界，身為女性的寶琳地位不容置疑，站在不可超越的高位。

我打聽寶琳的進展停滯，一如她的真實臉龐藏在濃妝後，真實的寶琳也讓人看不透。我問她在餐廳工作多久時，她的回答也很模糊籠統。

「久到我都不想記起來了。」她說。

路西安推敲大概將近十年，也可能十二年，意思是她大約二十五歲就開始在餐廳工作。雖然她目測年齡較年長，但薩爾瓦多向我們再三保證她只有三十六歲，還俏皮狡猾地眨眨眼，補充他見過寶琳的駕照。

寶琳說我還不夠格當服務生，不過另一句話在我腦中縈繞不去，那就是身為跑堂員我還是可以賺小費。我必須想出對策，讓服務生認命掏錢。

❖跑堂員的崛起

晚餐時段開始前，德蘇沙和亞德烈正在用餐大廳陳設餐桌，工廠洗燙過的白桌巾輕輕一抖，飄落餐桌，餐盤、餐具、酒杯精準擺放，兩個男人默不作聲地工作，多年培養的默契不需言語，自動化進行。

德蘇沙和亞德烈就像是一枚銅板的正反面，就連說話方式都有某種默契，亞德烈還即將擔任德蘇沙的伴郎。不管是面對客人或與服務生交流，德蘇沙總是溫暖，即使身材五短、個頭不大，逞能說自己是拳擊手，但大家心知肚明，這個小拳擊手一隻蒼蠅都不會傷害，嘴上東一句拳擊西一句拳擊，不過是硬裝出強悍形象。亞德烈則是你在巴黎任何角落都碰得到的典型服務生，立刻就感覺他對你不滿，好像光是你踏進餐廳已經很麻煩，竟期待可以拿錢換美食，要當服務生的他幫你送上桌！但工作方面，他無疑拿得出完美稱職的專業水準。他的時間寶貴，他也希望你清楚，再加上他的專業，你會希望他喜歡你。餐廳猶如劇場，而他就是粉墨登場的演員，就這方面來說，他真的是無懈可擊到令人討厭。

用餐大廳餐桌陳設完畢，服務生聚在角落聽取主管報告，一如往常，晚餐時段前瀰漫著緊張氣氛，但和壓力爆表的午餐時段相比，晚餐時段輕鬆愉快，因為預約通常比較分散，不過工作量卻沒因此減輕。寶琳抱著預約名冊來分配桌位，我感到一股妒意。身為服務生確實有優勢，那就是小費和尊重。不僅服務生不尊重當跑堂員的我，不分小費，經理的態度也差不多。不過今晚我要扭轉局勢，我的計畫是好好教訓偷走巴西夫妻小費的荷諾，還有向經理說我壞話的賈瑪爾，同時提醒其他服務生跑堂員的重要性。

套一句喬．史楚默的歌詞，就是：不榮耀，毋寧死。

為了暖場開局、堅定決心，我故意詢問荷諾是否找到我遺失的小費。

「什麼小費？」他頂著圓滾滾頭顱，深色眼睛探詢其他服務生，邀請大家加入嘲笑我的行列：「你是跑堂員，還是服務生？」

「跑堂員。」我回答：「而且你還欠我昨天的三歐元。」

「Et alors（那又怎樣）？」

我故意不回答，讓問題懸在半空中。

客人川流不息抵達用餐，同時湧入餐廳，彷彿傾巢覓食的野獸，也像是尋找水源的牛羚。從這個角度，食客融為一體，宛如一群不具面容的人，唯一差別是他們對待你的方式，以及對話的低級荒淫。

據說全巴黎知道最多祕密的人就是服務生，不意外。我們像是隱形的存在，飄浮在政客、商人、情人、名人肩頭，偷聽他們交換著私密之事、講著私人話題。他們以為我聽不懂英語，但我任勞任怨拾起餐盤時，常常聽到外國客人不可思議的對話，從早洩到足球聯賽換角都有。

＊　＊　＊

等到前菜都出了，我們幾個人窩在出餐口，薩爾瓦多告訴我們，他服務桌位的某某部長其實是同性戀，其他服務生不斷逼問細節，薩爾瓦多才肯說，他是偷聽到該部長的對話，而且他點了凱撒沙拉。

「凱撒沙拉不是跟你一樣來自義大利嗎？」小拳擊手啞然失笑。

賈瑪爾走上前，假好心對我說：「老弟，幫我出一〇四桌的飲料，你今晚負責幫我，聽到了沒？」我沒有多問一句，按照他的意思去做，畢竟這是我的份內職責，來回穿梭在惡臭住民的廚房及飄著客人香水味的華麗用餐大廳之間，我就是中間人，穿著有翼皮鞋、雙腳爬滿水泡的使者赫密斯，在冥界和人間來去自如，卻不屬於任何一個世界。

我在營業時段靜候時機，從容不迫、堅定確實地執行任務，在兩個世界運送餐盤。當我注意到荷諾和賈瑪爾的桌區開始忙碌，我刻意幫起其他服務生及他們負責的餐桌，不從出餐口送出荷諾或賈瑪爾的餐點，也不幫忙收拾他們的桌子。一開始效果不明顯，不過他們服務桌位的效率漸漸變差，一桌客人抱怨餐點，另一桌等著點餐，第三桌要求收拾桌面，第四桌想加點甜點，第五桌要結帳，最後一組客人因為桌面還沒收拾無法入座……這一切同時發生，等著出餐的餐點則還在出餐口，遭到其他服務生掠奪，所以終於可以出餐時總是少一道菜，再不然就是餐點變涼，需要重點，回到出餐口和尼姆沙爭執，點燃更多人的怒火……

荷諾發現我站在雙開式回轉門後與路西安閒聊，大發雷霆，鬼叫他今晚收不到小費了，簡直氣到口吐白沫。

「我懂你的感受。」我露出微笑安撫他：「上次沒拿到巴西夫婦的小費，我也有同感。」

賈瑪爾也忙不過來，忙進忙出，滿頭大汗、汗流浹背，讓客人覺得很礙眼。

我加強火力協助其他服務生，經理上前責罵荷諾或賈瑪爾時我也忙翻天，因此誰都不能罵我遊手好閒。我與小拳擊手和大魔頭聯手，使出瞞天過海的絕招，荷諾和賈瑪爾向鼠人暗示我無所事事、應該當場開除時，大魔頭和小拳擊手都為我護航。

「我沒見過比他稱職的跑堂員。」大魔頭亞德烈說，塞給我一張十歐元紙鈔，感謝我目前為止的努力。

德蘇沙也比照辦理，感謝我的努力之餘，也確保我今晚持續從旁協助。誰會想到跑堂員的角色如此腐敗，我發現這就是我擦亮招牌的方法。如果服務生是四處追尋小費的賞金獵人，跑堂員就是傭兵，一把誰都能僱用的槍。他沒有盟軍，誰付的酬勞最高，他就去幫誰，服務生深知要是跑堂員幫他們忙，他就無法與其他人合作，一方面滿足了他們的競爭和虛榮心態，當然小費也更多。你的成功必須建築在別人的失敗上。

服務進行到一半，賈瑪爾茅塞頓開，塞給我一歐元，求我幫他出某桌的餐後酒。這點錢當然不能說服我幫忙，我要求更多小費，卻不咄咄逼人，畢竟荷諾已經在出餐口崩潰，他服務的某一桌不滿服務，晚餐一毛都沒付就走人。主任氣到臉色鐵青，嘶吼著要從荷諾的薪水扣掉餐廳短收的錢。

晚餐結束時，已經不用我開口向服務生要三歐元，每個人都像在繳保護費，主動奉上更多小費。要是服務過程達成協議，我甚至能和他們分紅當日盈利。相較於之前能帶著三歐回家就該偷笑，現在我學會和服務生談判，每天輕鬆帶著三十歐元回家，甚至更多。而且只要我不咄咄逼人，罩子放亮一點，不要太貪心，每場服務都有得賺。

這可是一大進展，工作也變得更有意思，只要荷諾和賈瑪爾不陷害我捲舖蓋就好，我在關店時偷聽到他們對話，看來踢走我就是他們的目標。我也發現其他服務生的微妙變化，他們開始視我為同類，服務生的一分子，不再是一塊任人宰割的肉。也許他們等這刻等很久了，看我是否有堅持下去的韌性。

那晚我口袋裡現金滿滿地離開，來到餐廳後，這是我第一次口袋裡裝滿自由、平等、博愛。

＊　＊　＊

我去了日本區聖安街的一間日本料理店，享受短暫贏得的自由，拿來路不正的所得大吃一頓。餐廳空間狹小，我擠在晚班結束的日本男人之間，坐在吧檯注視著廚師煎餃子，或是從熱水滾燙的大桶子撈出蕎麥麵。我喝著清酒，思緒不由自主飄回餐廳。原來這就是這部機器的運作模式，為了讓自己浮出水面，處心積慮、慢慢累積力量，削弱他人勢力。餐廳也許和企業界大同小異：和化糞池不同，後者真正的屎終會浮出表面。

跑堂員或許位居食物鏈的最底端，但他也和其他人一樣，是這部機器運作不可或缺的一顆齒輪，密謀著有天爬上高處，一路上荷包滿滿。為了慶祝我茅塞頓開，我又加點一杯清酒。

❖侍酒師

開始賺小費前，我已經沒繼續用難得的休息時間去飯店廁所午睡了，那時還住在辛普朗飯店，雖然在餐廳工作已超過一個月，薪資依舊沒有下落。「會給你的賴不掉。」他們每次都這麼回。至少我現在可以奢侈地坐在咖啡廳，最好的就是路西安介紹給我的咖啡館，蒙塔伯街的Le Fer à Cheval「馬蹄」小酒館。只要口袋有點錢，我肯定就在這裡。馬蹄小酒館的常客都是地底世界的人，像是飯店泊車員、計程車司機、街道清潔工等勞動階層。在反射褪色綠牆的奇異光線下，我們坐在酒館，沉浸自我世界，迴避彼此目光。室內空間狹窄，前方有一個小吧檯，年邁丈夫負責站櫃，幾個常客佇立吧檯前享受香甜酒，喝著兌入皮恭苦橙利口酒的佩佛斯啤酒。室內裝潢簡單樸實，小包廂的折疊桌只夠容納兩名成年男人，廚房小到年邁老闆娘煮東西時一腳跨進大廳，還得占用其中一張桌面切著隔日要用的肉。下午我抵達店裡時，酒館內沒有音樂，只有剁刀落在肉關節的聲響，吧檯傳來稀稀落落的閒聊交談。已經過了午餐時段，不過幸好還有餐點，通常只會剩一種選擇，而且每次都是經典法國菜：Coq au vin, canard confit, boeuf bourguignon, cheval, hachis parmentier, blanquette de veau（紅酒燉雞、油封鴨、紅酒燉牛肉、馬肉、焗烤馬鈴薯泥肉末、白醬燉小牛肉）。諷刺的是，我知道的法式料理都是在這裡學到的，而不是在塞納河畔餐酒館。

簡單來說，要是你飢腸轆轆，無法忍受和其他人坐在普通餐酒館，也不想面對趕客人吃飯的服務生，離開前還要為他們的爛服務留下小費，這裡就是理想去處。

正因如此，我從Gigot d'Agneau（法式烤羊腿肉）的餐盤抬起頭，看見老侍酒師馮喬站在吧檯前、脫下外套時非常驚訝。我從沒和這名侍酒師說過話，我加入餐廳至今，他都沒有和我說話的意思，我只聽說他很自以為是。有次我在用餐大廳問他葡萄酒，他的手朝我揮了一下，隨便打發，然後轉身離開。

「和你說話會拖垮他的等級。」路西安解釋：「他不想被當服務生，而且這樣想也沒錯，畢竟他不是服務生，又不送餐。」

有了這個自知之明，我希望他不會看見在小包廂吃飯的我，但我還是忍不住偷瞄他。全塞納河畔餐酒館中，就他最目中無人，總是一副完美專業的模樣，西裝筆挺，一絲不苟，現在竟然出現在一間沒沒無聞的小酒館。侍酒師站在吧檯前，把外套披在椅背上，我正好可以從這角度看見金色翻領徽章：閃爍微光的葡萄串。這裡的他個子看來矮多了，身形脆弱，有一種說不出的老態，很明顯早就過了退休年齡。

侍酒師肩膀窄小，輕微駝背，一頭灰直髮，濃眉蒼茫。他戴著大眼鏡、輕微關節炎的小手緩慢謹慎。我眼前這男人不再是餐廳裡的知名侍酒師，和這間酒館客人一樣，他也是在外討生活的人，只是年紀大多了。

我吃飯時，我們半句話都沒說。當我準備起身離開，他輕輕點了一下頭，彷彿我們兩人根本不認識，接著一屁股坐在我那桌。意外的是原本在折疊桌剁羊腿的老闆娘突然停下動作，大驚小怪揮著大剁肉刀。

「噢，不，師傅不能坐那裡。你看桌面多髒。莫里斯——」她吆喝如雕像站在吧檯後方，熟練數錢幫我找零的老闆：「莫里斯，我們親愛的侍酒師……餐桌……還沒收拾。」

「拜託，露易絲。」沾染菸草氣味的落腮鬍後，老闆莫里斯以低沉嗓音說：「他都不介意了，那是他的餐桌，妳就讓他坐吧。」

年邁老闆娘在他周遭忙著收拾，侍酒師充滿國王架勢坐在那裡，猶如一個微服出巡的君主。他雙手放在腿上，沉默不語，目光低垂。吧檯後方的老闆找零找到一半忽然停下動作，彎下身在冰箱裡東翻西找。

「Ah, voilà（啊，找到了）。」他握著一瓶白酒冒出頭。

老闆正要往一個小酒杯幫侍酒師倒酒，幾個男人推門而入點飲料。餐館突然門庭若市，老闆一時忙不過來，於是派我把酒杯和白酒送到侍酒師桌前，他繼續幫我點算零錢，然後幫客人煮咖啡。

原本我們恭敬有禮地迴避彼此，現在我別無選擇，硬著頭皮幫侍酒師送白酒。我在餐廳工作時不送酒，在他面前放下酒杯，準備替他倒酒時，他一手摀住杯口制止我。

「至少先讓我看我要喝的是什麼酒吧？」

我讓他看一眼瓶身，他矯揉造作地頷首，我開始幫他倒酒。侍酒師拿起小酒杯，凝望玻璃杯身，嘛唇閉眼，然後啜了一口……

整間小酒館都鴉雀無聲，站在我身邊的老闆娘原地凍結，手中握著剁肉刀，好像見證一場奇蹟，身後的老闆一動也不動，等著侍酒師為他挑選的白酒鼓掌叫好，其他顧客不耐煩等待咖啡。

……酒液總算滑下他的喉嚨，第二個戲劇化的沉默片刻過後，他若有所思地晃著頭，猶如教宗攤開一手，點頭表示贊同，整間小酒館的人都吐出一口氣，我轉身準備離去。

「你可以留下整瓶酒。」侍酒師說，他從我手中接過酒瓶，抬頭注視我。

「你知道這什麼酒嗎？」我第一次發現他的法語有某種腔調。

他轉過瓶身，遮住酒標。「你應該知道，畢竟我們在同一間餐廳工作。」

「我不知道。」我尷尬地說，我不能回答「白酒」，法國人已經夠瞧不起英國人了。

「格烏茲塔明那。聞一下。」他遞上小酒杯。

我鼻子湊上前嗅聞葡萄酒，酒液馥郁芬芳，老闆娘端來一盤氣味嗆鼻的綜合起司。我把酒杯放回侍酒師桌上，他的左手已握起餐刀。

「我們必須了解葡萄酒。就像女人，這是尊重。」他說。

「沒錯。」我贊成。

「想在餐廳工作，這就是基本必備技能。想要好好生活，品酒不可或缺。」

我從吧檯接過零錢，侍酒師補了最後一句：「瓶身形狀。」

「你說什麼？」

「形狀透露線索——纖細修長。再來是葡萄酒色澤，格烏茲塔明那是金黃稻草色，除了略帶德國韻味的法國女人，沒有其他可能。」他自得其樂地笑了。「也就是說，這瓶酒來自阿爾薩斯地區。」

我恍然大悟，如果我真的想當服務生，就得開始學習葡萄酒知識。如果我真的有心學習，就得向侍酒師討教。於是我回到他桌前，問他能不能傳授我葡萄酒知識。

「葡萄酒知識不是一時半刻學得會，而是活到老學到老。」他說。

我本來預期他的回答會很矯情，這句話超出我的預料。

「我想當服務生。我需要你教我，你是專家，拜託了。」

他沉思半晌。

「不行。」

「為什麼？」

「我沒時間，再說這種事教不來，不可能說教就教。」

「我不會占用你的時間，只會靜靜在旁邊聽，我還可以幫你，當你的跑堂員，你不用給我小費，也會比較輕鬆。」整段自我推銷聽起有點窘迫，但我的窘境無法否認。

「別人會以為你想取代我。」

「不，不，我只是想當服務生。」

「只想當服務生……你就是不肯放棄是吧？」

「沒錯。」

「好吧，我可以教你。」他鬆口：「可是聽好，如果你不認真學，我就不教了。葡萄酒是很嚴肅的知識，我們明天開始，先從主菜單的葡萄酒開始。你拿一份餐廳菜單，回家默背下來，如果連基本葡萄酒都不懂，我也教不了你。」

那天工作結束前，我撕下菜單葡萄酒那頁，塞進口袋。在地鐵上研究，每個名字牢記在心。隔天我在奧德翁後方的二手書店找到一本《葡萄酒愛好者手冊》，開始認真研究。

❖和薩爾瓦多喝一杯

夜已深，晚餐時段結束後我和薩爾瓦多前往歌劇院大道後巷的小酒吧。他的心情很好，感覺得出今晚收穫頗豐，這也是他找我喝酒的原因，他需要一個見證他出手闊綽的酒伴，每輪點酒都堅持付帳。我向他傾訴還沒收到合約和薪水的困境，繁複的法國行政讓我進退維谷。

「我沒有工作合約，所以銀行不讓我開戶。要是沒有社會保險號碼，就不能簽約——」

薩爾堅持要用英語對話，嘴上說是為了練習英語，但其實可能是我的法語狗屁不通。

「你沒有社會保險號碼，是這個意思嗎？」

「對，我十二月已經填好申請文件，偏偏我搬家了，現在住在辛普朗飯店，信件肯定都寄到舊地址了。」

「那就再申請一次。還有講慢一點。」

「我會再去申請，但是我也需要薪水。不過我的休息時間太短，什麼時候可以去行政單位解決問題？」

「你抱怨法國行政手續，我告訴你，這件事對義大利人意義不同。法國讓我們見識到複雜的行政機關運作。是啦，在義大利是比較簡單，只是我們懶得處理納稅等事，但在法國納稅是國民義務。你想要聽我建議嗎？」

「當然。」

「愛情故事。」

「愛情故事？」

「法國人整天在抱怨，內心深處卻渴望美好的愛情故事，所以你可以對櫃檯大姐說女友甩掉你的故事。」

啤酒喝完，薩爾又多點兩杯。

「不好意思，英國佬。原諒我只點小杯啤酒，我知道在倫敦這麼做可能讓人誤以為我是同性戀或歐洲弱雞，但我就是沒辦法點大杯啤酒，最後變成溫啤酒。點小杯啤酒每次送來都冰冰涼涼。」

「我想只是因為沒人想一直回吧檯排隊點酒。」

「別誤會我的意思，我對同性戀沒意見。北歐人還住在森林彩繪藍臉時，我們義大利人早就習慣同性戀的存在。你們好像還沒有餐桌服務，簡直野蠻人。」

「你會考慮住倫敦嗎？」

「想都別想。」薩爾說：「老實說，如果可以選……我會回我爸媽的西西里農場，那才是我要去的地方，不是這裡。」他對著窗戶比手畫腳，指全巴黎。「問題就出在錢，哪次不是為了錢。在義大利沒工作，年輕人必須離鄉背井，離開美麗的家鄉，去別人的國家打拚，你們國家的人不也一樣。可是英國和德國送老人來我的國家養老，憑什麼？這種交換不公平。我們對不起你們什麼？Dai（拜託），這年頭義大利人不好當，你知道我們得喝多少難喝咖啡嗎，啊？」

「你認真起來英文講得不錯。」

「謝了，英國佬，肯定是啤酒的關係。欸，你喜歡杉布卡茴香酒嗎？我來點。」

吧檯女酒保說他們沒有杉布卡，推薦法國茴香酒。薩爾望著我的表情像是證實了這年頭義大利人真的不好當，但他還是點了。我們喝著酒，門外襲來刺骨寒風。

「把門關好！」吧檯女酒保對兩個剛踏進門、坐在某桌的男人嚷嚷。

「服務生。」薩爾瓦多嘖嘖說著。

「你確定？」

「確定，要賭嗎？」

「賭下一輪酒。」

兩個年輕人脫下外套，露出釦子解開的白襯衫，和我們餐廳的服務生一樣瘦巴巴，全身上下沒有贅肉。相較之下，薩爾瓦多算是大塊頭的服務生，不過因為他夠高，所以很挺拔。

「你怎麼知道，要怎麼辨識服務生？」

「看鞋子，屢試不爽。讓我看一個男人的鞋子，我就能告訴你他的國籍。法國男人，鞋頭太尖。義大利男人，風格確實浮誇了點。英國男人，不得不說你們穿鞋的品味不錯。德國人，媽媽咪呀，他們是最可怕的——要是看見哪個男人穿了一雙醜鞋，肯定是德國人。一眼就看得出來……」

＊　＊　＊

「你知道嗎，年輕時我以為會成為職業自由潛水運動員，這是我唯一的信念，而且差一點就能打進義大利國家隊，青少年時期一心想著自由潛水，完全沒有退場的備案。我沒有為其他可能做準備，在學校也只求畢業，要是能當自由潛水運動員，環遊世界，何苦認真上學。英國佬，你笑什麼？」

我忍不住聯想到尚・雷諾在電影《碧海藍天》中飾演的角色恩佐。

「恩佐，mio dio（老天爺），至少我髮量比他多。」薩爾瓦多又灌下啤酒，沉默一下後開口：「我沒有辦法靠自由潛水維生，於是當起服務生，多當了幾年服務生後，我告訴自己有天要上大學，這時另一份工作找上門，我就來到巴黎，繼續當服務生。老實說，這份工作我一直都做得很開心，樂趣無窮！可以和來自世界各地有趣的人工作，薪水也不錯，不必成天待在辦公室。幸運的話還能在美味乾淨的好餐廳工作，雖然有點難度。我常常覺得好笑，買菜時我們會對食材感興趣，精挑細選放山雞肉或漂亮蔬菜，可是踏進餐廳後卻什麼都不管了，連餐盤裝的是什麼都不問，所以餐廳當然也不會給你好東西。何苦呢？只是徒增成本，讓客人吃屎不就好啦！」

我們碰杯。

「你現在還潛水嗎？」

「今年我答應自己要去潛水。去他的。」

剛才在餐桌坐下的其中一個男人走到吧檯，掏出一綑皺巴巴的紙鈔，點了兩杯啤酒外加一包香菸。他的雙眼也疲憊不堪，指甲發黑。

「今天豐收嗎？」薩爾瓦多問，他的湛藍雙眼掃向這名服務生手中的紙鈔。

「Ouais, ça va（是啊，還不錯）。」

「你們在哪裡工作？」薩爾瓦多以招牌的迷人笑容問道。

「歌劇院旁邊的霍希咖啡館。」服務生語氣明顯很驕傲。「你們呢？」

「塞納河畔餐酒館。」薩爾瓦多淡淡回道。

「聽說薪水不錯。」

「Ce n'est pas mal（是還不錯）。」薩爾聳聳肩：「但我們累得像條狗。」

「欸，大家不都一樣。」

「不同餐廳，相同待遇。」

服務生端著啤酒離去。

「你呢？你想當服務生，對吧？」薩爾問。

「目前是。」

「我聽不懂這幾個字。」

「對，我想當服務生。」

「如果你真心想當服務生，第一件事，你已經知道我要說——」

「外套。」

「Esatto（沒錯），簡直是滔天大罪，太讓我傷心了，好像隨手拿一個麵包袋套上去。還有一件事，希望你別往心裡去。」

「說吧……」

「你的頭髮。你去找過理髮師嗎？你看起來像是幫樂團扛吉他的跑腿。」

薩爾瓦多熱血講起西裝，尤其是義大利西服，根據他的說法，義大利的西服品質全球最優。

「……法國時尚專屬女性，都是女人穿的漂亮訂製服，男人就不是了。」他語氣略帶悔恨地說：「你知道我們服務生都是什麼嗎？」

「我以為你不是服務生？」

「我不是，但這不是我的重點。我們都是高顏值的人，卻為了小錢做壞事，就像許許多多的巴黎人，d'ailleurs（再說）——」

薩爾瓦多加點酒，也請另一桌的服務生喝酒，他們向他點頭致謝。

「服務生的生活是不錯，致富就別想了，除非你開餐廳，尤其懂得耍餐廳手段，否則要發財想得美。但是將自己的財富建立在他人痛苦之上，這不是人生。服務生工作辛苦，廚師也是，為何薪資還是這麼低？我們住在大都市，真正的食物離我們太遠，在義大利還有可能過這種生活，可是在這裡……你知道今天居然有觀光客問我餐廳有沒有美國食物，美國食物？你開玩笑吧？大老遠跑來巴黎吃美國食物是什麼意思？」

我向薩爾瓦多坦承，除了我端上桌的餐點，我對菜單幾乎一無所知。

「啊，如果你真心想成為服務生，就得熟悉菜單上的每一道菜，還要能向客人形容每道菜的口味、烹調方式——」

「要怎麼形容？我們又沒吃過。」

「不重要，胡扯啊，這才是你真正的工作。」

「胡扯？」

「當然，說來心酸，但我們不是在高級餐廳工作，而你的工作就是讓客人以為享受到特殊待遇。」

「聽起來很簡單。」

「才不簡單，不過要是你能讓客人覺得和你共度難忘的夜晚，他們就認為是特殊待遇，或許也是我持續當服務生的原因。」

「還有錢。」

「英國佬，拜託，不要取笑我，共產黨員也需要混口飯吃。」

他加點啤酒。

「你也需要認識葡萄酒。」

我告訴他侍酒師馮喬和我的對話。

「Bene（很好）。」薩爾一手伸入口袋，掏出他的limo開瓶器。「那你需要這個，拿去吧，我有很多。」

薩爾的慷慨令我感激涕零。

「你知道嗎，英文裡我們說這是『服務生的朋友』。」我告訴他。

「那你服務生的朋友剛剛送你一個『服務生的朋友』。」他十分滿意這個英文雙關語，手又搭上我肩膀。

我也很開心，感覺總算在餐廳交到朋友。

「對服務生來說，limo是一項重要法寶。」他告訴我。

薩爾接過limo，為我上一堂速成課程，解說這項工具的優點，服務生之所以愛用，是因為可以單手操作，空下的一手支撐酒瓶，就不用把酒瓶放在桌面。我們啤酒灌太快，幾杯黃湯下肚，薩爾的熟練程度明顯大打折扣，最後他放棄，把開瓶器放回吧檯。

「今晚我要大醉特醉。要不要一起？我買單。」他說。

我們迅速灌下啤酒，薩爾加點。一整天在餐廳賣命工作，酒精效果來得猛烈（我們馬不停蹄工作、幾乎只喝咖啡，身體缺水又精疲力竭，這麼做恐怕沒好處）。至於吃飯，時間太晚了，餐廳都關門，再說薩爾似乎也不想吃。

「你覺得怎麼樣？」過了一下，他突然問，彷彿前半段的對話在他腦海中進行。

「什麼怎麼樣？」

「人生。」他頓了頓，凝望著他的啤酒。「我潛水時什麼都不想，只專注呼吸，其他的都不想。可是在巴黎，工作一結束……不知道為什麼，我會想很多。」

「思考人生的意義嗎？」我感覺薩爾瓦多又變得憂鬱。對於一個只睡了幾個鐘頭，就被抓回去輪班十四個鐘頭，現在又喝酒的人，這種情緒起伏並不意外。

「對，人生。」他吐出一口氣：「想聽我的建議嗎，英國佬？」

「當然。」

「只生活在番茄紅潤的地方。」

「只生活在番茄紅潤的地方？」

「我告訴你，聽我這句話，包你永遠幸福快樂，其他都不需要，宗教、哲學、心理勵志書……」

「女人呢？」

我可以感覺到薩爾的心情又巧妙恢復淘氣，憂鬱烏雲可能煙消雲散。我可不想單獨應付情緒惡劣的薩爾。

「英國佬，拜託，最好看的人都住在番茄甜美的地方，我已經想通了。我告訴你，你只需要認識這種哲學：Vivi dove i pomodori sono buoni（只生活在番茄紅潤的地方）。我讓你慢慢思考，我們再來聊這件事，但你不會質疑我的說法，明白箇中道理你就回不去了，因為這就是終極真理。」他戳了戳我：「朋友，我剛才改變了你的人生，還不快請我喝酒，好好答謝我。」

「那你為何還沒回去？」我來不及制止自己，這句話衝口而出。

薩爾瓦多的臉再次烏雲密布。「也許是出自恐懼，錢當然也是主因。我不知道，最近我也常問自己這個問題……」

＊ ＊ ＊

這晚後半段我們都在聊政治，薩爾瓦多邀請那兩名服務生加入我們的行列。聽完社會改革的激進思想，兩人似乎興致勃勃。薩爾瓦多一時興起，說服我們前往巴黎東邊一間酒吧，據說老闆是他的「同志」，而且飲料十分平價。幾杯苦蒿利口酒下肚，又彷彿等了一世紀的計程車（薩爾瓦多解釋，因為計程車司機工會和政府利益團體發放執照有限，所以計程車供不應求），最後我們抵達一間擁擠狹小的酒吧，室內面積不超過一座火車車廂，煙霧瀰漫。酒吧深處，一名俄羅斯反政府人士鼓舞面前的醉漢和慷慨激昂的學生高呼支持口號。酒吧後方，幾個頭髮蓬亂的音樂家正在儲藏室前的小台階上演奏。演奏樂曲尖銳刺耳，整間酒吧的人馬上鼓掌叫好。人們講著法語、俄羅斯語、其他斯拉夫語言，樂音一落下，酒保欠身，幫我們倒了幾杯伏特加，壓過喧嘩擾嚷：

「他們是吉普賽人[6]！這是吉普賽音樂！上一首，歌詞講述恐怖大屠殺，當時死了很多人，幾百個人，甚至上千。」

室內氣氛歡騰鼓譟，瀰漫著汗味，眾人隨著吉普賽大屠殺歌曲上下跳動。大熊薩爾瓦多和其他兩名服務生汗水淋漓、耳酣酒熱，心情大好，白襯衫緊貼後背，透明到幾乎看得見皮膚。對話蔓延擴散

6 即為羅姆人。

至室外人行道，人們在冷冽空氣中尋找安靜角落。薩爾瓦多釣到兩名學生，他痛毆法西斯主義者的故事讓她們聽得雙眼發亮，不論是真是假，薩爾都是說故事高手。其中一個女生說她知道一棟被占屋行動霸占的辦公大樓晚一點會舉辦續攤派對，薩爾瓦多愛死這個象徵意義，終止資本主義巨輪，不再壓榨窩在辦公室的可憐社畜。

「我們應該馬上動身。支持這項運動，但那之前先搞定酒。」他說。

酒吧打烊了，薩爾找到一間小雜貨店補充酒精。「這是革命的燃料。」他俏皮地說：「birre di strada，太重要了。」

Birre di strada，跑趴啤酒，也就是跑派對時邊走邊喝的啤酒，如此一來就不用進其他酒吧。

辦公大樓窗外垂掛看板，室內簡陋改造成派對場景，糜爛放蕩隨處可見。看來革命正活生生上演，先前的辦公室空間已改裝成不同派對場域，從本來可能是行銷部門的辦公室走到會計部門，你就從咆勃爵士進入重低音浩室音樂。大約有一半身穿華服的人也是聽說這棟大樓，從其他派對跑來的。有隻真人比例的兔子正蹲在消防梯上大號，我聽見他說：「他們自找的屎。」大型會議室中，一小群人以K他命粉末粗糙排出一把鐮刀鍾頭，準備吸入革命精華，某革命分子以笑氣填充氣球，到處發送。

「來啊！」他們喊道：「別怕弄髒鼻子。」

薩爾瓦多打著分享至上的精神，交出亞德烈給他的剩餘古柯鹼，我們很快和大家打成一片，但古柯鹼沒了，薩爾瓦多得去找更多貨。情急之下他在廁所外站崗，訓斥步出廁所的人，試著以一根香菸換取一排粉末。夜色深沉，人潮逐漸散去，我記得當時堅持在室內戴墨鏡的薩爾瓦多向我解釋，只有演員和義大利人適合在室內戴墨鏡，我們聊到影帝馬切洛・馬斯楚安尼，他又消失無蹤，四處找毒品。

薩爾瓦多跑出去尋覓毒品，兩名學生也人間蒸發，我們錯愕發現時光飛逝，時間開了一個殘酷玩笑，已經凌晨五點。

「好吧，再半個鐘頭我們就能搭地鐵了。」他說得好像這是一件好事。

＊ ＊ ＊

翌日清晨，補眠兩個鐘頭後，我趕在上班前回行政事務處申請社會保險號碼。又是一個改造廢棄辦公室的空間，典型的藍地毯、泡綿天花板、刺眼光線，和昨晚的非法占屋大樓沒太大差異。行政辦公室的客人背景各不相同，全是法國新住民，手持號碼牌和文件資料等待叫號。沒人露出開心表情，他們已經來過這裡，也心中有數還得再跑一趟，通常是遺漏某份莫名其妙的表格需要補件。一個男人在櫃檯前失控咆哮，行政人員要他冷靜。另一個櫃檯前，一個女人手指懷中小嬰兒淚流滿面。總算輪到我了。我來到咆哮男人已被架走的櫃檯，櫃檯前坐著一個不苟言笑的女人。

「Oui（要辦什麼）？」她嘆氣問我。

我解釋我沒收到文件，沒有社會保險號碼。

「早就寄給你了，這一天寄出的。」她轉過電腦螢幕，手指著一個日期要我看。

「可是我已經不住那裡了。」

她聳聳肩，彷彿一切與她無關，但就我所知不是這樣。

「我應該怎麼做?」

「重填表格,也可以帶著我們之前寄給你的信回來。」

「我拿不到那封信,那是舊地址。」

女人再次聳肩。

「我不能回去拿那封信,因為……那是我前女友的公寓。」我發揮薩爾瓦多的魅力,同時拚命回想出門前查詢抄下的法文字。「妳也知道,她說她不想再見到我,我們兩人已經結束……我真的很痛苦,因為我太愛她。她現在好像有新男友了,現在和她同居,所以我回不去。」

不苟言笑的女人微微欠身,低聲問我:「你前女友是法國人嗎?」

我盡可能不以為意地做出法式聳肩,信心瞬間加倍。

「法國女人的確不好搞。」她又說。

「C'est vrai(那還用說)。」我露出淒慘可憐的神情。

「我懂你的心情。聽著,我現在幫你印出資料,但千萬別告訴我同事,因為這不是常規流程。」

我趕在午餐時段前抵達餐廳,一邊口袋裝著失而復得的文件,一邊口袋裡有全新開瓶器,這次合約簽定了。我慎重地把文件交給主任,他不屑地瞟了一眼,放在桌上打發我離開,走前我問他何時發工資。

「有了社會保險號碼的話,大概幾天,也可能更久,一週左右,我再和你說。」

幾天?我以為明天就能領到工資,看來這一週還得繼續偷圓麵包、喝泰米爾人的咖啡,而且無論賺多少小費，都無法搬出辛普朗飯店。

再說，我現在飽受宿醉之苦，整顆頭充滿某種濃稠的黏滯液體，猶如有毒岩漿燈，每個小動作都全身劇烈疼痛，尤其眼睛感覺像裝著炙熱沙子，視線模糊，無法轉動眼珠。我竭盡所能避免任何眼球運動，最難受的是嘴巴。我印象中前一晚並沒喝威士忌，但是大腦前側的不祥黑洞卻散發出威士忌的氣味，不同的是這膠狀液體更具酸性，彷彿有人抽了四千支萬寶路紅牌香菸，在我舌頭熄滅菸蒂，產生原始黏液，它具有自我意識和自由意志，決心折磨我到底，嘔吐是驅逐惡靈的唯一方法。問題是除了胃液，我什麼都吐不出來，因為我已經空腹超過二十四小時。

為了加速驅逐這頭野獸，我決定到客用廁所睡一覺。雖然風險很高，我沒有選擇，在萬物誕生前的幸福混沌黑暗中，思考沒有上個月薪資，我該如何度過接下來這週。

❖ 沉默是金

出餐口後門傳來敲門聲，門開了，灌進強勁冷風，送貨員丟下四大袋褐色紙袋，小小舊髒的出餐口瞬間飄著充滿希望的香氣：散發溫暖氣味的麵包——法式長棍、可頌、巧克力麵包。大家內心盤算的都一樣：偷拿一個也不會有人知道，眼角餘光看著褐色紙袋，陷入僵局。人太多，沒人能偷吃，畢竟沒人信得過彼此。這時尼姆沙和巴羅冒出來，拖著紙袋走進出餐口內。

「Allez, un petit croissant（拜託，一個小可頌就好）。」薩爾瓦多不死心。

「得了吧，尼姆沙才沒那麼腐敗。」路西安說。

「Pas de croissant（可頌想都別想）。英果佬，你沒有女朋友，為何還留在巴黎？」尼姆沙問。

「女朋友是沒有，但我有我的泰米爾兄弟。」我說。

泰米爾人露出笑容，長棍麵包切成塊，和維也納甜酥麵包一併放進籃子。沒有比溫熱麵包更舒心的香味，即使是在出餐口也一樣。尼姆沙今早很有聊天興致，喋喋不休。

「泰米爾男人把不到法國妞。至於英果佬……」他手往用餐大廳一指：「女人多的是。他不像泰米爾人，沒有棕色皮膚。」為了進一步說明，他又說：「英果佬想要多少法國妞都沒問題。」他猶如專家學者點頭。

「英果佬，拿去。」巴羅打斷我們的對話。

裝著維也納甜酥麵包和新鮮麵包塊的籃子滑過出餐口，上面貼著出餐號碼單。我接過籃子，送出用餐大廳。香味環繞，我能感覺麵包的溫熱新鮮，只可惜拿在手裡，吃不進嘴裡，這就是服務生的詛咒，猶如希臘神話的塔坦羅斯。自己渴望的事物咫尺之近，卻無法好好坐下吃一頓，這是全天候的殘酷懲罰：眼睜睜看客人悠閒坐著用餐。除非坐在路沿哈一根菸，或躺在五星級飯店廁所地板睡覺，否則服務生哪可能坐下休息……

我回到出餐口，想再追問工資下落，有必要甚至不惜來硬的，但我發現路西安和薩爾瓦多正在對瓦倫丁娜怒吼。

「……我不是服務生，不會去服務他們，也不會去送餐，我只是經理。」瓦倫丁娜說。

「妳聽見自己在說什麼嗎？」薩爾對她咆哮。

「我去叫他們離開。」路西安說。

「不——」瓦倫丁娜抓住他的手臂：「不行，你去服務他們。」

「該死的垃圾極右分子。」薩爾說。

「妳覺得這樣正常嗎？妳聽見自己在說什麼嗎？」路西安說。

「是主任堅持的。」瓦倫丁娜膽怯地說：「科倫丁已經打電話問過他。」

「那叫他自己去服務。」薩爾說。

「我們誰都不去，聽懂沒？」路西安的目光掃視出餐口的每個人。

他們在說什麼我滿頭問號，但瓦倫丁娜看來非常沮喪。出事了。通常瓦倫丁娜散發沉靜優雅的氣質，一舉一動猶如舞者，彷彿經過精心排練，無論什麼時刻總是完美無瑕，沒有一根頭髮亂翹，穿著上好晚裝，妝容完美，清晨六點也一樣。服務生都敬重身為經理的瓦倫丁娜，她嚴格卻不苛刻，期待你拿出最好表現，服務生也從不讓她失望，因為她是講道理的經理。要是碰到瓦倫丁娜值班，我獲得兩段式輪班的機率就大增，可以向侍酒師討教，甚至去飯店廁所補眠。

就連泰米爾廚師都對瓦倫丁娜尊敬有加。她的美也不容質疑：身材高䠷、膚色黝黑、總是散發淡淡憂傷的狹長杏眼。儘管服務生偶爾和她打情罵俏，卻懂得拿捏分寸，不會越界，和他們視為獵物的寶琳和女接待員完全不同。

可是這天上午，瓦倫丁娜似乎慌了手腳。

路西安把我拉至一旁，解釋瓦倫丁娜帶一對老夫妻就座，對方立刻表示不要黑人服務生。「……他們居然說『不是針對妳』，你敢相信嗎？她要我們去服務外面那兩條納粹狗，想都別想，他們能怎樣？開除我們嗎？有種來啊。」

我舉雙手贊成，拒絕服務種族歧視者，薩爾和路西安態度堅定地點頭。剎那間，牆邊的出單機嘎嘎吐出一張出餐單。

「Deux cent dix（二一〇桌）。」尼姆沙宣布。

「拿來。」路西安從他手中搶過單據：「誰接單的？」

尼姆沙開始準備餐點。

「不要出餐。」薩爾瓦多對泰米爾人嚷嚷。

尼姆沙繼續機械化動作，就像從不質疑上級、使命必達的士兵。

「不准出餐，尼姆沙。」路西安的堅定語氣略帶威脅：「你想服務種族歧視者？」

「我只想保住飯碗。」尼姆沙沒停下動作，或許他對政治感興趣，也想做對的事，但他和在場所有人一樣，更想保住自己的工作。

「出餐單拿來。是哪個垃圾接單的？」薩爾瓦多尋找出餐單上的人名，上面卻什麼都沒寫。

「哪張單？」鼠人突如其來大吼，出餐口所有人都嚇了一跳。「如果你是問二一〇桌，是我接的。這裡是餐廳，客人來吃飯，不是來和服務生討論政治。尼姆沙，動作快。」

「你知道他們對瓦倫丁娜說了什麼？」薩爾瓦多說，他比鼠人高出好幾顆頭，聳立於他頭頂。「那叫政治？」

「我知道他們說了什麼。」鼠人不服地說。

「你真的要服務他們？你這可惡的lèche-cul（馬屁精）。」薩爾瓦多湊近到幾乎和鼠人臉貼臉。

「通通給我滾出去。」鼠人斥責：「要是你們有好好工作，我現在就不必去服務他們了。」

科倫丁繞過薩爾，在出餐口忙起來。

「我們就是有好好工作。」薩爾瓦多語帶威脅：「才能心安理得，晚上好好睡覺。」

鼠人轉過腳跟：「你要是不從我面前滾蛋，我就讓你有睡不完的覺。」

路西安拉住薩爾瓦多：「算了。」

「很好，都回去工作，忘記這件事。尼姆沙，咖啡好了沒？」

戴著媚俗耳環、獐頭鼠目的鼠人不停撫平灰西裝外套前襟，試圖掩飾內心恐懼。

我跟著其他人走出出餐口，鼠人朝我大吼：「英國佬，我不知道你要去哪裡，我現在去送咖啡，歐姆蛋做好換你出，現在不是逞英雄的時候，照我說的做，否則你別想再踏進餐廳一步。瓦倫丁娜，回辦公室。」

鼠人端著兩杯咖啡和鮮榨柳橙汁離開，瓦倫丁娜順從地跟在他背後，出餐口只剩下巴羅、拉克斯、我，尼姆沙把一籃維也納甜酥麵包放在出餐口。

「你確定？」我問他。

「我只是做好份內工作。」他說。

升降機嗡嗡到達，尼姆沙拿下兩份歐姆蛋，擺在我面前。

「現在輪到你上場了，拿去吧。」他說。

我們盯著這兩盤歐姆蛋。泰米爾人不發一語，我知道要是我接下餐盤，路西安和薩爾瓦多對我逐漸累積的尊敬就會蕩然無存，但要是不送餐我就可能失業，甚至一毛錢都領不到，我已身無分文。

「他很快就會回來，英果佬，快去。」尼姆沙用英語對我說，他在指科倫丁。

可是我的雙腳好像被黏在原地。

「巴黎種族歧視者很多，今天沒有不同。」

我們聽見外面那扇門砰地打開，是用餐大廳的聲音，砰地關上後，皮鞋腳步聲迴盪。

「Donne moi ça. Donne moi ça（給我，給我）！」主任抱著機車安全帽，沒穿西裝，他滿臉通紅，喘不過氣，顯然是匆促趕來。「拿去，現在就拿出去送。」他把兩盤歐姆蛋和一籃維也納甜酥麵包塞進我手裡，將我一把推上走廊。

鼠人站在他身後說：「你是跑堂員，叫你去送餐有這麼難懂嗎？拿起餐盤送到客人餐桌，就這麼簡單。你不是什麼革命分子——」

「閉嘴，科倫丁。」主任厲聲打斷他。「Deux cent dix（二一〇號桌）。」主任在門前停下腳步，將我一把推出雙開式回轉門。我看見餐桌，他們就在不遠處，從遠處看，他們就像任何人的祖父母。薩爾和路西安注視著我，目光鑿入我的靈魂，我知道他們對我肯定敬意全失。我把麵包籃放在他們之間的桌面，老太太抬起頭，透過鏡片打量我，說：「Très bien（很好）。果醬在哪裡？」

「已經在桌上了，那裡。」老先生提醒她。

「Omelette mixte（綜合歐姆蛋）？」我問。

「是我的。」老先生說。

我不發一語回到出餐口。薩爾和路西安已經站在那裡。

「你沒有辦法。」路西安說。

「我們知道是辦公室的混球逼你，不是你的錯。」薩爾瓦多安慰我。

「我可能很快就會被開除，鼠人說——」

「我們會和主任談談。」

出餐口端出更多早餐餐點：班尼迪克蛋、煙燻鮭魚小薄餅。路西安和薩爾瓦多端著餐盤消失，巴羅獨自杵在出餐口前。

「英果佬。」他語氣有異，眼睛瞟向堆著茶杯的出餐口後方，杯中藏了一個熱騰騰的可頌。那是法國的滋味，很難吃得乾淨俐落、不著痕跡。我撕開一半可頌塞進嘴裡，另一半遞給他。他搖搖頭，轉身離去。我把半顆可頌塞回杯子，咀嚼時一邊撥掉身上的碎屑。

「泰米爾猛虎，自由鬥士。」他說。

「泰米爾猛虎。」我舉起拳頭說，雖然不慎朝空中噴出幾塊可頌碎屑。

他笑了出來，學我舉起拳頭。

「小心，英果佬，棕色皮膚的手碰過那顆可頌喔。」他哈哈大笑：「跟歐姆蛋一樣！」

鼠人氣沖沖闖進來。

「你果然不是一般的蠢，是吧？你不是跑堂員嗎，怎麼我從沒看你跑起來？」

嘴裡塞滿可頌的我說不出半句話，連忙點頭衝上樓。我推過雙開式回轉門，回到靜悄悄的奢華大廳。瓦倫丁娜不在場，我在服務出餐站與路西安和薩爾瓦多會合，朝老夫婦點頭致意。

「你覺得他們知道做歐姆蛋的廚師是布吉納法索人嗎？泰米爾的棕色雙手也碰過他們的可頌？」我說。

「你打算告訴他們嗎？他們好像快吃完了。」路西安說。

「收餐盤是你的工作，英國佬。我之前告訴過你，我覺得讓客人認識廚房很重要……」

我去收餐盤時，順便把訊息轉告客人。

＊　＊　＊

早餐時段告一段落，我看見瓦倫丁娜縮在辦公室的小暖爐前，她抬頭微笑。我修理種族歧視者的故事已傳遍餐廳，享受著短暫的英雄光芒。出乎意料，路西安甚至邀我下班後去他父母的餐廳吃飯。我在辦公室結結巴巴用法語告訴瓦倫丁娜，加入餐廳以來我還沒收到工資，也還沒簽合約，沒有合約我就不能找新家。彷彿深信印有國家保險號碼的紙張有魔法，我把文件遞給她，就像五天前我拿給主任看。

我繼續以破法語解釋為何我需要這筆薪水，瓦倫丁娜從架上默默拿下一個鞋盒，她沒有多說什麼，翻尋過後直接交給我一個信封袋，裡面是我的工資單，上面印著我的舊地址、隨機的法國國家保險號碼（0000000 000000 00000 XX）、幾串縮寫詞及扣除額，右下方顯示總額：€1,086.13，裡面還有一張支票。

後來我才知道信封袋已在那裡放了三天，只是沒人拿給我。至於如何兌換這張法國支票，又是下一件要煩惱的事，合約也還沒準備好。他們已經寫上虛構的國家保險號碼，所以完全沒有延遲的理由。

「我相信很快就會準備好的。」瓦倫丁娜在講合約。

「帥哥，你現在已經改頭換面。」薩爾在出餐口說：「雖然我不想這麼說，不過你看，金錢可以改變一切。」他傾身：「幫我們跑堂員來一杯咖啡，regazzi（兄弟）！」

「Correto（咖啡酒）？」

「別忘了格拉巴酒，拉克斯。」

咖啡老樣子，只是沒那麼苦澀了。

「好了，你拿到薪水後要先用在哪裡？」薩爾問，繼續修指甲。

「西裝，先拿去修改，再來是一副便宜墨鏡，ovviamente（一定要的）。」

「Bravo, bravo（這就對了，讚啦）！」

有著爬蟲類臉孔、肩頭滿是頭皮屑的荷諾正在角落數營業時段的入帳金額：「英國佬，快點兌換支票才是最重要的，他們不是無緣無故保留支票，銀行可以多賺利息。」

「現在你也中計了。」路西安用客用油瓶從容不迫擦亮他的托盤，猶如準備受死的士兵。「好啦，別拖拖拉拉，我餓了，先到外面等你。」他放下托盤，和其他服務生前臂交握，道別離開。

「等等，我還有一桌。」我對他大喊，但他早就踏出餐廳。我希望他等我，他整天都在講今天要吃什麼，害我現在餓到前胸貼後背。

「那麼合約呢？」我問薩爾和荷諾：「通常要等多久？」

「合約？」荷諾笑了：「我們是服務生欸！」

「不過呢！」薩爾打斷他：「你正式加入巴黎服務生的行列了，英國佬。」

「巴黎人，也許吧，服務生還早得很。」荷諾假笑。

薩爾糾正自己的說法：「也是。恭喜你正式成為巴黎跑堂員，英國佬。」

確切來說，扣除已經支付、我享用不到的社會支出，我是月薪€1,086.13的跑堂員，等於一週酬勞稍微高於二百五十歐元，而且週週工作七天，有時一天十四個鐘頭。

第四部　主餐
LE PLAT PRINCIPAL

❖與路西安晚餐

十一點鐘，最後一批客人總算離開，路西安站在薄雨中等我。幾個鐘頭心心念念著美食，我們總算要去他父母的餐廳吃飯了。

「Putain. J’ai fume cinq clopes（媽的，我都抽五根菸了）。你怎麼慢吞吞？」他用法語說。

「科倫丁啦，可惡的傢伙……」

「你也知道他現在氣勢如虹，有自己的辦公室，下一步就是當上主任！」

「誰想要讓一個虐待狂當餐廳主任？」

「他滿腦子只想著這件事。為了爬上最高峰，不惜蹲低跳高，幹盡骯髒事，貨真價實的salaud（混蛋）。你現在吃的是他以前的苦頭，他也是吃盡老闆苦頭才走到這一步。之後就換你去折磨別人，散播歡樂散播愛，不過現在這個飽受折磨的對象是你。」

「Une grande chaîne d’enculation（人吃人的食物鏈）。」

「沒錯，你就是食物鏈最底端。」

我們腳步匆促，吞沒在地鐵站口。地鐵站迎面襲來一股熟悉的凝滯氣味，彷彿某個垂死男人的口氣。踏入地鐵站後，前方共有三個票口，光滑鐵製走道盡頭是高度及胸的閘門，乘客穿越閘門後，閘門會砰地彈回門框，旁邊的玻璃售票亭中，一個中年男子兩眼空洞無神盯著地底走廊的矮天花板。

「等等。」路西安走向票口，我對他大聲呼喊：「我還沒買車票。」

「你現在是巴黎人了。」他用英語說：「巴黎人從來不買地鐵票。」

我的視線掃向朝售票亭的男人，發現他正埋頭玩填字遊戲。

「他呢？」

「他的工作是賣車票，不是抓逃票的人，那是別人的工作。」路西安兩手頂著閘門上方，熟練地跳了過去。「再說現在時間很晚，他跟我們一樣只想下班回家。」

我跟上他的腳步，跳過閘門，努力克制雙腳一落地就逃跑的衝動。

「既然他人都在這裡了，為何不抓人？」我回頭張望售票亭男人，似乎不在意我們剛才的行為。

「哈！」路西安笑了：「你們盎格魯薩克遜人都一樣，滿腦子想著錢。」他似乎沒發現一個服務生說出這句話有多諷刺。「這麼說吧，這不是他的職責所在。」

和餐廳一樣，每個巴黎人都有自己的位置，只扮演一種角色。

「再說，你看到你在法國付了多少稅嗎？」我們走向月台時他說。

我們看著我的工資單，一張Ａ４紙，最上方列有一個數字，也就是我的酬勞，中間是一串眼花撩亂、路西安也不確定是什麼的縮寫詞扣除額，最下面才是我的淨所得。

「……而且這還只是社會支出，不包含所得稅，說我們早就付了地鐵車票也不為過吧。」

一陣低沉的嗡嗡聲，緊接著吹來巴黎地鐵的強風，所有一切都在這裡：煞車污垢、死皮粉塵、灰塵、各種最惡名昭彰的巴黎香水味。

我們在林蔭大道站下車，找了一家生意很好的咖啡館，坐在漏水遮雨棚下暢飲佩佛斯啤酒。在這裡我們是客人那一邊，我卻甩不掉冒牌貨的感受。

「這啤酒好噁心。」

「拜託，今天和我說英語。我得練習。」他說。

「你們這些服務生，工作時不肯和客人講英語，但是一踏出餐廳，人人都想和我說英語。」

「還有誰想和你說英語？」

「薩爾。」

「他厲害嗎，比我強？」

路西安的語氣出賣了服務生的傲氣和競爭心態。

「還可以吧。不過你告訴我，我們為什麼要喝這麼噁心的啤酒。」

路西安吃力地用英語解釋，堅持喝佩佛斯啤酒，是因為只有懂得自重的勞工才喝這種法國啤酒。他自豪講起自己的 la class ouvirère（工人階級）背景，他們家族代代相傳，全是服務生和餐館老闆。

喝完酒，我們離開五光十色的林蔭大道站，揮別到處林立的咖啡廳、戲院、車水馬龍的交通，回到沉睡城市的小暗巷。店鋪空無一人，小工作室死寂沉默，唯獨仰望天空時看見公寓還亮著燈，偶爾有行色匆匆、不知趕往何處的路人行經身邊。這種時刻，巴黎彷彿永垂不朽。

一間叫作「反抗」的小餐廳，燈光已經熄滅，路西安抬頭仰望窗戶。

「不要出聲，我父母……在樓上睡覺。」他說。

我們從側邊小門走進餐廳，走道天花板低矮，盡頭有一扇通往中庭的舊門，我跟著路西安的剪影前進，沒多久夜色徹底吞沒他的影子，我嗅到垃圾桶和略帶潮濕的氣味，過沒多久路西安的身影又出現，他正在打開通往中庭的門，中庭一側有扇通往餐廳廚房的後門。他找到鑰匙打開後門，我發現我們已站在廚房。廚房非常狹小，鐵製流理台表面在黯淡月光下閃耀藍光，空氣中飄來樸實暖心的食物香味。

「Viens（跟我來）。」他說。

我尾隨路西安穿越餐廳後方，前往小吧檯，他扭開收銀台上方的燈，在抽屜裡東翻西找。

「Voila（找到了）。」他點蠟燭時說：「和古時候一樣。」

他拿出兩個淺酒杯，擺在我們面前。

「你看見en face（對面）那棟了嗎？」他手指窗外的對街建築。「納粹占領期間在那裡印製納粹文宣，但有件事搭們不知道，入夜後反抗軍也用一樣機器，印一份名叫『抗爭』的報紙。你可能聽過？很多大文豪都幫這份報紙寫過……卡繆、沙特、馬樂侯。當時搭們在這間餐廳碰面，討論反抗運動。歡迎來到反抗餐廳。」

「今天你是巴黎唯一的反抗聲音。」

「什麼意思?」

「你抗拒『他』的英語發音,真的很妙。」

「就像你念不出法語的『ou』,是吧?來,跟我念:la mouette sur la boué, a commandé une bouteille de Brouilly(飄浮的海鷗,點了一瓶布魯伊葡萄酒)。」

「Touchée(一針見血)。」

「說到酒……」他從袋中掏出一瓶幾乎滿瓶的吉恭達斯葡萄酒。軟木塞被硬塞回瓶口,八成是他從餐廳偷渡出來的。他對我露出微笑。

「午餐時段一桌銀行家點的。」他解釋:「這是他們的第四瓶,我偷偷塞進褲頭,帶到置物櫃——像這樣上下顛倒插在褲頭裡,就不會掉下去。所以軟木塞才推這麼進去——」

他略微吃力轉動開瓶器,經年累月使用下來,路西安開瓶器的木手柄發出微微光澤,我也因此更了解他,拔出軟木塞時瓶子發出砰的一聲。

「Voilà.」

他倒出葡萄酒,繼續說故事:「我想要趁機下去備餐廚房……本來以為酒瓶會滑出來……砸碎一地。廚師都滿頭問號,畢竟搭們知道,服務生工作時間跑到置物櫃,事情不單純,肯定有鬼。我前腳一離開,搭們肯定去置物櫃翻箱倒櫃,看我偷藏了什麼,所以……我把酒瓶藏在置物櫃後面,瓶身才有遮麼多灰。」

「這樣看來更高貴。」

「哈，你們英國人只在意那張標籤。上面有城堡還是很有法國味的名字，你們就以為是上等貨。撒一點灰塵，我們就能抬高售價！也許這是很好的商業構想，把葡萄酒賣給英國人？你知道法國葡萄酒莊都把帶軟木塞味的變質葡萄酒銷到英國嗎？」

「當然知道。」

「沒錯！因為你們英國人根本分不出差別，你們沒有好葡萄酒，也沒有偉大哲學家。」

我們在一片漆黑中乾杯，酒杯在深夜裡碰撞，發出鈴鐺般的叮噹聲響。葡萄酒溫熱濃郁，略帶菸草氣息。又倒一杯酒後，路西安端著蠟燭消失在餐廳後方。餐廳十分窄小，低矮天花板上老梁柱橫豎交錯，室內有幾張餐桌，望出窗看得見緊密停靠在對街的汽車，硫磺般的橘色街燈灑落一地。雨勢逐漸增強，我不能馬上回家。

路西安端著滿滿食物的托盤回來，有肉醬、起司、一大盅赤陶土鍋。「砂鍋菜已經冷了，不過還是好吃。我老媽做的。」他說：「等等，差點忘了麵包！」

麵包、起司、葡萄酒——這就是法國三寶。我們像是守靈沉默吃著飯，就連餐具幾乎都沒發出聲響。喝完吉恭達斯葡萄酒，路西安繞到吧檯後方，拿出幾瓶已經打開的酒，酒喝完他又回去吧檯東翻西找。沒葡萄酒了。

「我們喝雅馬邑。」他從架上拿下一瓶酒，說：「雅馬邑之於白蘭地，就如同滾石合唱團之於披頭四，可惜這話不是我發明的。」

我發現和路西安吃飯不愁沒好料。吃飯不是為了生存，是一種生活樂趣。

「沒人能奪走吃飯的樂趣。不過要避開我們工作的餐廳，要就去只供應幾樣當日菜單的餐酒館，點便宜肉品，味道還比較好。」他說。

倫敦人縮在辦公桌啃食三明治的畫面讓他充滿恐懼：「你們英國人真的很不懂生活。」他常把這句話掛嘴邊。「可是現在巴黎也沒好到哪去，我之前工作的餐廳只端得出讓人吞不下的菜，真的讓人忍不住想問，遮座城市還有會煮飯的廚子嗎？大多都是現成菜式，中央廚房的油封鴨，你可以想像嗎？所以要找就找門上貼著『fait maison（家常菜）』招牌的餐廳。等等，我突然想到還有Aligot。」

「Aligot?」

「你沒聽過嗎？Fait maison, bien entendu（遠近馳名的家常菜）。我老媽來自法國中部的奧弗涅，起司馬鈴薯泥是當地名產。她的起司馬鈴薯泥是世界第一，太美味了，做法非常簡單，要做得好不容易，就和人生很多事物一樣……想像一下：purée de pommes de terres, ail, et fromage……c'est tout. Mais c'est une merveille（馬鈴薯泥、大蒜、起司……就這麼簡單，卻美味到不可思議）。如果你還不相信有上帝，吃過我老媽的起司馬鈴薯泥就會相信了。」他微笑，很清楚他正在折磨我可憐的肚皮。

「說夠了就去拿來，快點！」

大口吃飯、大口喝酒時，我告訴路西安辛普朗飯店的事，以及我想換新住處的難處。

「當然很難，你是外國人，而且還是服務生。」

「跑堂員，我還不是服務生。」我糾正他。

「現在的服務生和以前不一樣了。當服務生是很好玩，但你真的想變成德蘇沙、亞德烈、荷諾……還有我這樣？」

我忙著嗑肉醬，沒有答腔，燭光照耀下，路西安的臉孔像是一張面具。

「Putain（混帳），你真的覺得我和他們一樣是吧？」

「什麼？不是，才沒有！」

「那你不是應該說：不，你和他們不是同類。」他裝出憋腳英國腔。

「你們不是同類嗎？」

他繼續幫我們倒雅馬邑。

「大家都有自己想做的工作，要不是等待其他機會，我們也不會在這當服務生。」他喝了一口雅馬邑。「服務生的英文『waiter』有等待的意思，真的精闢，很有意思，我們確實都在等機會。」

我們舉杯輕觸，杯子碰出悶響。窗外雨勢滂沱，餐廳內很溫暖。這就是大雨中的巴黎。

「你不想當服務生，那你在等什麼機會？」

「演員。」他的目光刻意瞟向我，查看我的反應。「可以說我在等當演員的機會。」

原來路西安小時候參演過幾次電視戲劇，十八歲畢業後就不斷追逐星路。路西安現在二十九歲，即使他內心深處覺得自己是演員，但問他吃哪一行飯，他會告訴你，他是服務生。服務生確實是路西安扮演最久的角色，已經整整八年。

「你的家人怎麼看待你的演藝之路？」

「啊，那是另一個故事。」

路西安的家人以為他是演員，三年前他為了參加前衛劇團，拋下家族餐廳事業，兩週後卻發現劇團不付他酬勞，他不想丟臉，空手而歸，最後找到塞納河畔餐酒館的工作。他父親表示想去捧場他的表演時，路西安勸退父親，他不會喜歡這種戲劇：「概念抽象，血腥暴力——你不會喜歡的，爸。」那之後路西安就沒對任何人提過他想當演員，他說全餐廳只有我知道這件事，而他是因為想練英語才告訴我。

「現在的年輕人都會講英語，真正的英語，不只是點餐英語——『要點餐了嗎，夫人？請問需要什麼服務？』」

他指的年輕人是表演課程的學生，其實他每週日上午去的不是教會，而是表演課。我後來才知道他「借走」我風衣外套，是拿去當課堂《等待果陀》的戲服。

「說真的，如果我爭取不到像樣的角色，可能就要放棄了，意思是我的夢想不會成真，你知道嗎，年輕同學還在上課，沒上過電視，但我已經有演出經歷，所以他們很同情我，畢竟我年紀較大，還是服務生。我當然也希望過去幾年專心上課，但是誰要幫我付學費？所以我必須工作，但到頭來整天忙工作，幾乎沒再演出了。不過我醒了，要是現在不行動，未來也沒指望了，我不想錯失良機。」

路西安灌下一大口雅馬邑，繼續講到巴黎的演藝世界，像是巴黎的經紀人、戲院、頗具盛名的表演學校、演藝世家。「選角面試是關鍵，這才是最難的，要是他們在選角面試中看到我，我敢說……」

路西安承認他很茫然，不知哪裡找得到面試機會，我告訴他當跑堂員前，我在某部電影裡當過臨演。

「我是在Le Bon Coin網站上找到的。」我告訴他。Le Bon Coin是一個小廣告刊登網站。

「Le Bon Coin？有意思。」

時間不知不覺到了清晨，我們擬定萬無一失的法國演員計畫。路西安說，錯就錯在他當服務生的時間太長，所以他得減少工時，多在戲院附近的咖啡廳出沒，經紀人應該會在表演前的空檔去那裡休息。他也會想辦法找出演員下戲後經常造訪的酒吧，並查看各大網站，參加演員選拔。

「我會找主任談我的抱負，看餐廳能不能彈性安排我的工時。」

他對自己的情況比較沒那麼消極了：「你說的對，我不能放棄，應該繼續努力，這才是重點，不努力我還剩什麼？不是和荷諾、亞德烈、賈瑪爾一樣？我就直接告訴你，其實我已經不想幹了，每天都忍氣吞聲，哪份工作是這樣，讓客人大呼小叫？踏進餐廳那一刻，他們全變成獨裁者，『做這個、做那個，我不喜歡，給我拿走。』真是忍無可忍。」

「從一個人對服務生說話的態度，就能看出一個人的品行。」我說。

「沒錯，真該有人把這寫成一本書。」

分享個人展望的夜晚，我決定告訴路西安我的作家夢，但我和他一樣毫無頭緒，不知從何下手。某方面來說，我們的困境很類似：企圖心模糊籠統，沒有確切落實的具體概念。

「不過至少你現在還可以嘗試當服務生，真正的服務生。」

「是嗎？」

「是啊，因為你還在等其他機會。作家，我看得出你有作家潛質。如果你寫到我，一定要用假名，我不希望影響到我的事業。」

「我不認為這會對你的服務生事業有負面影響。」

「Bâtard（混蛋），我是偉大演員。」他起身，鏗鏘有力大聲說：「Il pleure dans mon coeur/comme il pleut sur la ville; quelle est cette langueur/qui pénètre mon coeur（我心大雨傾盆，猶如城市豪雨；慵懶何來／為何刺穿我心）？」念完，他靜下來，「魏爾倫的詩。」

即使路西安醉醺醺，天色依舊黯淡，他的雙眼閃過一絲自我懷疑，彷彿他和我一樣，即使夢想還沒完全消失殆盡，卻心知肚明他成為演員的機會正一點一滴消逝。在餐廳工作時，我愈來愈熟悉這種眼神，在寶琳、薩爾瓦多，現在是路西安臉上都見過同樣眼神。我不知道餐廳是一間等候室還是人間煉獄，可能兩者皆是，畢竟本質相似。我不禁好奇，看在外人眼底，我是否也有這種眼神，像個被判了死刑之人，終身不得假釋。

「……我一直以為和別人講演戲的抱負，機會只是更渺茫，但也許我錯了。」

「這種事不能急。」我安慰他，和什麼都不懂的人一樣，說這種討人厭的話。

「餐飲業工作就像坐牢。」他說，彷彿他讀出我的想法：「再犯率很高，要不是永遠走不出不監獄，就是還會回來。最可怕的是你不知道刑期多長，我需要的是突破的機會，之後就能拍拍屁股走人，也有人三十多歲才當上演員。」他喃喃自語乾掉酒。

我們又倒了酒，舉杯慶祝自己是全巴黎最優秀的服務生。

「記住了，等到時機成熟，我爭取到演出就會從餐廳消失，一個服務生的離場就和演員一樣充滿戲劇性。」他表情嚴肅望著我，充滿演員氣息：「永遠……都要讓觀眾渴望更多。」

之後我們站在通往中庭的廚房門邊抽菸，凝視著滂沱大雨，雨水叮叮噹噹敲打著石板路和緊閉窗扉，路西安口齒不清地說：「美國教會。」他的大眼渙散迷濛，無法集中，懶洋洋地斜仰著頭：「美國教會，痕完美，搭們有……公布欄……出租房間。你應該去看一下。天主教徒和美國人……都有……你考慮一下。」他點著自己的太陽穴。

「文件資料怎麼辦？我只有一份工資單，沒有合約。」

「別擔心，我有認識的人。」

我們喝完雅馬邑，香菸也抽光了，依舊傾盆大雨，地鐵早就停駛，於是我們決定在餐廳睡覺，天一亮就出發。我很開心不用回去辛普朗飯店，即使得睡在僵硬木長椅上，而且幾個鐘頭後就要起床。

❖美國教會

在法國，如果你想要人生順遂如意，就必須有身分，一張定義你的標籤 encadré 你，把你放進某個框架。簡單來說，你的行業定義了你的身分。就好比現在我是跑堂員，雖然總算找到自我定位，卻不是房東的理想房客。這就是我目前的窘境，因為服務生的身分只是暫時：地點不固定，工作流動性高，一年四季到處遷移，居無定所，可以說是房東最不希望出租的對象。儘管巴黎人很仰賴服務生，對他們的評價卻非常低，尤其是房東。

才過早上七點，我和路西安在工藝美術館地鐵站附近的露天咖啡廳，gueule de bois（宿醉）效果猛烈，我們幾乎說不出話。幸好這天週二，我們都沒班。

「最後那杯雅馬邑，我們幹嘛這樣對自己？」路西安的聲音虛弱沙啞。

「你現在就抽菸？」

「有幫助的，可以稀釋血液，讓體內的酒精流動。」

我們點了咖啡、可頌、新鮮檸檬水，點餐的服務生宿醉不輸我們，卻鄙視地瞟了我們一眼，彷彿他不想服務敗類。

「Putain de serveurs（去他的服務生）。」他走遠後路西安碎念：「以為自己哪根蔥？他只是從墓中挖出來套上西裝的死屍。」

死屍端著餐點回來了，居然是理查咖啡，我大失所望，瞬間好像回到塞納河畔餐酒館。

「我需要茶。」我說。

「不要點茶。說真的，不過是一杯加了茶包的熱水，同樣價格買得到一大盒茶，有誰想在咖啡廳點茶？」

「我知道，可是他們上的是理查咖啡。」

「你的口吻愈來愈像薩爾瓦多，理查咖啡哪裡不好了。」

為了證明自己有理，路西安灌下他的咖啡，一口乾掉我那杯，再叫一杯。「你知道巴爾札克每天要喝五十杯咖啡嗎？你想當作家嗎？你最大的問題就是咖啡喝得不夠多。」他說。

天光漸亮，巴黎清晨閃耀著朦朧日光，河水冉冉流動，林蔭大道濕漉漉，行色匆匆的人低垂著頭，手裡拿著摺疊雨傘，懸鈴木在風中塞納河畔彎著腰，感覺得到冬季即將揮別，春天的腳步不遠。夜晚不再寒冷，天氣回暖，可以坐在露天區用餐。

八點鐘，買了新鮮可頌和柳橙汁，我們前往路西安說可以「一掃而空所有行政煩惱」的地址，來到一間單房公寓，一個睡眼惺忪的傢伙開門。

「路西安，搞什麼鬼？」

「帶早餐給你嘍，堂弟。朱爾，這是英國佬。英國佬，這位是朱爾。」

「你滿嘴酒氣，離我遠一點。」路西安湊上前親朱爾臉頰被拒。

路西安的堂弟是平面設計師，他收下早餐，答應幫我偽造合約及兩份工資單，加上上個月的工資單，證明我已在餐廳工作一陣子。工程很耗時，他不斷拉近放大畫面，修改每一個數字的畫素。朱爾忙碌時，路西安窩在沙發上打盹，最後成品很不可思議。

「等等，離開之前——」路西安斜倚在沙發上，猶如現代羅馬帝王悠閒抽著菸說：「給他全套。你會愛死的，英國佬。」

「你身上有附大頭照的證件嗎？」朱爾問。

朱爾拿我的英國駕照趕工。半個鐘頭後，我得到不存在的雜誌「WasIst Kunst（藝術何物）」的新聞工作證和索邦大學學生證。

「有了這張新聞工作證，你不花一毛錢就能在博物館走透透。學生證是讓你買便宜電影票的。朱爾，mon cher cousin（親愛的堂弟），我愛你，我欠你一次。」

「這樣多少錢？」我問。

「不用錢，路西安的朋友就是我朋友。再說國家要我們付錢參觀屬於人民的藝術作品，有夠令人火大。別客氣，儘管去培養藝術涵養吧。」

「沒錯，堂弟！陶冶英國人性情是我們的任務，你知道這叫什麼？為野蠻人帶來文明曙光。你知道他們都在辦公桌啃中央廚房製作的三明治嗎？」

「第二場啟蒙運動。」他微笑：「好了，我要睡回籠覺了。」

「應該說是第一場。好啦，我們也要去美國教會了。」

「不要告訴我，我不想知道。」朱爾說。

美國教會的中庭與世隔絕，碼頭旁的通勤汽車噪音和咆哮強風無法穿透，路西安坐在長石椅上，豎高衣領捲菸草，我搜尋公布欄，他嘴裡喃喃自語，思考著怎麼突破演藝事業。

「這間如何？『Chambre de bonne à louer pour étudiant(e)（傭人房，僅租學生）克里米亞站，月租€550。』這在哪裡？」

「十九區。還是我們租一台攝影機，你寫一部短劇劇本，我擔任主演，然後寄給經紀人？高達風格，這樣一來——」

「但是這間只租學生。」

「說你是學生不就得了，演演戲而已，再說你現在有學生證了。」

「chamber de bonne是什麼？」

「傭人房。」

路西安解釋巴黎到處是傭人房，這種小房型在十九世紀初遍地開花，是公寓主人提供傭人住宿的小閣樓，深藏在奧斯曼風格建築的屋頂之下，通常跟樓下豪華公寓走不同的樓梯出入。

「……從十九世紀起就沒什麼變化，唯一差別是現在我們不在豪華公寓裡工作，而是去餐廳工作。」

打電話詢問租屋似乎還太早，我和路西安坐在教堂外抽菸，望著河水打發時間。偶爾有駁船逆流挺進，雨後河水凝滯混濁。

「想像一下搭上駁船會是怎樣。」我說。

「為什麼？」

「你不覺得有意思嗎？搭著駁船環法？」

「你知道塞納河口是世界最優質葡萄酒原產地嗎？勃艮第的金丘產區。」

我的思緒飄到霧氣瀰漫的勃艮第鄉間。

「無聊。」路西安說：「我懶得環遊法國，回到過去倒不錯——」

「你是說喝下雅馬邑之前嗎？」

「或是十九世紀。」

他在石椅上平躺下來。

「你知道以前的巴黎人以參觀停屍間為樂嗎？只為了觀賞從塞納河撈起的浮腫屍體。想像我們現在去看，八成馬上酒醒！」

「我們這副德性進去，停屍間管理員會把我們裝進去吧。」

路西安不理我，思緒已經跑到別處：「還是配音工作？靠大笑就能賺大錢。想像一個人幫沒沒無聞的美國新人當配音員，譬如布萊德．彼特，此後就變成布萊德．彼特的專屬配音員，而且這份工作非他莫屬，因為全法國以為布萊德．彼特的聲音就是那樣。所以只要布萊德．彼特還有戲接，這傢伙就不怕失業。通常配音員會同時當好幾個演員的聲優，要是我可以為下一部走紅的電視劇演員擔任配音員……」

九點鐘，我打電話給招租廣告的房東。電話響了一陣之後，咯噠，一位老婦人接起電話。

「Allo（喂）。」

「早安，太太……」

我還穿著服務生制服、宿醉又頭痛，我們決定拿這週剩餘的小費去艾蒂安馬賽地鐵站旁的二手服飾店，買一副假眼鏡、乾淨襯衫、領帶、圍巾。

「你要演出學生的精髓。」前往傭人房的路上，路西安說：「你知道學生都是什麼死樣子吧，驕傲自大，自以爲什麼都懂，其實一根手指都沒動過。我覺得學生和服務生一樣，討人厭愛抱怨，遊手好閒，只會站在圖書館外抽菸。」

「你聽起來很嫉妒。」

「也許吧。」

「你讀過嗎？」我問。

「上大學嗎？沒有，我們家沒人上大學，就連朱爾也是自學的，這是我們的家族傳統，你呢？」

「我有。」

空氣一陣靜默。

「結果我們現在都是服務生，真搞笑。你不是應該讀大學時就邊端盤子嗎，怎麼等到現在？」

「我很開心至少有人被這事娛樂到。」

路西安說有件事很重要，於是我們中途停靠香水店，拿香水樣品往身上噴灑一輪，再用乳液滋潤臉部肌膚。我已經準備就緒。

「她會租給你的。」我們站在公寓外人潮洶湧的弗蘭德大道，路西安這麼說。我把裝有服務生制服的塑膠袋交給他，和他約好等一下在運河附近的咖啡廳會合。

「等你回來。我會找幾個不錯的巴黎學生，今天和我們一起鬼混。」他眨眼。「更重要的是找到茴香酒。」

「你眼睛布滿血絲，他們肯定趨之若鶩，外加拎著一包破爛髒衣塑膠袋，和clochard（遊民）簡直沒兩樣。」

「裡面裝的是你的髒衣服好嗎。」他笑了：「祝你好運。」

❖新房間，新氣象

一個身材嬌小的婦人前來應門。她面露疑色，垂下眼打量我，最後讓我進門。莫莉太太住在設備齊全的冰冷七樓小公寓，地板嘎吱作響，她叫我在散發霉味的室內坐下，四周擺著書本和陶瓷小狗等裝飾品，桌上放著祖先肖像相框、少說二十幾尊聖母瑪利亞的小型雕像。室內寒氣逼人，所以我沒脫下大衣，只微微敞開領口，讓她看見全新的領帶。

「我的曾曾祖父和拿破崙在俄羅斯打仗，就是他。他可是大軍官，不是小士兵。什麼？你說話大聲一點，我聽不到。」她一手放在耳邊閉眼傾身聽。「其實啊……我不太喜歡英格蘭人。」

對話陷入沉默，室內某處傳來時鐘的滴答聲。

「我是蘇格蘭人。」我說。

「是嗎？蘇格蘭……我倒是不介意，蘇格蘭人也不太喜歡英格蘭人吧？」

「對啊。妳知道蘇格蘭的瑪麗一世女王嗎？她的母語也是法語。」

「原來如此。你做哪一行的？」她問。

「我是法律系的學生。」

「索邦大學嗎？你說話要大聲一點，我耳背。」

「對，索邦大學。」

「索邦大學離這邊有點遠，你熟這一帶嗎？以前都是猶太人，有錢人是不介意。」她糾正自己。

滴答，滴答。

「你想要什麼時候開始租？」

「可以的話，我希望今天開始。」我扯著嗓門回答。

「你現在住哪裡？」

我說我暫時借住阿姨家。

「房間很適合你這種學生，唯一條件是我只收現金。你有工作嗎？什麼？了解。嗯，每月一號付房租。你要租嗎？」

「我可以先看一下房間嗎？」

空氣一片靜默，我又聽見時鐘的滴答聲，感受到冰冷空氣及霉味。最後她勉強從椅子上站起來，雙手顫抖著從口袋掏出一把鑰匙，我跟著她走出前門，她順手鎖上，旁邊有狀似櫥櫃的一扇窄門，打開後有一道窄梯，我們隨著蜿蜒樓梯爬到屋頂的小走廊，腳下是我們沒多久前坐著的客廳。莫莉太太解開門鎖，往後一站。

「Je vous en prie（請進）。」她手指向門。

房間很小——小到兩個人無法同時站在裡面，莫莉太太站在門外。屋頂牆壁傾斜，我只能在房間正中央站直，房間一側擺著一張模樣可憐的單人床，上面有張污穢床墊，不用下床就能摸到對面一張配置水槽和瓦斯爐的小桌，另類的「breakfast in bed」。

「淋浴間在門後。」走廊傳來她的微弱聲音。

拉門很難開，拉開後是一個小得可憐的淋浴間，頭部高度的小窗框爬滿黴菌，比較像遊艇的小船艙轉角。

回到走廊後，我告訴老太太我要租。

「很好。現在就先付第一個月的租金，別想耍花招。廁所在那裡。」她一手遮住臉部曬斑，一手指向一扇門。「廁所就不用看了。規矩很簡單：不能帶客人來，不能辦派對。還有一個規定，不能煮味道太重的菜，不過你應該沒問題，之前我租給一個印度女孩。」

先前怯懦的老太太已不見，莫莉太太瞬間令人反感。

我帶著向路西安預借的錢回來，她貪婪地從我手裡搶過租金，坐在小桌前數鈔票，我站著等待，屋內飄來烹煮蔬菜的氣味，令我想起塞納河畔餐酒館的廚房。

「少了二十歐。」

莫莉太太在桌前佝僂著，死盯著雙手緊握的紙鈔。

「對不起，我晚點補齊。」

「我不喜歡這樣。」她嗤之以鼻。「上一個女房客付租金也要花招，從不準時繳房租，後來突然人間蒸發，這也就是為何我要提前收租，你懂了嗎？要是不準時付錢，我就換鎖。」

時鐘滴滴答答，莫莉太太看著紙鈔，呼吸沉重。

「好，你什麼時候回來？我不能整天這樣等你。租金補齊了我才能把鑰匙交給你。大門密碼你已經知道了。」

我們達成共識，我六點回來。

我在烏爾克運河旁的咖啡廳發現呼呼大睡的路西安。我們喝了半杯佩佛斯啤酒和茴香酒，瞬間精神百倍。欣喜若狂的感受襲來，我總算有自己的房間了。我的支票還沒兌現，所以路西安先提領現金幫我墊付房租，之後我們在地鐵站道別，他要去巴黎市郊TF1電視台對面的酒館聚會，再回餐廳上晚班。「今天是我為了未來打拚的第一天。」他充滿希望地說。

我們明天上午六點會再見。

＊＊＊

我想在揮別辛普頓飯店前慶祝一下，於是邀請史蒂芬到飯店轉角的投注酒吧喝一杯。我腳邊散落著隨手丟棄的下注單，身旁都是手握下注單的男人，全神貫注盯著各個轉播賽馬的電視螢幕。史蒂芬說他也快搬走了，應「工作」要求前往德國，之後可能去美國，他方形小鏡片後的倉鼠臉孔格外誠摯。我們喝著啤酒，我靜靜聽史蒂芬講著美國之後的打算，他隨口說出他老婆人在俄羅斯，希望外派到俄羅斯。我的視線越過他，看著身後的窗戶，有人在街上拆卸臨時搭建的市集。我讓這一切沖刷著我，史蒂芬、酒吧、廉價啤酒味、想沖澡的感受、巴黎、城市、電視賽馬評論。

「我想給你一樣東西。」他打開磨損的黑色公事包，摸索尋找某樣東西。「拿去。」

史蒂芬給了我一把奧皮尼牌小木柄刀。在酒吧外握手道別時，我才發現除非他哪天犯下天理不容的罪，否則我永遠不會知道史蒂芬的發展。我只希望他別再大半夜去賭場或天知道什麼地方工作。我邊走露出微笑，一想到史蒂芬的頭像、方形小鏡片、稚氣臉龐出現在新聞的畫面，就忍不住想笑。我想像自己接受法國二十四頻道《我和殺手同行》的節目採訪，一排動態跑馬燈在我的臉部下方移動。

回辛普朗飯店收拾行李前，我去找尤瑟夫。我踏進他的小店，他正坐在桌前縫紉。

「啊，你好，我的朋友。請坐請坐。」

他很快就端著兩小杯新鮮薄荷茶回來，我還來不及開口，已經說起他太太又離開他的事。我眺望街外，毒販正在水桶酒吧外閒晃，有對年輕情侶坐在機車上，無所事事抽著菸。

「對街和女兒住在車上的女人去哪裡了？」

「市政廳的人來了，那天傍晚就不見她們母女，車子也不在了。」

尤瑟夫又在我們的杯子裡添茶。

「尤瑟夫，我有一個請求。」

「請說。」

「我今天就要從飯店搬走了，在那之前我需要請你幫我修改衣服。我收到薪水，現在有錢了，可以請你幫我改西裝外套嗎？」

尤瑟夫大笑，後排金牙閃閃發亮。

「不，不，不，我已經告訴過你，你的西裝外套好得不得了。」他抗議。

「你不懂服務生的風格，我們講過這件事了。」

「我會想你的，我就爽快點在你離開前幫你改西裝。我尤瑟夫不惜破壞這件好得不得了的外套，我就是這麼欣賞你。一個鐘頭後回來拿外套。」

尤瑟夫忙著修改西裝外套時，我在十八區最後一次散步，穿越歐納諾大道，來到「波布族巴黎」[7]，爬上聖心堂小山丘，來到巍然立於蒙馬特區制高點的雄偉白教堂，從北方俯瞰全巴黎。強風把低矮雲朵迅速吹過城市上空，街道飄散著已停雨潮濕氣味。站在這裡，全巴黎都在我的腳下，我彷彿聳立在巨船船首，乘風破浪前進，巴黎所有地標一覽無遺：拿破崙陵寢傷兵院、龐畢度中心、艾菲爾鐵塔、蒙帕納斯大樓、聖母院、火車北站、火車東站、蒙帕納斯和聖拉扎爾等大站，塞納河畔餐酒館也在這之中。這種時刻，一想到巴黎今昔的祕密，流經這座城市的過客人生，緊閉門扉與都市表面後方悄悄進行的一切，我的內心激動萬分。

我回去領外套，尤瑟夫拉開小布簾，露出全身鏡，我望著鏡中的自己，不只長褲貼合，現在就連外套也改得完美合身——我愈來愈有服務生的樣子，而就像大魔頭亞德烈，我也因為睡眠不足、營養不良，臉龐逐漸削瘦、雙眼凹陷。

剛搬新家那晚，我去了史達林格勒地鐵站的電影院，試試全新的學生證。這就是我想像的巴黎旅居生活，播放的電影是《梟巢喋血戰》（*Maltese Falcon*），我理所當然看到睡著，上片尾字幕才醒來。回到房間後，我發現對面公寓的傭人房還亮著燈，瞬間閃過一顆包著毛巾的頭。在巴黎，我已經習慣與鄰居的關係如此親密。儘管對街建物距離這麼近，卻沒人為了隱私拉起網眼窗簾。我們不僅親密生活，自己的生活也成為左鄰右舍的真人實境秀。我暗忖，或許對街住著一位漂亮的法國女孩，喜歡上空閱讀沙特、倚在窗邊吞雲吐霧。我像個偷窺狂似的，在沒開燈的室內蟄伏守候，等待女孩回來。她背對著我，凝望鏡子鬆開毛巾，露出她的後腦勺……然後……她轉過正面，是一個……握著梳子高歌的矮胖男人。我開窗聽見席琳．狄翁的歌曲，法國版席琳．狄翁。他的歌聲穿過小中庭傳來，後來我看見他盡可能調整鏡子，從這個角度看來，他應該正拿著手機為屁眼自拍。

❖上層廚房

午餐時段人手不足，一位美國女客人攔下我，抱怨她的菲力牛排不是她要求的五分熟，幾乎是saignant（三分熟）。牛肉中心的粉色剖面猶如一道舊傷，狠狠瞪著我。我禮貌地解釋，她的牛肉是法國廚師定義的「五分熟」，建議她先吃看看，女客人卻用出餐口常見的語言，把餐盤塞進我手裡，叫我立刻滾蛋。如果你是服務生，很快就會習慣人們把你當低等動物的語氣。我手上沒托盤，只好向上帝禱告，千萬別這時被經理逮個正著。徒手端髒餐盤還無所謂，絕對不能端著裝有食物的餐盤，而且如果要端髒餐盤，疊得愈高愈好，令人驚歎，算是餐廳表演的一環。

7 波布族（Bobo）是Bourgeois Bohemian的簡稱，此處指巴黎中產階級常出沒的巴黎九區，很多時髦的咖啡廳和小店。

我回到出餐口的時機惡劣，幾乎所有服務生都在場，毒氣瀰漫，控訴滿天飛，尼姆沙飆出泰米爾髒話，德蘇沙指控荷諾又偷小費，兩人爭執不下，亞德烈在一旁主持公道。拉克斯淡淡回絕，不願意幫我把牛排送回主廚那裡。其他服務生也異口同聲，一把推我離開出餐口、踢回用餐大廳。我決定親自帶著牛排前往之前從沒去過的上層廚房。所有人都警告我上層廚房生人勿近，階級制度讓我們相隔天地之遙。每道料理最精華的食材：肉品和魚類，都來自上層廚房，煮好再以升降機送下去，與下層廚房準備的配菜組裝，由泰米爾廚子完成裝盤。

我想像中的上層廚房光鮮亮麗，主廚地位顯赫，技術高超，在光滑閃亮的金屬工作檯面，使用高級設備烹飪。可是一爬到樓梯頂端，我卻看見一間駕駛艙大小的房間，各個角落配置火力全開、冒著煙霧的火爐。火爐發出震耳欲聾的轟炸，抽風機不斷咆哮，煎炒肉類滋滋作響，鍋具金屬哐啷大作，頻頻傳出叫嚷嘶吼。頭部高度有一扇緊閉小窗，熱氣逼人難以描述。漆黑牆面和天花板覆蓋著一層陳年油垢，五位負責掌廚、高頭大馬的非洲男人穿著汗水淋漓的髒廚師服，這裡比較類似偏僻的羅馬鐵工廠，而不是巴黎廚房。我看著他們從平底鍋撈起一塊塊炙燒肉類、滋滋作響的魚肉，拋上餐盤，以骯髒餐巾迅速擦拭，推進升降機。

掌管人間煉獄的正是主廚，也是全廚房唯一的白人男性。和其他廚師一樣高大的科西嘉男人揮舞著巨大菜刀，要說那會是大力士海克利斯的刀我都相信。他手持菜刀，比手畫腳，又戳又刮又舔又敲金屬檯面，從頭到腳怒氣騰騰，彷彿什麼都不夠好。小列印機不斷吐出出餐單，他奮力扯下出餐單，力氣大到機器只差沒從牆面摔落。他粗暴厲聲朝著廚師耳朵大聲喊出菜名，彷彿鄙視他們是一件樂趣無窮的事。

「Deux poulets! Trois loups! Un filet — bien cuit（兩份雞肉！三份海鱸！一份菲力——全熟）！」他湊上他們耳朵大聲嘶吼：「他媽的聽見沒有？」

「Oui chef（聽見了，主廚）！」他們像是陷入催眠狀態，整齊劃一吼回去，連噴在臉頰的唾液都懶得抹掉，火焰將汗濕臉龐照得閃光。

「很好，混帳。再來！兩份鴨胸！一份海鱸！三份鮭魚！兩份小牛肉！」

這時他突然發現我的存在。

「給——我——滾——出——去！」

我像個白癡呆立在那，伸出端著餐盤的手。

他揮著大菜刀衝上來。

「你聽不懂人話？Va te faire fourtre! Fils de pute（滾蛋！狗娘養的）！」

面對龐大壓力，我結結巴巴，法語瞬間失靈。他推著我怒吼，音量愈來愈大，我像是置身越戰電影的軍訓場景。

「Dégage（閃邊去）！這份牛排就是五分熟，你的客人沒什麼了不起，去她的pute（婊子）！」

他轉頭繼續盯廚師，不知何故我仍杵在門前，這塊牛肉不煮到五分熟就不走。

他轉過身，看到我還端著牛排杵在那裡，我瞥見他被怒火吞噬的瞬間：熊熊燃燒的純粹恨意。不到半秒他就把我推上牆，空下的手抵著我喉頭，巨大刀頭對準我眼睛旁邊。

「你有膽教我煮菜！」他嘶吼。

我不敢呼吸。他充滿恨意的掌心簡直要壓碎我的氣管。他一手還牢牢抵著我的喉頭，另一手奮力丟下菜刀，奪過我手中的餐盤，牛排滑入一個正在烹煮羊肉的平底鍋。

「給我煎熟！」他對廚師嚷嚷。

「聽見，主廚！」

恐懼在我全身竄動，我還是無法呼吸，徒勞想掙脫他的掌握，此舉令他更震怒，他加強施壓，吐出的氣息充滿菸味和白蘭地酒氣，牆壁有肉味。這是最漫長的一刻，就在我差點暈厥過去時——

「煎好了，主廚！」一位距離最近的廚師吆喝。

主廚最後鬆開壓制我喉嚨的手，空手取過牛排，推上我的臉，牛排近到差點碰到我鼻頭，撲通丟回餐盤，我餐盤沒拿穩，差點滑落。我連忙轉身下樓，走到樓梯底端時努力平復情緒。我掙扎著大口呼吸，往肺部大口吸進氧氣，冷靜下來後檢查儀容，撫平頭髮，利用扔至一旁的餐巾擦淨餐盤，擦乾臉，然後沿著窄廊回到用餐大廳。

用餐大廳一切如常，我只離開不到幾分鐘，室內仍然傳來餐具餐盤的清脆碰撞聲、吱吱喳喳的禮貌對話，服務生依舊蒼蠅似地在餐桌旁繞來轉去。我一個箭步，把煎好的牛排放上美國女客人的餐桌。她沒有抬頭看我，也沒有一聲謝謝，只用叉子戳了戳牛排，表示沒問題，繼續回頭吃飯。我直奔回出餐口，一路刻意忽視想要引起我注意力的客人和服務生，呼叫尼姆沙幫我倒水，喝水時還嗆到。就在這時，比較平凡親切、願意和我們說話的接待員尤莉亞匆匆闖進出餐口。

「你剛才做了什麼？」

我驚慌失措地轉身。

「什麼？」

「你的背！」

她轉過我，開始以一塊布巾搓揉擦拭。「很噁心。」

我整個背部沾有一層油膩膩的骯髒黏液，是上層廚房日積月累的油垢汗液水氣結晶，我剛修改好的外套，尤瑟夫的傑作就這麼毀了。而且現在才到餐期中段，要是沒有外套，我就不能到用餐大廳工作，要是我不工作就會被炒魷魚，我匆忙衝到下層廚房旁的置物櫃，廚子對我視而不見，我急忙翻找沒有上鎖的置物櫃，向上帝祈禱哪位今天沒輪班的服務生留下外套，卻什麼也沒找到。等我回到樓上，尤莉亞已經不見蹤影，我污穢可怕的外套已被丟到一旁，雙開式回轉門拍打旋轉，我以為是鼠人，惶恐地抬起頭。幸好只是尤莉亞，她帶著一件外套回來。

「快點，你試試看這件。」

我套上西裝外套。外套過於寬大，連薩爾瓦多的體型都撐不起。

「至少是乾淨的，你外套洗乾淨前先穿這件吧。」尤莉亞說。

「可是我下週才有休假。」

這時路西安進來出餐口，看見我時忍不住調侃：「要不是你縮水，就是衣服長大了。」

我告訴他來龍去脈，他語氣堅定地說：「我是不是警告過你？絕對不能去上層廚房，永遠！」

❖女演員和黑幫分子

這間餐廳和地鐵一樣——也和巴黎如出一轍——擁有兩種面貌。如同寶琳，餐廳入夜後最為迷人。太陽下山時，小中庭模糊不清，只有用餐大廳的橘燈描繪出朦朧輪廓，夜晚瀰漫著一股不可告人的氛圍，餐廳化身一個喃喃交換祕密的蜂巢，大廳燈光微弱昏暗，餐桌彷彿飄浮在幽黑川流表面。身為跑堂員你在燭光照亮的餐桌之間穿梭遊走，大托盤幽幽滑過客人頭頂，彷彿一隻銀色龐大的信天翁。

其中一桌是在著名高級時裝品牌工作的巴黎時尚人士，他們狂飲香檳、抱怨名人和模特兒，喝得愈多愈嘈鬧，清一色穿著時尚圈的標準制服：黑色。要是我對時尚界稍微感興趣，現在的我早就無所不知，挖到一籮筐產業祕辛。可是時尚人士不把我當一回事，對他們而言，我只是一道背景中的黑影。

我偶爾看見侍酒師加入他們的對話，但他大多都在出餐口旁的樓梯井，坐在箱子上閱讀服務生隨手放一旁的體育報。他在昏暗光線下讀報，毛茸茸的眉毛緊蹙，鼻頭差點貼上報紙。有人喊他，他才慢吞吞結束正在閱讀的文章，不疾不徐地起身，踩著緩慢有節奏的小碎步爬上窄樓梯，腋下夾著那本厚實的葡萄酒目錄，舒適合腳的鞋在石板上嘎吱作響，踏進大廳。他帶著值班醫師的謹慎姿態，從容不迫地向客人解說葡萄酒，他們知道能聽見侍酒師分享個人知識是一大尊榮，就像面前有一名知識淵博的僧侶在細細說法，而你聽得一知半解。

侍酒師幫一位坐在雙人桌的落單男客點好酒，離開時向我打了暗號，要我跟他走。我們走向餐廳後方，通往我聽聞已久的酒窖小門，我心想特訓總算正式開始。他從口袋掏出一串鑰匙，用一雙細緻的手輕顫著解開門鎖。我準備跟他下樓，他卻乍然轉身，表情莊嚴肅穆地告訴我：「去準備兩個酒杯，要大的，不是小的。貴腐酒專用杯。」然後突然想到什麼似的告訴我：「這是要給一一〇桌黑幫分子的，一定要挑乾淨的杯子。」語畢轉身離開，大門砰地一聲在我面前關起。我很訝異一名專業侍酒師竟會說客人是「黑幫分子」，暗想著晚一點再來打探消息。

其他服務生說酒窖內有許多上等好酒，安穩地與餐廳分開收藏，據傳酒窖遼闊，每條走道以上方的街名命名，德軍占領巴黎期間，侍酒師還以磚頭砌高牆，確保他們碰不到最上等的葡萄酒和香檳。酒窖地位尊貴，凡人不可褻玩，全餐廳只有四個人持有酒窖鑰匙：侍酒師、主任、老闆，要是主任不在，就交給輪班經理。對於其他人來說，這是一個不可企及的神祕國度，大多數客人的酒都是由泰米爾人處理，可是最優質的葡萄酒都藏在酒窖，深鎖在鑰匙門鎖後方，盡可能不讓服務生摸到。

回到大廳後，我聽見侍酒師向時尚人士推薦一・五公升的普羅旺斯海岸粉紅酒，我跟著他回到出餐口，他交代我準備粉紅酒，自己要回去小睡一下。

「你不親自侍酒？」

「不了，他們在冬天點粉紅酒。而且還是來自普羅旺斯海岸，米諾地酒莊的酒。」

「不是你推薦的嗎？」

「更慘，你就知道他們多猶豫不決。」

酒單中侍酒師最瞧不起的就是粉紅酒，在他眼底，粉紅酒稱不上是真正的葡萄酒，只是一種流行風潮。怪不得他總是那麼累，畢竟塞納河畔餐酒館供應的粉紅酒數不清，尤其是夏季時節。

「如果真的要喝粉紅酒，就喝桑賽爾的。這個產地的粉紅酒很稀有，全桑賽爾的葡萄酒只有百分之八是粉紅酒。其實我們餐廳也供應，但我想不透為何『非得』喝粉紅酒不可。」

他倒回馬鈴薯麻布袋，拾起體育報紙。

冒牌拳擊手德蘇沙和大魔頭亞德烈並肩工作，偶爾猶如排練完美的芭蕾舞者滑步上前斟酒，觀看他們攜手合作是一大樂事。他們一眼就能認出常客，對方都還沒點單，就已經準備好客人最愛的飲料，出去抽菸偷閒也彼此掩護。我看著一名法國模特兒對一位關不上話匣子的中年男子禮貌性地點頭。閃爍燭光下，她的雙眼深沉誘人，偶爾展露笑顏，輕咬一口食物，然後放下餐具，這盤餐點看來是吃不完了，不過這道是魚，意思是等下服務生還是不能吃。肚子再餓，吃了一半的鱸魚排佐初榨橄欖油醬，我們還是不碰。

亞德烈趨前：「老兄，你看見一一〇桌了嗎？」

「黑幫分子？」

「黑幫分子？Quoi（你說什麼）？不是，你自己去看。」

一位身材穠纖合度、穿著超低胸黑洋裝的西班牙女演員走進餐廳，浮誇地宣示自己的到來，然後坐在侍酒師說是黑幫分子的那桌，一一〇桌。在出餐口前，亞德烈和德蘇沙簡直像是男學生，難掩興奮地討論著她。

「天啊，你看見她了嗎？」亞德烈問我，開心地搓揉雙手。

「沒看過這種等級的，從來沒有。」德蘇沙搔頭，不安定地踏著兩腳。「你知道嗎，她在葡萄牙和西班牙超級有名。」

「她是我的，德蘇沙。你快結婚了，身為你的伴郎，這是我的職責——」

「喂，喂，我又還沒結。」

泰米爾廚子聽著兩名服務生交談，聽來猶如美國之遙，你可以感受到他們的沮喪挫折，他們也很想踏進餐廳湊熱鬧，偏偏不能。服務生和女接待員就像白冰山一角，是全餐廳唯一擁有這項特權的人，其他人只能躲在冰山底下的暗處。

「去你的，我要回去了。」亞德烈說，手裡拿著另一籃麵包，三步併兩步上樓。

「Putain. Moi aussi（可惡，我也要去）。」德蘇沙一手撈起一罐自來水，一個箭步跟上前。

我尾隨兩人回到用餐大廳，亞德烈故意繞道，行經西班牙女星，才走到他服務的桌前。德蘇沙溜到黑幫分子那桌，從亞德烈肯定看得到的角度，向他迅速投以一個眼神，讓亞德烈知道他永遠無法站在這個位置，然後微微傾身，詢問是否可以為她倒水。兩名客人短暫抬起臉，單一光源打在他們的臉上，那一瞬間猶如卡拉瓦喬的油畫角色，緊接著兩人又繼續交談用餐。德蘇沙慢慢打直背，朝西班牙女星的低胸洋裝投出最後長長的一記注目禮，才甘心撤退回去亞德烈站崗的位置。儘管室內昏暗，你還是看得出德蘇沙咧嘴大笑對亞德烈說話，事後還不斷講著黑色蕾絲。

送完咖啡後，我告訴德蘇沙我要出去抽菸，那之前也沒忘記告訴他，這名西班牙女星其實是知名黑幫分子的女友。他當然不相信，卻不禁動搖，畢竟這男人手上確實有一道顯眼疤痕，我還特別指出他的穿搭是石洗丹寧褲配黑皮鞋。

「所以呢？」德蘇沙問。

「只有俄羅斯人才這樣打扮。如果你不相信，去問馮喬。」

我們決定去找侍酒師，最後找到躺在馬鈴薯麻布袋上、披著外套小睡的馮喬。

「要叫醒他嗎？」德蘇沙問。

「我已經醒了。」侍酒師嘟囔著問：「什麼事？」

「那個黑幫分子是誰？」

侍酒師沒有睜開眼，直接回答。

「黑幫分子，皮條客，你想怎麼叫都好，總之就是壞人。」

「你怎麼知道？」德蘇沙問。

「我會講俄羅斯語，就是這麼簡單。」

我向德蘇沙投以一個「就跟你說了吧」的眼神，然後讓侍酒師繼續休息。除了來自馮喬的片面資訊，我們並不清楚這男人是否真是黑幫分子，德蘇沙卻整晚緊張兮兮，刻意和西班牙女星的乳溝保持安全距離，認為馮喬「會蹲過俄羅斯苦牢」，所以知道這男人的真實身分。但我們都不約而同「不小心」忘記通知亞德烈這件事，他色迷迷盯著黑幫分子的女伴，我們幾乎敢打包票他今晚回家會遭到「神祕意外」。

德蘇沙和亞德烈各自沉浸在自己的愛慕苦戀時，我也深受單相思之苦。餐廳入口，一名新來的女接待員一臉索然地站在預約名冊前。她擦著豔紅唇膏，身穿黑色小洋裝、腳踩細高跟鞋，簡直像是從聖羅蘭廣告走出來的美女。我向她打招呼，她看著我（好吧，其實是視線越過我）露出微笑，近乎憐憫、不感興趣。我不知道他們都是去哪裡找這些女孩的，美麗得危險，嚴厲得危險，不肯正眼看我們，更別說是和我們說話。

「忘了她們吧。」路西安講得彷彿女接待員是另一個物種。「一群沒心沒肺的。」

「她們都是哪裡找來的？」

「演藝事務所嘍，不外乎是一群妄想成為模特兒和女演員的人，所以才那麼可悲，也不想和你說話。」

路西安聽來有些心口不一，不過我沒有戳破他，他很明顯沒心情陪我沉浸幻想。我們沉默抽著菸，燈光打在建築物上，夜裡的小廣場看起來氣勢非凡。我們站在這裡，感覺好像回到過去，在那個還有貴族的年代，而我們就是男僕。我告訴路西安這個想法，他一臉寫著沒興趣，比較想聊為何他今天翻桌率不高，收穫不豐。我告訴他女接待員其實和服務生沒太大差別，都是餐廳門面，靠臉吃飯。但是路西安不贊成，他認為女接待員只需要打扮得漂漂亮亮，我們卻得賣力工作，所以她們想得或許也沒錯，女接待員的地位確實比我們高。

「……c'est n'importe quoi（太扯了），她們連怎麼安排客人桌位都不會，今晚好桌位全分給了德蘇沙，說不定是故意的。」

路西安還在講小費的事。

「今晚他根本躺著賺。」他一手撫順黑髮說。

「今天營業時間還沒結束。」

他瞥了一眼手表。「死心吧，晚餐時段要結束了。」

我改變話題，告訴他我打算接近新女接待員的計畫。

「Ca ne mange pas de pain,」他說，簡單翻譯過來，大概就是反正不會少塊肉。「我就實話實說：你沒機會的，零勝算。你大概連她叫什麼名字都不知道？」

「索琳，我聽見寶琳這樣叫她。」

「恭喜你，下一步就是結婚了。」

路西安的幽黑剪影走回餐廳，晚餐營業時間即將畫下句點。他說的沒錯，我們都感覺得到，餐廳上下都感覺得到，點單愈來愈少，流水線廚師開始清理流理臺，服務生也溜出門偷閒，無法忽略飢餓感，就抽菸排解它。大多女接待員已經下班。

餓肚子時腦中浮現的食物種類很不可思議。一整晚端著法餐托盤的我居然想著抹上馬麥醬的奶油麵包，還有醃漬酸洋蔥口味的怪獸餅乾。巴黎時尚人士的喧鬧湧出露天用餐區的階梯，把我從碳水化合物的白日夢拉回現實。我走回餐廳。

只剩下幾桌需要收拾，出餐口氣氛輕鬆。每個人默不吭聲埋首工作，陷入疲累恍惚，只想著床鋪或晚餐，也可能兩者都想。我則是想著索琳，抽完菸才發現她也下班了。我聽見洗碗工在下層廚房工作，傳來餐盤碰撞和強力水柱的聲響，空氣中飄著潔淨肥皂和腐敗食物的味道。

馮喬已經不在酒箱旁，回家去了。我工作時，鼠人突然現身。

「你渾身菸味，剛才都在抽菸嗎？以後出去抽菸要先問我，聽見沒？」要是我每次都得問他，我永遠都別想休息。

路西安匆忙趨前，放下裝著玻璃杯和餐盤的巨大托盤。

鼠人告訴路西安他要出去抽菸，要他幫忙盯用餐大廳。他前腳一踏出去，路西安馬上問我和索琳的進度。我急欲向他證明他錯了，女接待員還是願意和服務生說話，不是真的沒心沒肺，於是隨口說我們聊得很開心，還約好下週喝一杯。

「Ah oui（哦，真的假的）？」他語氣半嘲諷地說。

「沒錯。」

「這樣你告訴我，她知道你的名字嗎？因為她還在外面，我可以現在去向她求證。我想也是。別杵在這裡，快去清桌，我想趕快下班去喝一杯。」他眨眼。

我看著他放下的餐盤，最上面那盤有魚肉碎屑：魚頭、牙齒、臉頰、暗啞深黑眼珠。

「科倫丁出去抽菸了，對吧？」

「對啊。」

「你看過他的新辦公室嗎？」

「我還沒那『榮幸』。」

「我也是。我們可以給他一個喬遷小禮？」我盯著魚說。

「你瘋了嗎？」

「為什麼不要？我們可以藏起來，過幾週開始發臭他才發現。」

路西安自告奮勇要把風，但我們決定先去下層廚房找生雞蛋。我們花了一點時間找雞蛋，最後找到了，趁最後幾名客人吃完前，我們飛快穿越餐廳，手上端著裝有死魚的托盤，生雞蛋放口袋。

「我在外面把風。」路西安說。

鼠人的新辦公室比主任的小，夾縫中的夾縫，有小辦公桌、椅子、破舊沙發。我把托盤放在辦公桌上，大小剛好。沙發下方是唯一可以偷藏死魚和雞蛋的地方，把沙發推回原位時，我聽見雞蛋的碎裂聲，接著驚恐聽見走廊傳來腳步聲。我無處可逃，拿起托盤，向天祈禱是路西安。辦公室的門推開。

「是你！你在這裡做什麼？」

科倫丁把我推回辦公室，關上門。他震怒地翻看辦公桌上的散亂紙張。

「你偷了什麼？」

我開始裝笨，想要證實他懷疑我低智商是正確的。我吞吞吐吐講起合約和加班，結果奏效。我竟敢向他提這些話題，他氣到七竅生煙，說他早就向我解釋，再說現在還是工作時間。

「給我滾——滾出去！滾！」

他把我逼出辦公室，踢回牆壁包圍的狹窄走道。

我回到用餐大廳，卻沒看見路西安。再遇見他時，他說他試著警告我，但是沒用。

「你是怎麼警告我的？」

「用暗號啊。」

「什麼暗號？」

「『索琳』，我以為輕喊這個名字，愛情的微風就會把訊息傳到你耳中。」

「你真的很智障，我差點被他抓包。」

❖葡萄酒特訓

我和侍酒師馮喬更頻繁相約小咖啡廳，他甚至邀請我和他同桌吃飯，暢聊葡萄酒。最初是為了學習當服務生，但我正好對葡萄酒的話題很有興趣（人必須懂葡萄酒，不可或缺……），也對傳授我知識的馮喬非常好奇。

我們在小包廂面對面坐著，馮喬總是選坐在正對大門和吧檯的位置，因為他「不喜歡回頭張望」。他很少說到私事，講起葡萄酒卻眉飛色舞，可以連續講幾個鐘頭。最近主題進入侍酒師稱為「公爵葡萄酒」的勃艮第葡萄酒。

「……第戎南方六十多公里生產的葡萄酒堪稱世界極品，就算不是全部都優質，不少好酒無庸置疑都來自這一區。當然夏布利也屬於勃艮第產區，是位置偏遠的世外桃源，第戎和巴黎的中間地帶，不過這你大概知道了。來，我問你，勃艮第最主要的紅葡萄品種是什麼？」

「黑皮諾？」

「很好，別忘了薄酒萊是採用加美葡萄製作。就我個人觀點，這兩種葡萄品種到世界其他地方都種不好，換在溫暖氣候下生長，就少了原有風味……」

侍酒師沒空講解新世界葡萄酒。他說：「這就好像文學，你永遠不可能全部讀透透，重點賞析經典就好。」

我們灌下最後一口尼伊聖喬治葡萄酒。研究葡萄酒還有其他好處，第一就是侍酒師在這間咖啡廳用餐享有非常低的定價，再來就是我們往往也會喝幾杯，休息時間結束，我總是帶著微醺回到餐廳。這一切當然都是以教學之名進行。

「這一瓶juste un vin du village（只是村莊級）。」他講著尼伊聖喬治葡萄酒，「換作是特級園或一級園，品質倒不同凡響。」侍酒師陷入沉思，凝望窗外。「我想今天就到此為止，但是主要產區的葡萄酒你差不多都知道了，剩下香檳區。我們畢業那天再來聊香檳區。」他拿起叉子，開始嗑眼前的一盤酸菜。我發現侍酒師用餐速度非常緩慢。

儘管侍酒師不苟言笑，嚴肅冷漠，其實為人非常和善，鮮少提及自己的私事。其他服務生流傳的侍酒師故事都不是真的，例如他曾經參與軍隊組織，或是當過職業殺手，所以人生大多在俄羅斯監獄度過。最後我決定問他前襟上的徽章是什麼。

「Mon dieu（我的天）！那是侍酒師徽章，如果你連這個都不知道——」

「不是啦，我是問另一個徽章。」

「你嚇了我一大跳。」

他吃到一半稍微停下，沒有低頭，輕撫著金黃葡萄串旁邊的黃銅小徽章。那是一面綠色旗子，左上角白方格內有一顆綠色星星。「世界語——」他繼續吃，但眉毛蹙起，意思是他還沒說完。「我讀大學時……是世界語社團社長。你知道嗎，當時我們都覺得世界語是未來趨勢：世界共通的語言。」

我等他繼續說，但世界語的話題戛然而止。馮喬忙著吃午餐，有時老闆會上前招呼查看，侍酒師都向他保證餐點很好。他重新為我們倒酒，咖啡廳外飄著薄雨。

「這裡的葡萄酒很好，從來不矯揉造作。」他啜了一口尼伊聖喬治葡萄酒，細細品味。

「你常常使用嗎？」

「Quoi（什麼）？」

「世界語。」

「啊，你說那個，有時候會用。現代人已經不像以前，不再相信這種語言。偶爾有人認出這枚徽章，但是少之又少。想像一下，要是今天世界流傳一種共通語言，是不是方便多了，你們英國人也不會有這麼強的優勢。」

只要不是葡萄酒的話題，解說起來似乎都很費力，也許這就是他在餐廳沉默寡言的原因。

餐後，老闆娘趨前收走餐盤：「要起司嗎？」

「Un petit peu（來一點好了）。」他說。

她腳步慵懶走回廚房，我們聽見冰箱門打開，餐盤叮噹作響。

「你不是法國人。」我試著挖掘他的故事。

「不，我是克羅埃西亞人。巴黎有多少克羅埃西亞侍酒師？我可能是唯一一個。至少之前是。」

「你一直都是侍酒師嗎？」

「噢，不，不，當然不是。」他嘆了一口氣：「今天講夠多話了，我累了。」

我瞄一眼時間，發現我已經遲到了。我還有很多問題想問馮喬，等下次吧。

＊ ＊ ＊

第二場輪班開始前，出餐口已是一片混亂，老闆沒有事先宣布就突襲餐廳。他看見用餐大廳的一小角已為晚餐時段完成陳設，震怒不已。亞德烈和瓦倫丁娜通常是為了偷進度才這麼做，因為晚餐時段陳設餐桌相當耗時，相較於早餐和午餐服務時段，有太多需要更換添設的東西。我很明顯遲到了，當然引來大魔頭亞德烈、猛虎尼姆沙、大熊薩爾瓦多的各種語言轟擊，大家你一言我一語，夾雜著英語、法語、泰米爾語、西西里方言，比手畫腳，對我比著各種文化的手勢。

我笑了。這就是我們在餐廳的相處模式，語言經過雜交，形成簡短有力的句子，這就是現代版世界語。

鼠人氣沖沖地衝了進來，捉著我的衣領，以法語訓斥我。他的語氣又急又氣，我無法完全領會他說什麼，當下無法回嘴。這就是「餐廳世界語」的問題：唯有下屬才講這種語言。在皇室宮廷，法語是真正的外交權力語言，唯獨管理階層的人握有優勢，他們才有話語權，就許多層面來說，他們的聲音最宏亮。在廚房的我們無法頂嘴，畢竟沒有法國人所說的「la langue」，亦即語言能力及發言權。

雖然看似簡單粗暴，看在外人眼中甚至荒謬，但這種溝通方式解放了我們，不再受到各種成規和規範束縛，全員一條心。

❖老闆的橄欖

我和路西安正在餐廳底層，一間散發霉味和氨水味的潮濕小儲藏室。

「你很快就會習慣老鼠的。」路西安說：「要是所有巴黎人都擔心老鼠，就不用吃飯了！」

「真正讓我不舒服的只有一隻老鼠。」

他在架上翻箱倒櫃，我站在塵土飛揚的石地板上，用鞋子翻過老鼠屍體。屍體已經變成僵硬空殼，幾乎完全扁平。每當晚餐時段逐漸安靜，廚房不再忙碌，我常看見牠們猶如一道陰影，沿著牆壁迅速爬過。可是如今這麼近距離觀察死老鼠，我才真實體認到老鼠的存在。

「下一次晚餐時段，你要在用餐大廳睜大眼睛。」路西安稍微喘氣，繼續說：「我敢發誓有時甚至看得到和貓一樣大的老鼠，但客人好像都看不見。之前我父母的餐廳會放捕鼠器，你真該看看我們捕到的老鼠多大隻。」

室內角落一堆乾燥老鼠糞便正是臭氣來源。

「C'est bon（好了）——」他驚呼：「終於找到了。等等……」

路西安站在第二層架子，身體完全吞沒在第四和第五層架子之間。我們被指派這個重責大任，現在是開胃菜時間，老闆招待友人來用餐，偏偏橄欖用完了，全餐廳都翻遍了還是找不到。主任告訴我們，這項任務非常重要，不能委託給泰米爾廚子。

「地下室肯定有橄欖。絕對有。」他稍微說明狀況，似乎極度焦慮不安：「那幾個白癡才不知道去哪裡找。你們去吧。老闆已經要了橄欖兩次，不能再讓他開第三次口。」主任彷彿隨時會爆發，他上唇汗水閃爍，豐潤兩頰通紅，出現忙翻天的晚餐時段或週日午餐時間才有的樣子。

老闆貌似迷你守護神石像，偶爾不通報就來餐廳巡視，每次都讓管理階層焦慮恐慌。他是塞納河畔餐酒館的老闆，和兄長在巴黎各地擁有幾間風格類似的餐廳，不過這間餐酒館是皇冠上的寶石。據我所知，他來餐廳通常只會抱怨、要求改東改西、威脅開除員工，在時髦雅緻的環境中販賣美食假象，端出不合格的餐點致富。

老闆今天突然帶著朋友現身，搞到最後主任也來了，確定諸事順利，他提醒我們今天他根本不該進餐廳，所以連西裝都沒穿，但他似乎在來餐廳前倉促卸了妝。德蘇沙被派去拿昂貴酒杯，擦拭拋光，泰米爾廚子負責準備大量飲料點單，機器不停吐出印有*VIP VIP VIP*的單據，上層廚房的科西嘉主廚對著小話筒咆哮，要他們送上最高級的肉品，以免老闆的貴賓臨時決定留下吃晚餐。與此同時，鼠人一邊窩在酒窖搜尋高級葡萄酒，一邊咒罵還在午休、沒有聯絡手機的侍酒師馮喬。突襲令人意想不到，措手不及。身邊圍繞紅粉知己的老闆原本渾然未覺，後來卻不知怎麼了，衝進出餐口仰天長嘯，怒吼著餐桌上少了橄欖，丟臉丟到家，他和朋友喝餐前酒，桌上怎麼可以沒橄欖。人人都知道老闆有當場開除人的習慣，泰米爾廚子和服務生全呆立在那，希望腳下的泥土吞噬他們。沒多久主任氣喘吁吁地抵達餐廳，雖然不清楚發生什麼事，老闆對他說「未免太扯！」時，他還是稱職地當應聲蟲。

大肆批評主任衣著後，老闆揮揮衣袖離去，回到餐桌。為了遮掩內心的恐懼，主任詢問旁人：「他剛才過來要什麼？」

泰米爾廚子開始在食品櫃中翻箱倒櫃，混亂持續上演——餐廳已經沒有橄欖了。橄欖預定今天到貨，但還沒送達。尼姆沙和主任爭辯這是誰的錯，後來派巴羅去儲藏室，他卻什麼都沒找到地回來。

「你什麼意思？」主任嘶吼。

於是這時改由路西安和我出面救援。

路西安從層架後方搬出裝有橄欖的大塑膠罐，層架前方的箱子和罐頭紛紛墜落。

「等等——」我衝上前撿起墜落物品。

可是路西安沒聽見，正當我四肢跪地，撿拾墜落的箱子，說時遲那時快，一個重物砰地發出悶響，砸中我的背部，害我差點跌倒在地。為了穩住重心，我及時伸出一手撐住布滿灰塵的石地板，險些沒摸到死老鼠。轉身一查看，我才發現大罐子側身落地，蓋子掀翻，橄欖全部灑落地面，半罐浸泡汁液把我的西裝外套澆濕，剩餘汁液一路流淌滲進地板縫隙，彷彿水壩洩洪，幾個世紀的灰塵凝固成黏土，推擠出一折折橄欖汁液的激浪。

「幹！」

「Putain（媽的）！」

路西安和我不敢置信地面面相覷。

「還有橄欖嗎？」

路西安爬回層架。

「沒了。」

「只好撿起來，洗乾淨。」我說

「餐廳總算能以你為榮了。」他扮了一個鬼臉。

「這不就是老闆想要的？我們是在幫他省錢。」

「確實不該浪費，對餐廳盈利沒好處。」

我們開始徒手撿起可用的橄欖，每一顆都附著薄薄一層明顯是污垢的灰塵。我們把橄欖扔回塑膠罐，我感覺橄欖汁液滲進襯衫，氣味令人作嘔，刺痛著我雙手上今早拋光餐刀時弄到的小傷口。

大半橄欖都裝回罐子之後，我們抬起塑膠罐，搬到樓上的下層廚房。下層廚房正忙著備料，咆哮、切絲、切丁、火烤。我們想要借用深廣的金屬水槽，廚子卻對我們大吼，團結又可怕地朝空中揮舞各式廚房器具，其中一人說不想捲入莫名奇妙的情況。

「那是你們要處理的，不關我們的事。」他威脅地彈著舌，我們別無選擇，只好回到地下室，在儲藏室找到另一個塑膠箱，扭開牆上狀似很久沒開的水龍頭，注入橘水，再把橄欖全倒進去。我一一清洗橄欖，裝回塑膠罐，路西安回頭去找橄欖油，最後略喘著氣，帶著兩只從餐桌搜來的客用油瓶回來。

「這樣不夠，我們得掩蓋氣味。」我說。

「只有這些。動作快，主任在找我們了。」他說。

我們發狂似地清洗橄欖，再裝回塑膠罐，路西安不時倒入大量佐餐橄欖油。沒多久主任出現，我敢發誓他發現我們時臉龐失去血色，徹底刷白，尖聲叫罵髒話，他氣到緊握拳頭，臉色轉變成令人憂心的豬肝紅。罵到心滿意足後，他向廚子要來菜籽油，要我們確實洗淨每一顆橄欖。

「如果被老闆發現，你們兩人就等著走路。橄欖油用完就改用菜籽油。」

主任短促吸了兩口氣，然後猶如惶恐不安的朝臣，迅速趕回樓上，沒兩秒又折返。

「分開裝，老闆不喜歡兩種混在一起。」

「什麼？」

「橄欖啊，黑橄欖和綠橄欖絕對不能混在一起！」

他再次消失。

「主任平常是不是會化妝？」我問。

「這件事下次再告訴你。」

我們帶著橄欖罐回到出餐口，泰米爾廚子把橄欖分裝進小陶瓷碗，主任進來監督進度，用吸管喝著健怡可樂。

「一碗黑橄欖，一碗綠橄欖。讓我看，我看看。」

我和路西安先把飲料點單放上托盤，再來是橄欖，我們不發一語踏進餐廳，主任緊跟在後，眾人注視著我們的目光讓我覺得像在走死刑犯的最後一段路。

老闆霸占了眺望小廣場的窗邊大桌，猶如蟾蜍坐在主位，臉上一貫的不滿。他身邊環繞著阿諛奉承的女人，年紀不足他一半，身高卻是他的一倍，不管他說什麼，她們都笑得花枝亂顫。他頤指氣使，如魚得水地教訓服務生，彎曲的關節炎雙手比手畫腳，再不然就是撥開他的灰白長髮。鼠人站在角落，試著藉由唇語或肢體語言讀懂老闆的下一句抱怨，並即時轉達亞德烈，例如：「冰塊，去拿冰塊。」

我們穿過用餐大廳時，我感覺到主任透過雙開式回轉門縫隙，觀察我們的一舉一動。時間已是黃昏，每張餐桌都點上燭光。無論我多麼努力盯著橄欖看，都看不出上面是否還有灰塵。我們走到餐桌時，全桌最聒噪的女人，更尖酸刻薄的年輕版寶琳，看見橄欖上桌時鼓譟眾人鼓掌，卻馬上遭到老闆制止，他縮起一隻手朝她的方向輕輕一揮，她立刻安靜，拾起酒杯坐回椅子眺望窗外，然後一口氣乾掉整杯酒。

「我們還需要酒。」她目光仍望著窗外，情緒低迷地說。

「再來一瓶。」老闆沙啞地命令路西安。

「Oui monsieur（馬上來，老闆）。」

「侍酒師人在哪？」

「他在休息。」

「把他找回來。」

陰影處開始騷動，鼠人簡短指示亞德烈，然後交給他一大串酒窖鑰匙，顯然無法從可能發生翻車意外的現場抽身。橄欖一放上桌面，這群人就像是飢餓動物撲上前。我和路西安默默退入陰影，等看我們的命運。我們看見她們在昏暗光線下咀嚼橄欖，其中一個女子從嘴裡謹慎吐出某樣東西，很難看出是橄欖籽還是什麼。桌尾那位臉色苛刻的女子對老闆竊竊私語，老闆頓時起身，手上緊握著手機，直接走向我和路西安。我這才注意到他穿著皮褲、戴著一條長到近乎拖地的圍巾。

「葡萄酒在哪裡？你們為何站在那裡乾等？我是付錢請你們來發呆的嗎？」他朝掌心吐出橄欖籽，站在那。「還有餐桌怎麼排成這樣？應該是兩人桌，不是四人桌。蠢貨。」

他呼喚主任，主任猶如奴性堅強的瓶中精靈，忽然從陰暗處浮出，接受連珠砲似的指令，最後像是做錯事的慚愧日本政客鞠躬離開。鼠人帶著葡萄酒出現，噓聲趕走亞德烈，說要親自幫老闆倒酒。我和路西安重排餐桌，結束後撤退回出餐口，寶琳和薩爾瓦多正站在那裡。

「桌尾那個女人是誰？」我問。

「Sapute.」他的妓女，說完這句話，她也走向雙開式回轉門，偷偷觀察餐桌動向。

「啊，女人。」薩爾瓦多說。

寶琳猜的沒錯，這名女子確實是老闆的情婦。為了確保老闆的正宮和情婦永遠不要狹路相逢，餐廳上下都很頭大，尤其是寶琳，畢竟這兩人都常常突然現身餐廳，可能單獨，也可能帶朋友來。對老闆來說，他的正宮和情婦就像綠橄欖和黑橄欖，距離愈遠愈好。

❖餐廳人生的滋味

餐廳就和這座城市一樣，營造的是一種虛假表象，看得見與看不見的是天壤之別。說穿了，餐廳就是詐騙集團，我愈來愈不齒他們處理料理的方式，卻愈來愈欣賞在裡頭工作的服務生，他們以自己的行業為榮，遵守不合理的職業道德。這份工作的本質並不亞於薛西弗斯：不斷重複動作，從中獲得救贖。他們在乎同志情感，卻老愛彼此較量，對他們來說金錢總是轉瞬即逝。他們自認是法國獨特偉大職業的傳人，和其他巴黎人不同，他們知道某些不為人知的事，就像一種魔術師神祕門派，只是沒那麼光彩奪目。

畢竟要是服務生做好份內工作，就能成功操縱你對真實世界的觀感。事實上，服務生可說是一種幻象魔術師，他的任務就是瞞天過海，讓你相信餐廳內一切平靜奢華，其實隔著一道牆，穿越那扇門就是地獄，而他就是這虛幻表象的真實證人。

管理階層總是焦慮不安，因為扮演好餐廳角色、提供用餐客人期待的奢華假象時，餐廳的五臟六腑終究會曝光，溜出黑暗角落、跨越纖薄隔板，進入生者世界，餐廳在這種時候最為脆弱，無處可躲。其他事情發生在看不到的角落，餐廳只需要端出「主廚」二字，其他任憑客人想像。不過他們肯定想像不到壓力破表的泰米爾廚子，或揮舞短彎刀的科西嘉人對十幾個瘦弱移民頤指氣使的畫面。

服務生位居這條食物鏈的底層，是地底世界派出的使者，很清楚他們終像溜溜球一樣得回來，同時盡可能扮演好角色、繼續維持假象。可是服務生不是士兵，比較像賞金獵人，餐廳付他勉強生活卻無法解脫的工資，以保證他跑不掉。為了達到個人目標，他偷，他騙，他迷倒眾生，這就是你需要給他小費的原因。小費就像一種稅金，為的是讓服務生盡力扮演好演員、賞金獵人、舞台經理、惡霸、任何你想要的角色，也為了吃到符合期望的餐點。你給他錢，是為了享受優於其他客人的服務，所以別以為那扇門之後的世界與你無關，正好相反，其實你和我們一樣，都是共犯。

經營餐廳是一場壓低成本的操演，還要一本正經服務客人——巴黎和其他城鎮或村莊一樣，餐廳背後由一群法外之徒撐起，每個人出於不同理由踏進服務生的世界，在這種情境下，唯一的管理方式就是分門別類，將每個人當作不同零件，猶如參與祕密計畫的工程師，沒人徹底了解餐廳的完整面貌。備餐廚房只負責某幾道菜色，有幾個人駐守生產線，全天候水煮雞蛋或烤麵包。洗碗工負責洗碗盤，廚子只料理某幾種肉品，服務生負責送餐。（下層廚房有個人專門負責在每個週末煮幾百顆半熟蛋，然後放在冰塊上，客人點班尼迪克蛋時，他再把雞蛋丟進熱水稍微滾燙。）然而服務生的身分特殊，因為他必須接觸客人，當然還有另一個重點：錢。

一天營業下來，服務生的皮夾會開始鼓脹飽滿，每份點餐都登記在收銀機，營業結束再清算勾銷，但在那之前，這些錢都由他保管。你付他符合法規的最低薪資（也就是最低合法限額、足以在巴黎存活的酬勞），他們掌握餐廳的全部營收。正因如此，其他員工都難免懷疑服務生手腳不乾淨。但是每個崗位都有缺點，譬如儘管管理階層防東防西，你很少會看見餓肚子的廚師，但服務生卻像兀鷲，只能撿食客人的剩菜剩飯。

我已經在餐廳工作幾個月，沒想過辭職不幹，還早，說不定我會一直做下去。對我來說，服務生的世界有股神奇的吸引力，在巴黎擔任服務生很有一種古老經典的魅力，行規也令我目眩神迷。現在我正慢慢融入他們，享受服務生之間的兄弟情。我想要成為服務生，贏得他們及我對自己的尊重。在倫敦無薪實習（如果夠幸運找得到）、午餐時間在電腦前啃著無味的超市三明治、回去當沙發客，都比不上在巴黎生活。即便累得像條狗、身無分文、餓到前胸貼後背，巴黎仍然具備難以言喻的魔力。不見盡頭的輪班之後，就算雙腳痠痛、全身麻木走在深夜的歌劇院大道，或是在聖母院的陰影下跨過塞納河，你的內心都不由得有股活著的強烈感受。因為你身在其中，你就是電影的一部分。你不是旁觀者，而是有台詞的臨演，感覺得到無限可能。再說你已經在巴黎，根本不在乎其他地方，你的世界縮小，這裡就是宇宙中心，他方已不存在。

自從我頓悟當跑堂員的訣竅，從服務生小費分到一杯羹後，雖然遠遠比不上服務生，但我發現身上總是不缺現金，皮夾中總是塞著幾張髒兮兮的舊鈔票，若是要把這筆錢拿來吃飯，絕對會選平價的當地餐酒館，一份沙朗牛排佐薯條只要九歐元，一壺招牌葡萄酒只要五歐元。服務生的生存之道就是「只去說得出食材來源、親自料理的餐館吃飯」，這就是服務生痛心學到的教訓，還有就是「為了美景付錢」絕不是用餐之道。

說到喝酒，通常是工作結束後，儘管精疲力竭卻睡不著，才會去當地酒吧或投注酒吧喝幾杯，安撫緊繃情緒。很明顯服務生沒有真正的社交生活，服務生都在一般人的社交時段工作，餐廳和同事就是你的全世界。亞德烈說如果有空帶女生出去喝一杯，他會點兩杯小精靈特級金啤酒，強度夠抵四杯，屢試不爽。

「四杯酒下肚後，很容易就看對眼了。」他百無聊賴地說。

酬勞當然來得快，去得也快，除了偶爾發現誰剪了新髮型、買了香菸，或是宿醉頭痛，否則還真看不出痕跡。每當缺錢或很久沒收到豐厚小費，我們當然很想揣揮金如土的自己，但也因為這樣，等到小費進帳，胡亂揮霍也變得合理。

儘管身分低微，服務生卻占有特殊的一席之地。身為食物鏈倒數第二，服務生就是身為客人的你和非法移民洗碗工之間的連結，他們被逼入進退兩難的絕境，唯獨肢體勞動能帶來救贖。他無從選擇，只有認命完成地底下已經開始的工作，順其自然，繼續扮演好遊戲角色，踏出地獄之門，就為了再次折返。

週五晚餐時段開始前，我站在街邊抽菸，思索著以上種種。綠白相間的公車吃力地穿越夜間車陣，不透明車窗上折射路燈，公車沒走幾步就煞車停下，往一條不知往何處迅速流動的剪影河川，吐出它們乘載的人類。這就是忙碌週末，休閒的不良後果。你偶爾能在轉瞬即逝的臉孔消失於夜色前瞥到一眼，要是凝視夠久，看見的面孔夠多，每張表情都會是你一睹法國面貌的契機。

巴黎不代表全法國，你卻能在巴黎找到全法國。這是一座大城市，機器齒輪中心，偉人想像打造的世界，歷史洪流不斷拍打海岸線，鑿刻出形貌輪廓。和其他法國村莊一樣，巴黎的街名不外乎是內伊大道、傅希大街、戴高樂大道、朱爾若弗蘭大道、干貝塔大街、維克多雨果大街、伏爾泰大街等，而現代偉人也將成為後代的公共泳池或圖書館。

在巴黎，宏偉壯闊與親密交錯。打著上帝、戰爭、思想家之名的雄偉建築、遼闊廣場和公園，全都俯瞰著麵包店、藥局、泰式按摩店、垃圾、菸攤、街頭塗鴉、房屋仲介、電信商店林立的狹窄巷弄，並積聚成巴黎的二十個行政區。巴黎市民就是在這些地方工作，在城市紀念碑的冷漠注視下生活。巴黎對他們不屑一顧，畢竟這一切她早已司空見慣，未來還會繼續目睹。這座城市之所以冷淡，是因為她知道自己會永垂不朽，就算只存在於人類的想像裡。行走在巴黎街道，相信你也會有這種感觸，畢竟在徒步上班的途中，很少有城市能給你這種驚豔美景，它的規模和親密都是史詩等級，連巴黎遊客也深深感受，從他們的衣著就看得出來，畢竟有多少城市讓人想精心打扮自己？

塞納河畔餐酒館就坐落在這巴黎巨大齒輪的中心，今天它就像這座城市、這個國家的微生物，餐廳的實際架構鞏固了社會階級，表面光鮮亮麗，但隨著你一步步深入，卻會逐漸發現事物的黑暗面。

第五部 起司 LE FROMAGE

❖春神來到

城市頭頂，燦爛驕陽垂掛蔚藍天空，朝氣蓬勃的日光灑在林蔭大道上，汽車、柏油路、窗戶閃閃發亮。春天到來，處處光輝燦爛，耀眼奪目。我一早打開公寓窗子，站著喝咖啡，俯瞰藏在巷弄、宏偉表面後方的小建築和斜屋頂，空氣沁涼，充滿希望，飄著甜美氣息。樓下街道傳來人語和瓷杯碟子輕碰的聲音，斷續對話飄上來。大街的白楊樹枝冒出萬朵堅硬的深色花苞，我踩在房間木地板的雙腳長繭僵硬。

我早晨沿著運河漫步，享受城市之美。短短幾週，這座城市忽然生氣勃勃。海明威說得沒錯，進入春季，巴黎之美每天沒有極限。

亞德烈、德蘇沙、薩爾瓦多正在露天用餐區為早餐時段完成準備，現在露天用餐區開放，餐廳容客數增加三倍之多。狹長的露天用餐區綿延餐廳前方，在石欄杆後俯視小廣場。完美對稱排列的餐桌兩側，各有一條長長的石板人行道，幾個世紀來朝臣的倉促腳步，把地板打磨得發亮光滑。和室內用餐大廳一樣，露天用餐區也分配rang，位置愈靠中央愈重要。

橡樹般粗大的石柱撐起拱形天花板，我們在涼爽的清晨空氣中工作。現在我們要和椋鳥比速度，在我們端走餐盤、大快朵頤之前，牠們會以迅雷不及掩耳的速度撲向餐桌，撿食早餐剩菜。我們喝咖啡時太陽悄悄攀上蔚藍高空，艷陽毫不留情照耀著露天用餐區，清涼空氣漸漸消散。

「以每平方公尺的密度來看，沒有哪座城市像巴黎這樣美女如雲。」我對其他服務生說，很清楚這種話題可以振奮他們的精神。

「是沒錯。」亞德烈說：「但她們都很chiante。」難搞。

「米蘭呢？」德蘇沙問。

「算了吧，太放不開。說到義大利，羅馬女孩才是首選。」在地專家薩爾表示，他嘴貼瓷杯輕啜濃縮咖啡。「話說西西里人——」

「楚浮說絕色美女都在蒙彼利埃，不是巴黎。」路西安打斷他，他剛抵達餐廳，上氣不接下氣，整整遲到了兩個鐘頭。

「呦，這不是我們的在地演員嗎！」德蘇沙逗他：「很開心有你加入。」

「好吧，隨便，但楚浮懂什麼。」亞德烈上完髮膠，「普羅旺斯才美女如雲，我的理由如下：第一，她們通常都長得好看，典型的法國人長相——深色髮、橄欖肌、深色眼眸，說話腔調也好聽，而且她們不像難搞的巴黎女孩。英國佬，你不會想要巴黎女孩的，找一個普羅旺斯女孩，你就有福了。去亞維儂或普羅旺斯艾克斯生活，忘了巴黎吧。」

其他服務生深表贊同。在法國，人人鼓吹愛國，可是講到女人、美酒、起司這三件事，地區才是王道。

「那裡的番茄也很甜美。」薩爾對我眨眼。

「英國女人也不錯，譬如黛妃。」

他們提到黛安娜王妃，話題自然跳到英國皇室，法國人對皇室家庭的興趣果真沒有底線。

埃德蒙．德．龔古爾在他寫了四十五年的著名日記中提到：「知識分子聚在一起吃吃喝喝、把酒言歡時，話題很難不繞著女人與愛情打轉。」在餐廳工作我不禁好奇，我們是否只需要在客人身邊，成日喝便宜咖啡的日子就夠了。也許是因為我們在陽盛陰衰的服務生世界，才總是談論女人。當然其他巴黎餐廳有數不清的女服務生，只有塞納河畔餐酒館還停留在古代，卻沒人能解釋，他們只會說 c'est comme ça（就是這樣）。

「……普羅旺斯，我以後要在那裡開一間餐廳。」亞德烈說。典型的服務生美夢：開一間屬於自己的餐廳。「……開在繁忙的小廣場上，和我老婆——」

「你結婚了？」我詫異地問，因為他從沒提過這件事。

「沒有啦，還沒。不過等等，你幹麼這麼震驚？再說我在這裡工作，要怎麼找老婆？到普羅旺斯再找吧，現在沒有談情說愛的閒情逸致。」

「也許你在我的婚禮上會遇到真命天女，伴郎大哥。」德蘇沙露出微笑。

一聽見婚禮，這群服務生精神全來了，七嘴八舌，人人想要參加婚禮，但目前還沒人受邀。要是我受邀參加德蘇沙的婚禮，就代表服務生真的接納我了，其他服務生受邀，則是再次證實被當自己人。可是這麼多員工在同一天休假，恐怕有點困難，全員參加的可能性微乎其微。

我們興致勃勃規畫德蘇沙婚禮時，寶琳匆匆衝進出餐口，問紀堯姆人在哪裡。紀堯姆是幾週前剛加入餐廳的新服務生。寶琳說話時，我注意到薩爾刻意離開出餐口，路西安也注意到了。我有種他圖謀不軌的預感，他在疏遠寶琳。

「紀堯姆還沒到嗎？」路西安問。

「就像你今早那樣。」亞德烈補充。

「我才遲到幾分鐘，亞德烈，難免嘛。」

「幾分鐘？是幾小時吧。這次我就睜隻眼閉隻眼，下不為例，再遲到就走人，這已經是你這兩週內第三次遲到。」

亞德烈離開後，路西安對我說：「欸，英國佬，我有幾件事要告訴你！晚點再說。等旁邊沒人我再告訴你。」他難掩興奮。

主任昂首闊步踏進出餐口：「Il y a du monde déjà（外面已經人山人海）……」

早餐時段正式開始。

❖ 全是一齣戲

早餐營業告一段落，猶如停火時刻的違和清靜籠罩餐廳。廚子輪流踏進蹲式廁所抽菸，他們不能上樓抽菸，只有服務生能站在餐廳外抽菸，在綿延至城市各角的後巷，倚著牆角或車子抽菸，打量通勤趕路的優雅女子，聽著她們的高跟鞋聲在人行道的溫暖空氣裡迴盪。輪班時段可以抽菸，但要按階級分配，還要看大魔頭亞德烈的臉色，一次只有一人能穿戴領結和外套外出，還要惦念下一人正等他回來交接。抽菸空檔只有你獨自一人，此時你人不在餐廳，不屬於餐廳，而屬於這座城市。

露天用餐區的餐桌上還擺著吃剩的早餐，只有幾桌安靜喝咖啡讀報紙的客人。我觀望等著出去抽菸、獨自坐著休息的時刻。空桌還赤裸裸，我們通常等到十一點鐘才開始擺設午餐餐具。突然亞德烈帶著菸味在我肩頭冒出，像一隻穿黑西裝的烏鴉。

「Tu peux y aller（換你了）。」他低聲說，輪到我出去了。

抽完菸後，鼠人在出餐口吩咐我去拋光午餐時段要用的玻璃杯，順便通知泰米爾廚子一〇四桌有政客，準備餐點時務必拿出完美表現，這間餐廳的「完美」有分級，所以他才需要耳提面命。我坐在低矮地下室的反轉水桶上，擦亮玻璃杯，聽著他們對話。

「Toujours parfait.」哪一次不完美，泰米爾廚子怒嗆鼠人。

鼠人威脅他們，要是又捅出常犯的婁子，他們就得付出龐大代價，他會仔細檢查從那扇門送出去的每道餐點，離開時鼠人嘴裡還碎念餐廳每況愈下。沒過多久，亞德烈回來了。

「C'est qui（他哪位）？」尼姆沙對亞德烈宣洩不滿：「Punday政客。」

「某punday政客，我也不在乎，咖啡交給我送就好。」

「馬上來！」

過一下子，我聽見鼠人回來：「政客的早餐準備到哪去了？」

「來了，科倫丁。Putain, fous moi la paix（媽的，少來煩我）。」亞德烈對他破口大罵。

「很好，很好，讓我看看，尼姆沙。少給他一個可頌，他畢竟是社會主義者。算了，算了，我吃掉就好。Liberté, égalité, fraternité（自由、平等、博愛）。」鼠人滿嘴可頌，口齒不清地說。

在這間餐廳，我們只剩博愛，因為管理階層早就奪走另兩樣。

「政客留大筆小費了沒？」鼠人離開後，尼姆沙對亞德烈大小聲。

「沒吃到早餐他怎麼會留，你他媽的快去準備。」

「Punday 政客。Punday pourboires（該死的小費）。」尼姆沙朝內部通話機含糊咆哮幾句，我從坐著的位置聽得見下層廚房的騷動，他們已經結束早餐出餐，正在準備午餐。下層廚房員工沒有回尼姆沙，怒火像是波浪，咒罵他的聲音此起彼落，人人把指令轉交給比自己低階的食物鏈物種。

路西安踏進地下室時，我已經拋光餐具一陣子。

「剛剛你要說什麼八卦？」

他倚在牆邊。「我先問你，你覺得紀堯姆為何沒來？他們說他找到飯店工作……」

路西安笑了出來，表示自認是正統服務生的人根本瞧不起飯店工作，畢竟在飯店工作沒有小費，客人只是自行入住。那短暫一秒我信了他的話，如果他說的都是真的，那麼紀堯姆今天沒來上班，也許，我是說也許，餐廳會要我頂替他。也許這是我晉升服務生的大好機會。

路西安往前傾身：「可是n'importe quoi（不合理），你知道為什麼嗎？因為他跑了，他在跑路，我告訴你。」

亞德烈正好行經我們身邊：「狗屁，你又知道什麼了，路西安？」

「我就是知道。昨晚營業結束時，他不是莫名消失嗎？」

「我們不都是這樣嗎。」亞德烈語氣枯燥地補充：「類似你今早那樣。」

「你不是領班嗎，消息還真不靈通。紀堯姆偷了餐廳的錢，他沒把錢交給科倫丁，所以現在他才那麼努力討好政客。昨晚紀堯姆工作到一半突然人間蒸發，不信你去問薩爾。」

路西安說他早就摸透他的詭計，他說著故事，雙眼閃閃發亮：「很簡單，我們整天都在管錢……」他從外套內裡掏出服務生皮夾，「……這玩意兒，你覺得裡面裝了多少錢？有次我的甚至有deux mille balles。」兩千歐元。

「少再鬼扯，他才沒偷錢。」亞德烈說得斬釘截鐵，雖然聲音中閃過一絲不確定。「他做這行已經好幾年了，要是他在巴黎的名聲全毀，之後要去哪裡找工作？」

「他老是把倫敦和紐約掛嘴上，又愛說巴黎的壞話。」

「我受不了這種cracher dans la soupe的人。」吃裡扒外，亞德烈是這個意思。

「就是說嘛。我問你，要是你想去其他地方，你會怎麼做？在這裡工作賺不到機票錢吧？所以說當然得去偷拐搶騙，拿到錢就跑路。他勇氣可嘉，不得不尊重啊，亞德烈。」

「是啊，可是現在活該倒楣的是誰？還不是你和我。要是他稍微懂得尊重人，就會挑週一晚上幹這種事，偏偏挑昨天，現在是週六午餐，我們卻缺一個服務生——」

「非得是週五，我告訴過他，週五是現款最高的一天，很多人點飲料——」

「你知道你滿嘴屁話嗎，路西安，你和你的putain d'histoires（爛故事）。」

其他服務生陸續抵達，兩分鐘不到，紀堯姆的名聲已經徹底毀滅，背下各種指控，無論故事是真是假都與我無關，他們和我分享這件事，反而讓我覺得我已算是他們的一分子。

「Alors, il t'a laissé combien?」所以他留多少錢給你？路西安最後故意問亞德烈，想要他閉嘴。

「誰？政客？一毛都沒給。」亞德烈丟出這句話就離開。

他離開時路西安翻了個白眼。

「你應該早就知道亞德烈是靠什麼賺錢的吧，英國佬？」路西安露出陰謀論的表情。

「我大概知道。」

「要是你以為餐廳都是靠美食賺錢……」

「他是怎麼逃過法眼的？」

「你以為他為何叫大魔頭？他們全都有份。」

大魔頭，當然了。

「你到底要不要告訴我八卦？」

路西安翻轉過一個水桶，陪我一起拋光玻璃杯。「你知道王八經理今早不讓我休假吧？」

「你去哪了？」

他微微欠身：「聽我說，你以後可能很難在餐廳見到我了。」

「你要像紀堯姆一樣跑路嗎？」

「不，不，才不是。我是……好啦，我今早是去參加試鏡。」他跳起來，但盡可能壓低音量：「確切來說是第二輪試鏡，這可是大製片，要是我拿到這個角色，mon ami（朋友啊）……putain! Je sui parfait pour le rôle quoi（媽的！這角色根本是為我寫的）。不要告訴別人，噓。」

亞德烈折返：「你怎麼興奮成這副德性？」

「我？哪有……」

「你一直偷笑。」

路西安藏不住祕密，把試鏡的事一五一十告訴亞德烈。

「哈，你這大明星，得了吧。」

「你從這件事學到了些什麼吧。」亞德烈轉身離去時，路西安說。

「很快這一切都不重要了。」路西安將一把餐具哐啷扔進水桶，「這鳥工作、髒兮兮的制服。我父母會在雜誌中看見我，欣慰我總算出頭天。」他的話語深具感染力。

「你要拿這筆錢做什麼？」

「電影酬勞？大概是在左岸買一棟公寓吧，接到第二部電影後，我就買下我父母的餐廳。」

賈瑪爾擠過我們身邊，走向置物櫃。

「As-Salaam-Alaikum（平安喜樂），兄弟。」他用手背搓揉鼻子，抹在褲子上。

「Wa alaikum as-salam（你也平安喜樂）。」路西安回道。

「所以是真的嗎？紀堯姆的事？」賈瑪爾轉著鬥雞眼，想從我們眼底看見答案。

「Ouais（沒錯）。」路西安說。

「Espèce de merde（真是人渣），就因為他一人，今天我們要忙得雞飛狗跳了，我希望他得到報應。」

他清了清鼻子，吞下口水。「要命的花粉症，真是夠了。」

我加入他們的行列對紀堯姆發表意見，感覺大家在等我。老實說我對他印象模糊，只知道一件事，那就是服務生到齊時工作已經夠辛苦了，因為每天人力都已達下限，意思是就算只少一人也會很慘。

樓下的備餐廚房已經火力全開，煎炒滋滋聲、鍋具碰撞聲、吼叫全隨著詭異噁心的炒紅蔥、煮義大利麵的大鍋滾水、地板清潔漂白水的味道飄上石階。我們在樓上聽見金屬冰箱的甩門聲，依稀聽見幾個字：「可樂」、「沛綠雅」、「粉紅酒」，夾雜著一長串正式營業前清點存貨的泰米爾語對話。我和路西安擦完玻璃杯，回到樓上的出餐口準備。分配rang時我心急如焚地等著被叫到名字，卻什麼都沒等到。我還是跑堂員，真的愈來愈荒謬了。

薩爾瓦多總算抵達，路西安早就跑到大太陽底下抽菸，努力「曬出小麥肌」。

「Guillaume, quel connard（紀堯姆真是王八蛋）。」我說。

「Ouais, grave（一點也沒錯）。」他回答。

「所以他偷走多少錢？」

「Quoi（你說什麼）？」

「紀堯姆啊，你昨晚也在場，他A走很一大筆錢，跑到紐約了。」

「你在鬼扯什麼？」

「路西安說——」

「好萊塢先生？那小子滿嘴屁話。」

❖全新階級：戶外飲料區

上午十點三十分，我在露天用餐區，雙眼緊閉，任由暖陽灑在臉龐，陽光穿透我合身的黑色西裝，滲進我的肌膚。這種感受光輝榮耀。巨大銀色托盤垂放我身側，想像著從對面小廣場看過來，我肯定像是一尊拿著閃耀盾牌的雕像。廣場另一側，觀光客三五成群，正在等小博物館開門，偶爾有兩臂掛滿廉價小物的非洲街頭小販從拱廊屋簷下衝出來，對觀光客喊著：「美好的巴黎回憶哦。」猶如某種奇異的天堂鳥，揮舞雙臂。

露天用餐區，穿著名貴西裝開會的商人點了咖啡，壓低嗓音對話，扎實地握手、拍拍對方的背。德蘇沙正在服務台擺設最後幾個午餐時段的酒杯。隔著出餐口和露天用餐區的金屬窗戶遮板已經打開，路西安正在分隔戶外區和食客的高聳擋板後方，和尼姆沙暢聊他出演電影的可能。我感到輕鬆，椋鳥在高聳屋簷上啁啾，偶爾趁鴿子還沒搖搖擺擺上前，突然飛撲啣走桌上的食物碎屑。小廣場對面交通繁忙，機車和汽車加速衝過林蔭大道上每個紅綠燈，車聲刺耳如黃蜂。

「Il est où, Guillaume（紀堯姆人呢）？」

主任從我身旁憑空冒出。

「我不知道，他今早沒出現。」我享受身為知情人士的優越感。

主任思忖片刻，低頭望著露天用餐區的觀光客，又抬頭仰望天空。

「L'Anglais, viens（英國佬，跟我來）。」他說。

主任踩下樓梯，走進小廣場，手指向層層疊起的桌椅。

「排好桌椅，要完美對齊，以七張桌子的寬度排列五張桌子，每張餐桌搭配兩張椅子，只能兩張，懂嗎？」

「Oui（懂了）。」我準備轉身。

「Pas encore. Viens（我還沒說完。你跟我來）。」我們走回露天用餐區。路西安正在服務台補上工整摺疊的白色餐巾。

「這個你已經知道怎麼用了。」主任指了指服務台旁邊的小型電腦。

「很簡單，這是飲料，這是小點和正餐。前菜出了就按『reclamé』，這時廚房就會開始準備主菜。你現在還不需要，先負責準備飲料，前菜之後再說。現在你負責只點飲料單的露天用餐區。」他遞給我收銀機鑰匙：「別搞砸了。」

今天紀堯姆沒有出現，也許是生病，也許永遠不會回來，無論是怎樣——哈雷路亞！我想我現在正式晉升服務生了！紀堯姆怎樣都無所謂，我很高興他沒出現，什麼理由都好，其實他最好永遠別回來。

「你只是負責戶外飲料區，服務生負責正餐。」路西安發現我沾沾自喜，故意潑冷水。

「謝了，好萊塢先生。」

「Eh, t'as gueule avec Mister Hollywood（欸，不要叫我好萊塢先生）。話說回來，你想知道怎麼賺到更多小費嗎？」他滑步來到我身旁。

路西安解釋，點飲料的客人一般不會留高額小費，「你整天忙進忙出，卻這邊賺個十分錢，那邊賺個一歐元，他們把你當作狗，零錢丟在桌上，指望你這樣就心滿意足。你告訴我，十分錢能買什麼？」他停頓：「什麼都買不了。所以你送飲料時就要，怎麼說……直接處理。」

那一瞬間，路西安突然變得非常嚴肅。

「聽著，要是有人點了一杯濃縮咖啡，你不要去電腦輸入點單，直接去出餐口，看看有沒有濃縮咖啡——有就直接拿出去送。」

「可是泰米爾廚子——」

「他們忙著準備午餐，不會有人會管咖啡，再說咖啡不值錢，我們的收費定價是成本的百分之三百。要是泰米爾廚子破口大罵，你就更大聲吼回去，告訴他們弄錯了，少給你一杯濃縮咖啡。這就是遊戲規則，不要覺得愧疚，畢竟拿錯飲料司空見慣，泰米爾廚子不可能追蹤每一杯咖啡，所以他們會認命幫你再做一杯。送咖啡時直接告訴客人價格：『一歐五十分』，然後等對方反應。你要假裝很忙，好像他點一杯小咖啡很浪費你的時間，懂嗎？」路西安兩手握拳叉腰，馬鈴薯般的大鼻子稍微翹向天空，環顧四周，哀聲嘆氣：「看見我擺出的架子沒，英國佬？為了擺脫你，客人會付錢給你，這時你直接把錢收進口袋就好。Facile, hein（很簡單吧）?」

我同意，聽起來確實簡單。

「大家都這麼做，你要學的可多了，英國佬。別擔心，你想當服務生，現在就是你的大好時機，照著遊戲規則走就對了。」

我還沒擺好餐桌，客人已經蜂擁擠進窄小的露天用餐區。露天用餐區地點絕佳，小巧面南，眺望小廣場，也屬於華雅餐廳的露天平台，很容易讓客人以為獲得高品質的尊榮享受，殊不知真相差了十萬八千里。我的第一組客人是一對中年法國夫妻，他們點了鮮榨柳橙汁、美式咖啡、沛綠雅薄荷水，在桌面留下二十分錢小費。我收走他們的空杯，擦好桌子，在我的服務範圍嚴正以待。這些餐桌沒有桌號，於是我在腦中自行編號：從一到四十。經過一番心算，我發現隨時可能有八十人同時就座。我甩掉這個念頭，怎麼可能這麼多人為了一杯收費過高的咖啡同時聚在這裡，簡直荒謬。

沒想到還真被我料中。觀光客看到蜂擁人潮就吸引上前，觀光客愈多他們就愈對自己的選擇深信不疑。戶外飲料區成了我的地盤，全天候人潮絡繹不絕。幸好這個位置距離出餐口很近，否則托盤擺滿裝著湯湯水水的瓶罐、茶壺、玻璃杯，可能比餐盤還重。我得繞過緊密排列的餐桌，正確無誤放下每桌客人的飲料，還不能在托盤上灑出一滴，同時閃躲不想耐心排隊的觀光客。謝天謝地我有過去幾個月的特訓。再來就是我的西裝，儘管修改得合身漂亮，卻似乎吸收了春日烈陽的滴滴精華。

我在戶外飲料區的第一天即將踏入尾聲，西邊天際透出一縷薄暮光輝，艾菲爾鐵塔沐浴在紫色氛圍中，戶外飲料區靜悄悄，只剩下幾對喝香檳的情侶。屋簷下蒼老薩克斯風手五音不全地演奏著《人生無悔》（*Non, Je ne Regrette à Rien*），完全是我當下的心情寫照。我偷閒溜進黑影之中，速速抽了一根菸，現在我是自己的主人，整天都沒有經理來煩我，不但小費自己賺，還能隨心所欲出去抽菸，雖然忙碌一整天，傍晚才能抽空哈菸，但自由的感覺很美妙，此刻人生確實無悔。

我穿著剪裁合身的西裝站在那，觀望眼前的一切，清楚自己正在往上爬。這個春天，我在世界最美的城市，口袋裝著現金，那一刻未來有無限可能。服務生靜靜地在我身後的露天平台工作，我任由自己放肆想像，不久的將來我也能上去和他們並肩工作，外面的世界我早忘得一乾二淨，職業生涯、未來、財務都放一邊。

這就是我現在的全世界：餐酒館、服務生——咖啡、香菸、現金。

❖ 美國早餐

尖峰時刻的林蔭大道，汽車閃著白黃色車頭燈，疾駛奔向西方落日。交通號誌燈轉為紅色，所有車頭燈驟然切換近燈，道路兩側湧現猶如黑潮的行人，夜晚天空漸漸明亮，春神果真已經降臨。

時間是晚上七點鐘，戶外飲料區逐漸冷清，客人都去吃晚餐了，廣場散發著一股不可思議的靜謐氛圍，積累數世紀的沉寂寧靜。

我抽完菸回來，一對美國老夫婦已經安然入座。老先生打扮時髦，穿著淺色西裝，搭配奶油色系翻領套頭羊毛衫，讀著昨天的《華爾街日報》。他的妻子全身是喀什米爾羊毛，從頭到腳掛著沉甸甸的金飾。小費金主來了，我的大腦告訴我。

「我好愛巴黎咖啡。」我趨前時，她以英語對我說。

「Petit déjeuner（早餐）？」老先生望著我，拱起眉毛，似乎想表達他還無法以法語溝通的訊息。

「不好意思？」我用英文回應，暗喜著能和其他英文母語者聊天。

「Nous noudrions un petit déjeuner（我們想吃早餐）。」他一字一句謹慎用法語說。

「早餐？」我用英文回覆：「馬上就是晚餐時段了。」我的腔調無疑是英國腔。

「別放棄。」他妻子的嘴唇不動地說，彷彿腹語師。

「Petit déjeuner（早餐）？」我這次改成法語。

「你對他說我們從加州遠道而來，剛下飛機，現在是洛杉磯的早餐時間。你對他說，親愛的。」

老先生用法語點了兩份歐陸早餐，我默默點頭，以法語或想像中的法國腔英語告訴他們，早餐可能有點困難，因為現在廚房已經在準備晚餐。

「還有可頌。你覺得他們有無麩質可頌嗎？無麩質的法語怎麼說？」他妻子不死心追問。

「坎蒂絲，妳又不吃無麩質飲食，在飛機上不是還吃了餅乾嗎。」老先生將兩本飲料菜單遞還給我，嘴上不饒人地斥責她。

「可是無麩質的法語怎麼說？你也不知道吧？」

我也不知道，所以我關緊嘴巴。

可想而知，我開始在出餐口展開可頌搜尋任務。尼姆沙不相信想吃可頌的不是我，但最後還是放棄，遞給我一籃今天賣剩的可頌。可頌有點硬，於是我去下層廚房，看看哪個好心人願意幫我把它們加熱至稍微鬆軟。下層廚房正開始準備晚餐，噪音震耳欲聾，空氣悶熱潮濕。洗碗工在一旁用軟管沖刷清洗，拿起懸掛頭頂的軟管，朝大型金屬水槽死勁噴出高壓水柱，沖洗著金屬托盤、平底鍋、湯鍋等廚具。金屬彼此碰撞，粗暴聲響毫不留情。另外就是刀具了，幾百把餐刀同時倒入塑膠箱，尖銳刺耳的金屬巨響在室內翻滾，回音刺穿耳膜，迴盪在油漬水珠凝結的牆面。

廚師正在室內另一端準備晚餐，朝彼此高聲嚷嚷，我只聽得懂幾句，但顯然沒人願意幫我加熱可頌。一個男人正在掏出魚內臟、扔進垃圾桶，然後把濕漉漉的魚屍體堆在冰塊上，室內強光下銀綠色魚鱗和空洞大眼珠熠熠發亮。另一人站在滿出來的垃圾桶前削蔬果皮，牆邊的小收音機發出我聽不懂的叫喊，一個男人捶打肉品的聲音淹沒了收音機聲，他粗暴捶打著肉，按一下收音機按鈕，以方言高聲喊回去。一個較年長的男子穿著橡膠涼鞋，在他們四周轉來轉去，推著硬梆梆的橡膠拖把。他一頭灰短髮，拖著地板的濕熱肥皂水，不時赤手撈出堵住排水管的肥皂爛泥，一把甩進垃圾桶。悶熱潮濕的空氣中飄著一股淡淡菸味，在我不斷請求之下，總算有個操誇大東倫敦腔的年輕人搶過我手裡的籃子，送進其中一個烤箱。

「你是英國人吧？」他說。

他自我介紹叫作菲米，在這種地方聽見他的口音很違和，他身形削瘦，兩只大眼布滿血絲，動作俐落。

「大部分的服務生不下來這裡，你懂我的意思吧，老兄。可是為什麼？」

菲米說他年少時期住在英國，後來被驅逐出境。我還來不及詢問他原因，他繼續說起自己有服務生經歷，照理說不該窩在廚房，想問我能不能找誰談談，幫他脫離下層廚房。他說他已經試過，經理不相信他，我向他保證會盡力幫他說情，最後他把溫熱可頌遞回給我。

「可頌還是有點硬，幾週前我們開始收到工廠冷凍可頌，品質就下滑了。真可頌可以加熱，但是這種工廠可頌不行，太乾了，奶油放得不夠多。說到真正的可頌，你真該看他們加了多少奶油。」

「謝了。哦，你知道無麩質的法語是什麼嗎？樓上的服務生都不知道。」我問他。

「好問題，老兄。說來好笑，其實我也常問這個問題，因為我媽不能吃麩質或乳製品。你真該看看服務生的表情，每當我這麼說，他們都露出我有毛病的表情。所以我改口，她不能吃blé，也就是麩質，她吃『sans blé』，就像在這裡工作一樣，你懂我的意思吧。」見我一臉矇，他補充說明：「sans blé……是雙關語啊，blé是錢的俗稱，所以sans blé也有「沒錢」的意思。總之我最近才發現其實應該是sans-gluten和sans produit laitiers，他們還是沒聽懂，所以她只好點雞肉沙拉，不然怎麼辦。」

「太棒了，我在樓上問了五個服務生，沒人知道答案。」

「因為他們是法國人啊，老兄。看看這裡。」

四周都是埋頭烹煮的人，冒泡流動的褐色奶油煮著蔬菜和肉類，我握了握菲米的手答謝，準備轉身離開，但他話還沒說完，似乎不打算放我走。他的聲音中帶著一絲絕望，我內心升起一股深深的罪惡感，因為我知道就算我為菲米求情，也不會有人聽。我的位階太低，沒人肯聽我說話。我再次向他保證我至少會試試。這時好幾名廚子抬頭怒瞪我，一人開始對菲米咆哮，說了我聽不懂的話，菲米乖乖回到工作崗位，繼續切韭蔥。

「你可以幫我說話吧。請轉告他們我會講正統英語，我是真正的服務生，老兄。我會在下面這邊全是誤會一場……」我爬上石階，回到出餐口，菲米的聲音逐漸在我背後消逝，我端起咖啡和鮮榨柳橙汁，穿過雙開式回轉門，跨越路西安和亞德烈正在陳設餐桌的用餐大廳（我告訴他們 sans-gluten 的事，但他們沒反應），我匆匆趕回露天用餐區，走進戶外飲料區為美國夫婦送餐。

「這是我們在巴黎第一頓法式早餐呢，親愛的。」老太太滿心喜悅地說道。

這份巴黎早餐是由一名英國服務生，也就是我本人接單，由泰米爾猛虎做咖啡和現榨柳橙汁，再由遭到英國驅逐的西非人加熱工廠可頌……

「妳的可頌要不要抹一點奶油，親愛的？」老先生朝我露出微笑詢問。

「噢，不了，我現在要節制奶油。」

「Café au lait（拿鐵咖啡），是這樣發音嗎？」他轉向我：「我正努力調整我的發音。」

「Parfait（很完美）。」我說。

「謝謝——抱歉，是 merci。」

「De rien（不客氣）。」我回道。

用餐過程中我們持續閒聊交談，我裝出法國腔英語，再不然就是用濃濃英國腔的法語糾正他們的法語，成效斐然，就像路西安說的，只要扮演好自己的角色就妥當了。為了答謝，這對夫妻離開時慷慨地給了我截至目前最高額的小費：四十歐元。嶄新乾淨的四十歐元紙鈔。接下這筆小費簡直是犯罪，但他們說什麼都要我收下。這筆錢讓我振奮不已，我感覺得到它在我口袋裡燒出一個窟窿，打開一個可能無限的世界：吃大餐、飲酒作樂、上電影院，甚至劇院，我口袋還想要更多能為我帶來短暫自由的嶄新紙鈔，全因為我假扮法國人，路西安說的沒錯，這全是一場戲。在觀光客面前假裝法國人，很快就成為我的例行公事，帶給我豐碩的財富自由。

❖ 服務生交接

巴黎總是看得到形影削瘦、衣衫簡陋、各種年齡的男男女女拿著履歷表在街上遊蕩——他們就是待業服務生，今年一月份的我最熟悉的物種。

昨天是薩爾瓦多，西西里大熊人間蒸發，無消無息。和其他突然搞失蹤的服務生相比，大家顯然不那麼苛責他，不過當然還是氣得破口大罵，我想多少覺得他背叛了我們，畢竟我們是朋友——至少在餐廳算是朋友，也可能是我自作多情。寶琳的神情最落寞，好幾次假裝有事進出餐口，偷偷希望他只是遲到。她說她試著打電話給他，但號碼已打不通。我腦中浮現薩爾瓦多被深沉湛藍的沙漠洞窟吞沒的畫面。另一個更可能的是他去了朋友位於阿沃拉的餐廳，鼠人一直說無所謂：「今天結束前會找到人頂替他，反正我們需要更優秀、值得信賴的服務生。那種體格的服務生，一看就是土匪。」

六月初，時令逐漸從春天轉為夏季，城市來了許多遊客，餐廳的露天用餐區總是滿座，「季節性服務生」也離開山林度假勝地。

「季節性服務生是一回事，再一個月左右就會有找暑期零工的學生。」路西安說：「你會發現情勢每況愈下，優質服務變成遙不可及的夢，很快你就會懷念冬天了。」

說回一月份我還在找工作時，也是搞不懂餐廳服務生為何不屑我，現在我懂了，服務生的認知是這樣的：要是餐廳內有其他人可能頂替你，你被踢走的機率就愈高，他們最看不順眼的莫過於待業服務生，因為你讓他們想起為何厭惡自己，以及搖搖欲墜的地位，事實上他們隨時都可能變成你，而你的存在只是增加了這個可能性，所以他們會盡自己所能，阻止餐廳雇用新服務生。

短短五個月，我從在巴黎街上晃蕩的可憐蟲，變成我先前看不順眼的人：團結博愛到令人畏懼的巴黎服務生，處心積慮阻礙可能奪走我工作的人。我不想要回去當跑堂員，我想當服務生，我很清楚隨便來一個新人都可能減弱我的生存機率，這就是我覺得最重要的事：防止其他服務生加入餐廳，把我一腳踹下食物鏈底層。

有趣的是，我發現最佳時機是午餐時段過後，也就是三點至四點的空窗期，資深服務生通常會挑這個時候抵達。塞納河畔餐酒館的新服務生就是這時空降，午餐時段結束後，還留在餐廳的服務生都聚在出餐口，大魔頭和路西安還在咒罵大熊，荷諾和賈瑪爾因為女接待員給他們的桌位不好，情緒瀕臨崩潰。

「我看那群婊子是故意的。」荷諾說。

他不斷從出餐口探出腦袋瓜，查看有沒有還沒走的女接待員，讓他當炮灰痛罵一頓。但是她們早就下班，她們的工時不長卻很辛苦，時間一到就換下高跟鞋、短裙，離餐廳的污垢愈遠愈好，回到巴黎勝利組的左岸和十六區，遠離賈瑪爾和荷諾這種人。

「你還敢抱怨？她們派一桌法國觀光客給我。」賈瑪爾說，他的太陽穴閃耀汗水，襯衫前襟沒扎，露出褲頭。

「確實沒人比你慘。」荷諾同意。

「女接待員覺得你們長得抱歉，沒給你們好桌位，你們才酸溜溜吧。」路西安說。儘管和薩爾是朋友，薩爾的離職卻大幅提振路西安的士氣，他說現在他可以明目張膽追求寶琳了。事實上，他說前幾年他們兩人什麼都沒發生，是因為他從來沒主動追求她。路西安告訴我，和寶琳在一起對他的演藝事業有好處，他可以利用他和寶琳的關係分到好桌位，要是更多小費進帳，他就負擔得起飛洛杉磯的機票，還說如果在巴黎找不到工作，他留下來也沒戲唱，最近起心動念，決定去美國尋找經紀人。

「在美國人人都能賺大錢，大家會尊重你，這裡就不是了，你看見富人稅課得多高嗎？」

「閉嘴，好萊塢先生。」荷諾大罵路西安，他的新綽號很快就傳遍餐廳，可能是薩爾的臨別贈禮。

「你又懂賺大錢了？」

「拿去，荷諾。」路西安在一張紙上簽名，交給他。

「這是什麼？」

「我的簽名，等到我出名了，歡迎拿去賣，幫自己買件體面西裝，或是好好洗個澡。」

「去死，路西安，你永遠當不了演員的。」

賈瑪爾大笑，此舉激怒路西安。路西安開始在餐廳高談闊論他的演員生涯計畫後，就非常瞧不起餐廳工作，其他服務生非常不屑，因此給他好萊塢先生的稱號，還以法國凱薩電影獎為靈感，叫他「小凱薩」。

「小凱薩，要是你可以當演員，我也能中樂透。」荷諾說。

「就是嘛，我也能在巴黎聖日爾曼足球俱樂部負責進攻。」賈瑪爾火上加油。

「少誇張了。」亞德烈說，撈起一條濕餐巾抽向賈瑪爾的腹部。

荷諾對路西安的簽名吐口水，丟進垃圾桶說：「這就是我對你演藝事業的看法。」

「欸，別在我的餐廳裡吐口水。」亞德烈說。

「他說是『他的餐廳』呢。」荷諾對賈瑪爾咕噥：「你聽見了嗎？」

賈瑪爾和荷諾一搭一唱的畫面，大概就是你可以想像最低級的法國服務生。賈瑪爾懶散，荷諾自鳴得意，圓滾滾頭顱和深色眼珠非常討人厭，總是厭女。要是你的小費莫名失蹤，幾乎可以肯定他在場。服務生心高氣傲，通常不會在客人起身離開當下拿走小費，反而是先裝酷，假裝不需要這筆錢，收拾杯盤、送到出餐口，這種時候無人看管餐桌和小費，就很容易遭竊，就像我上次的巴西夫婦事件。還在當跑堂員時，常常有人怪我偷小費，因為收拾餐桌的是我。可是最愛賴在我頭上的人就是荷諾，很明顯他都是鑽服務生制度的漏洞賺錢。不過最近他似乎好幾次摸走亞德烈桌位的小費，至少服務生之間是這麼流傳，而且流言還沒完，據說他還覬覦亞德烈的位置。諸如此類的政治砲聲引不起管理階層的興趣，荷諾是翻桌率高的職業服務生，這才是重點，服務生能不能賺到小費餐廳不管，鼠人告訴我們，要是亞德烈不稱職，當然還是可能被換掉，政黨輪替的可能性突然讓大魔頭的地位搖搖欲墜。看來荷諾和賈瑪爾對管理階層散播謠言，這次的目標就是亞德烈。鼠人急著不擇手段往上爬，成為這兩人的盟友。鼠人也想剷除心頭大患亞德烈，畢竟在成為經理之前，他曾經在亞德烈底下當服務生，大魔頭對他幾乎零尊重，常把他當成小孩使喚。

就在這時，一個身穿寬鬆西裝的矮小身影踩著階梯上樓，走向餐廳入口。

「欸，喂！」亞德烈呼喊。

服務生全站在他背後。

「廚房已經休息了。」亞德烈嚷嚷。

這傢伙裝作沒聽見，逕自消失在沉甸甸的雙開門後方。

「又是新來的服務生，C'est sûr（我敢打包票）。」賈瑪爾說。

「看起來很機車。」荷諾補充。

「意思是他會得到這份工作嘍。」亞德烈盯著荷諾說。

「去你的。」荷諾回答：「你是拿多少錢賄賂門前的妓女，才爭取到高額小費？說來聽聽？」

「你絕對付不起的高額，pauvre con（可憐的王八蛋）。」亞德烈伸舌頭做出不雅動作。

「我才不想碰她們。」

「哈，你覺得她們會想碰你？」

「你已經有古柯鹼了。」荷諾語帶威脅對亞德烈說：「錢留給別人賺吧。」

「你在胡扯什麼？我們要不要聊你偷別人小費的事？你竟敢向經理打我的小報告？」

出餐口推出飲料，荷諾端起負責餐桌的飲料，放上托盤。

「我不是小偷，你卻是百分之百的毒販。我們不能在餐廳吐口水？賣古柯鹼就無罪？大家都知道要不是有人罩你，你早就不能在這工作了，還不是因為經理也買你的貨，c'est simple（事情就是這麼簡單）。」

他單手端起托盤，轉身面對亞德烈：「你根本不配在這裡工作，你比誰都清楚，餐廳裡沒人尊敬你，你還有臉當領班。」

荷諾轉身離去時，亞德烈故意伸出一隻腳絆倒他，荷諾重摔在地，伴隨驚人的玻璃碎裂聲，金屬托盤的聲音響徹石板地。

荷諾猶如彈塗魚跳了起來，朝亞德烈的西裝吐口水，亞德烈一把揪起荷諾的襯衫，把他推倒在地。鬥毆場面混亂，出於幾個理由，我們沒有勸架。荷諾是小偷，我也是受害者，他遭到痛打全是自找的。再說他公然提起亞德烈販毒的事，打破了禁忌。亞德烈確實是毒販，但他也是餐廳服務生，是對我們照顧有加的領班。亞德烈把荷諾推向櫥櫃，一整架瓷杯跌落，杯子碎裂，震耳欲聾，然後亞德烈壓在荷諾身上，前臂抵著他的喉頭，要他狼狽求饒。

「Merde, Corentin（要命，科倫丁來了）。」德蘇沙衝進出餐口，壓低嗓音，嘶聲警告我們。有人迅速扶起亞德烈，荷諾仍然倒在地板上，上氣不接下氣，彷彿我們是叛徒般怒瞪著我們。

「造反了是嗎！」鼠人已經站在門口。

從服務生的反應和肢體語言看得出來，大家想把錯全推給荷諾。

亞德烈說：「沒事，只是荷諾他——」

德蘇沙說：「他腳滑了。你沒事吧，荷諾？」

鼠人注視著在場所有人，眼神飄向荷諾，荷諾一動也不動，恨恨地瞪著亞德烈，恨不得他去死。鼠人一把拉起荷諾的肩膀，推了他一把，要他先離開出餐口。荷諾轉頭對德蘇沙說：「幫你男友幫到底是吧，還真甜蜜，或許他能教你怎麼揮拳。」接著又對科倫丁說：「領班是毒販，怪不得這間餐廳問題那麼多！有人該好好整頓一下內部。」

「滾出去！」科倫丁把荷諾噓出去，荷諾最後這羞辱是給他的，畢竟鼠人比他年輕多了。「這裡是餐廳。」他轉頭對其他人說：「你們可不可恥，我大老遠在辦公室都聽得見鬧事。全給我滾出去，在此知會你們一聲，應老闆要求，我會大刀闊斧整頓內部，餐廳才不會跟著你們這些敗類沉淪。」步出露天用餐區時，他臉上掛著淺淺的陰險笑容。

從事服務業就像加入幫派，類似黑手黨，有著許多不成文規定及慣例，潛藏在不穩定的表面休戰下。要是有人覺得受委屈，遭到欺騙背叛，和平現狀就會崩塌，宣布重啟戰火，而且幾乎每次營業時段都會上演。服務生會打破位階，與舊盟友畫出全新的分界線。服務生會冷眼旁觀一名服務生的殞落，甚至樂見其成，畢竟每位服務生都相信其他人擋自己財路，任何找上門的悲劇全是他們當雙面叛徒的下場。亞德烈和荷諾的戰爭肯定會持續延燒，畢竟荷諾不畏戰，亞德烈也不是省油的燈。我已經選擇我的陣營，堅定站在亞德烈陣線，我只希望鼠人的威脅只是紙上談兵。可是他在餐廳位階三級跳是不爭的事實，那一身閃亮的新西裝已經足以證明。

無論我們喜不喜歡，餐廳都將改朝換代，大家坐立難安，但是最大的改變還沒降臨。

❖ 2.0版薩爾瓦多

薩爾瓦多的不告而別令所有人心情惡劣，百感交集，又妒又氣，氣在他的出走讓人手不足，服務生忙上加忙，妒在他在旺季前拍拍屁股走人，逃過巴黎繁忙的夏季。服務生不懂他為何不告而別，又是怎麼做到的。大多人認為他在蔚藍海岸或西西里找到新出路，這是唯一合理的解釋，完全沒人提及潛水，看來他只對我說過。

我很難過薩爾瓦多走了，畢竟我很欣賞他，但是以法國服務生制度來說，他的離開對我大有好處。我一轉眼就成為自己人，正式揮別菜鳥歲月，其他服務生好像都忘了我才來幾個月，已經把我當作一分子。工作方面，薩爾的不告而別當然是送我的一份大禮，餐廳沒理由不升我為正式服務生。我腦中上演電影情節，我抵達餐廳，服務生在露天用餐區鼓掌夾道歡迎我，我走在他們中間，女接待員朝我撒花瓣喝采，恭喜我晉升服務生殿堂。

不意外，過去兩天來薩爾名譽掃地，我也不免俗加入臭罵。我得證明我是比其他人更稱職的服務生，餐廳管理階層只需要找人頂替我跑堂員的職務，思考怎麼測試他是不是那塊料。亞德烈宣布，要找兩個人頂替薩爾瓦多，而不是一個，我更覺得勝券在握。我已經在腦中想像自己惡整菜鳥跑堂員的畫面，跟我剛來餐廳時一樣。我內心充滿期待，中午過後才聽說餐廳僱聘了兩個新服務生，而不是直接升我。這次又是什麼原因，我怎麼天殺的又被當空氣？

我隱約感覺跟科倫丁脫不了關係，或許是可悲小辦公室發生惡臭危機的報復吧。科倫丁發現蛋臭和魚腥味後勃然大怒，雖然不知道是誰幹的好事，但明顯是在挑戰他的權威，他無法忍受。值得讚揚的是主任沒有小題大作，大概是因為他發現員工是站在他這邊，而不是科倫丁和他的黨羽那邊。

從亞德烈那裡聽說找到第二位新服務生後，我特地去找瓦倫丁娜和主任。他們老調重彈，說很快會升我，現在餐廳更需要負責戶外飲料區的人。由於他們一口氣僱用兩名新服務生，下一次恐怕要等到盛夏旺季了。

我的服務生夢想再度擱淺，在內心祈禱新人吃鱉，打不進小團體，比我剛加入時更慘。薩爾離職後加班雖難熬，但我不斷想著加班費，財務自由不遠了。現在天氣回暖，我能拿這筆錢做什麼，我的思緒飄往各個可能景點。也許到羅亞爾河谷區度假一週？還是地中海？阿爾卑斯山？法國機會無限，去他的塞納河畔餐酒館，我考慮去其他餐廳工作，但除非我先在這裡當上服務生，否則現在拍拍屁股走人、找到其他工作的希望不大。再說我也想在這間餐廳當服務生，擊潰古老的服務生遊戲機制，目前只差臨門一腳。我知道身為外國人我要是成為服務生，肯定會讓某些人惱火。

「所以他們人在哪裡？」荷諾站在出餐口晃頭甩掉頭皮屑。

「第一次輪班就遲到——真不專業。」賈瑪爾補一槍。

和我期待的一樣，第一個新人的登場就大失敗，正合我意。大家正在為午餐時段最後衝刺準備時，一個男人穿著鬆如布袋的難看西裝，跳出隔板後方，舉起摺疊傘充當「機關槍」，嘴裡自行配音發出噠噠噠，還假裝拔掉插銷、投出手榴彈。這人就是我們前幾天看見鬼鬼祟祟潛進餐廳的男人。

惜字如金的亞德烈只丟出一句：「Tu fais quoi la?」你搞屁啊？新人臉上笑意瞬間全消，他用腔調濃厚的法語自我介紹，他叫皮歐特。皮歐特的平頭乾淨俐落，有著灰眼小嘴，五官令人想起某種鳥類。儘管猶如瘦皮猴，他的頸子卻和頭顱一樣粗，被襯衫緊緊勒住，衣領不像衣領，反而像絞繩，他的臉龐蒼白，彷彿一整年都沒踏出地窖，不過多虧絞繩，他頸部緋紅，近乎帶紫。最顯眼的莫過於他左臉的一道舊疤。皮歐特一自我介紹完，所有服務生已經從出餐口跑光，就連我當初都沒受到如此冷漠的對待。皮歐特迫不及待地告訴我，他是波蘭人，在格但斯克有一間餐廳，來巴黎純粹是為了觀摩，還再三強調他經驗豐富，濃濃的東歐腔法語聽來可笑，但我的腔調也沒比他強到哪去。

「他們去哪裡？」皮歐特問，我這才想起我們要去用餐大廳聽主任報告。

我們等了一會兒，主任才從後方的辦公室出現，背後跟著尋常的扈從：女接待員和臉比平時更臭的科倫丁。大家都注意到有個新來的女員工，這樣形容不太精準，準確來說是美若天仙的女員工。我和其他服務生想的一樣，她八成是來頂替幾天前離職的索琳——路西安幸災樂禍地指出，她連招呼都沒向我打一聲就不告而別。

主任開始平時的營業提點，可是今天科倫丁沒有參與，他像是一個鬧脾氣的小孩，刻意保持一段距離，雙手環胸，表示不服。或許是主任發現餐廳員工對科倫丁惡作劇，大膽趁勝追擊，字字鏗鏘朗讀亨利八世的阿金庫特戰役的演講內容（至少這是我的想像）：我們興高采烈，同為兄弟……

不巧的是他犯了一個演說大忌，那就是帶來一個如此醒目的新人，害大家無法專注。所有服務生心裡想的不是團結一心、拋頭顱灑熱血，而是這位新來的女接待員。她真的太夢幻，集結了所有法國美夢：身材高挑、栗色長髮、晶瑩剔透的湛藍眼珠。

主任的阿金庫特戰役演講完畢，寶琳掀開預約名冊，開始點名服務生，喊出負責桌位。另一名新服務生沒來，我內心抱著期望，最後卻不意外，還是被分配到戶外飲料區。

最令人震驚的是「VIP區」居然指定給名叫「卡蜜」的服務生。一開始大家都一頭霧水，服務生慌了手腳，後來才確認新來的「女接待員」其實不是女接待員，而是2.0版的薩爾瓦多。

皮歐特手肘推了一下我的肋骨，喃喃：「Pas mal, hein（不錯喔）。」我忍不住對錯愕看向我的路西安露出微笑。

卡蜜的降臨就像一顆炸彈，重重搖晃餐廳的地基，有意思。服務生都覺得餐廳的變化令人一時難以消化。他們要怎麼和一個女生搶小費？而且對方還是漂亮女生？根本沒有勝算，太不公平了。再說現在要怎麼在出餐口進行雄性荷爾蒙爆棚的閒聊？還可以開黃腔嗎？打情罵俏呢？可以耍賤招嗎？

「先是來了一個不會法語的英國人，現在又找女接待員當服務生。」說到服務生兩個字時，賈瑪爾刻意使用陽性名詞「un serveur」。

他們的恐懼可以想見，工作岌岌可危，一直擔心被其他服務生搶走工作的威脅迫在眉睫。他們覺得餐廳找來女服務生，等於宣告他們掉飯碗的機率翻倍。

還是有人兵來將擋，水來土掩。路西安打趣地說，這頭深色髮加上湛藍眼眸，卡蜜說不定是薩爾瓦多假扮的。

「沒有別的可能了。薩爾離開這麼多天，瘋狂瘦身，最後以un avion de chasse之姿回來。」亞德烈以形容漂亮女生的法文用詞「戰鬥機」形容她。

荷諾最不爽：「餐廳訂位全滿，這個從沒在這裡工作過的pute（婊子）卻分到VIP區，說不定她這輩子都沒工作過。我跟你說，這間餐廳玩完了。」

「喂，我有一個女兒，還記得吧？」德蘇沙斥責他。

「對啦對啦，你有女兒。」

「我受夠了，為什麼女生不能當服務生？又不是石器時代。」

「你受夠是因為你得為了婚禮拚死拚活，累得像條狗。」

「Et alors（那又怎樣）？」

「我不是在批評你，誰不是累得像條狗，但辦婚禮是你自己選的。再說亞德烈怎麼沒有和你平起平坐，升你為領班？與你分紅？你在這裡也待夠久了，他還有副業，不用養家——」

「閉嘴。」

有人出聲贊同，但究竟是贊成荷諾或德蘇沙我分不出來，荷諾表情洋洋得意，德蘇沙心神不寧。後來我們假裝忙工作，在出餐口流連徘徊，刻意放慢速度，為的就是想向卡蜜自我介紹。大家有默契地達成共識，公平競爭，各憑實力贏得卡蜜芳心。我不曉得她知不知道自己一腳踏入什麼樣的世界？若連我起步都那麼困難了……

「也許你可以去向她自我介紹。」路西安顯然想提早破壞我的機會。

「你都不知道我的本名了。」

「不是英國佬嗎？我會幫你轉達的。」亞德烈說。

「還有別忘了告訴她，他不是真正的服務生。」路西安補充。

「不然你是什麼？」賈瑪爾壞心眼地追問。

「實習生，是不是比妄想成為演員還慘？」荷諾說。

很不可思議，大家感覺失業危機近在眼前，全都立刻重整隊形，聯手抗敵，就連亞德烈和荷諾都為了鞏固在餐廳的地位，放下對彼此的成見。

幸好，也許是強烈第六感，或只是基本常識，營業時段開始前卡蜜都沒再回出餐口，所以他們低級殘酷的遊戲沒有得逞。

「她以為自己比我們高級嗎？」荷諾怒火中燒。

「算了吧。」皮歐特說。儘管皮歐特剛來，又被服務生當笑話，卻能看出荷諾的斤兩，在服務生之中的好感馬上提升，尤其是在我眼中。

我從戶外飲料區觀察，卡蜜完全沒和其他服務生交談互動，默默站在她負責的區域，讓客人盡情觀賞。她保持專業距離，等級與其他服務生有著明顯落差，當然讓大家更火大。

和其他服務生一樣，服務時段接近尾聲，我也多餘地在出餐口前逗留，卡蜜始終沒進來。午餐時段結束後，她已直接下班。

倒是寶琳來了，恐怕是察覺到自己寶座不保，站在卡蜜身旁已沒有以往誘人。

「當心，一個閃神，她們已經換上褲裝，出門投票了！」我打趣地說。

「她和科倫丁在一起，你們知道吧。」寶琳隨口丟出爆炸性八卦。

荷諾和賈瑪爾愛死這個八卦，開始逼問寶琳，不過大家早就心知肚明，科倫丁只對男人有興趣。他們得出結論，那就是：卡蜜是一個賤人和娼妓。荷諾自告奮勇要四處散播消息，讓所有人知道，免得其他服務生落入她的圈套。荷諾還宣稱，卡蜜負責為科倫丁監視大家，找機會開除員工，為了證明這一點，他還重提鼠人威脅徹底改造餐廳的說法。

可想而知，他們的計畫並沒有按照預期實現，服務生聽從他們的直覺，享受著卡蜜席捲全餐廳的女性焦點，她也是服務生和女接待員之間的橋梁。自從我來到餐廳後，大家第一次毫無障礙地交談。

幾週下來，我對她的認識愈來愈深。她說她來自南法尼斯，有趣的是她不是模特兒，對時尚圈更是完全沒興趣。她是一名 pigiste，自由新聞記者，但是賺不了多少錢，房租遲交的窘迫讓她不得不找一份服務生工作。卡蜜的英語流利，讓我鬆了一大口氣，我再也不必戴著弱智的面具。她也讀過大學，我發現她對新聞業滿腔熱血，但最讓她熱血沸騰的是政治。她拒絕為某些報社撰稿，只寫她有興趣的題材，通常都是社會問題，加上她是理想主義者，所以很缺錢。她偶爾會和我調情，但程度僅稍多於與用餐客人之間，可能也是我不夠花心思，彰顯一個事實，那就是我和大多服務生一樣，愛情生活枯萎。畢竟我每次到酒吧，都是一身髒西裝，筋疲力盡，那個時間其他下注的客人早就回家。按照常識來說，管理階層彼此亂搞，女接待員絕不讓服務生接近半步，說不定這種情況會改善？不，直覺告訴我這想法太不切實際，儘管我們關係加溫，女接待員仍是神人等級，她們可不是普通女生，外貌姣好精緻，上帝創造她們時大概添加了仙女元素。無所謂，我專心進攻卡蜜就好。

過沒多久，卡蜜不小心說漏嘴，脫口而出她有一個職業超酷的男朋友，兩人在政治遊行中認識。我不敢告訴她其實我還不是服務生，美其名是跑堂員，而且我也想要寫作，只是名下沒有出版作品，要是向她提起，我聽起來恐怕會像是一個空想家。所以我們只聊其他瑣碎話題，就是大家都很感興趣的新服務生皮歐特。

「你知道他的父親是貴族嗎？」一天輪班休息時間，卡蜜告訴我。「他說他小時候曾經在前南斯拉夫總統鐵托的私人宅邸打獵。」

「真的嗎？他告訴我他在格但斯克有一間餐廳。」我說。

「不是吧？根據他的說法，他是在一座巴伐利亞的城堡長大！而且他是私生子，是廚師的兒子，他還說他們的『祕製家傳菜』是火烤土撥鼠。」

「土撥鼠？可以吃嗎？」

「聽起來好像可以，他說的。」卡蜜擠了一個鬼臉：「只是肉有點韌。」

❖ 醫師的提點

天氣陰鬱的晚春午後，我一結束露天用餐區冷清的午餐輪班，瓦倫丁娜就放我去休息。奇怪的是自從我特別注意到午休時間，就常常能得到，即便不是每次輪班都有。

我踏出出餐口，沒在侍酒師平常霸占的送貨區看見他，於是直奔咖啡廳，希望在那裡遇見他。我想向馮喬學習所有葡萄酒知識，也喜歡和他相處。雖然他沉默寡言，每次一開口，他的思緒緩慢卻清晰地流動，豐沛知識猶如潮水，從見多識廣、深沉神祕的源頭湧出。緊湊的餐廳節奏、應付客人的壓力結束後，這就是求之不得的休憩，好好坐著和馮喬聊天，回想起世界的豐饒。

現在馬蹄咖啡館也把我當常客招呼，老闆莫里斯跨過吧檯握我的手，噓寒問暖：「Comment vas-tu mon grand（還好嗎，大個兒）？」老闆娘露易絲也總是細心招待。說來悲傷，因為我們餐廳也對常客使出類似的把戲，只因一進門就被認出的感覺真的太滿足了，讓人一再當回頭客。這也能突顯出你的社會地位，至少讓你有這種感受。「踏進餐廳」確實是一種藝術，如何自信滿滿、散發迷人風采地在一方空間移動，懂得如何踏進餐廳的人自帶真正的優雅。

幸好侍酒師在咖啡廳，就坐在我們開始葡萄酒課程後我們的「專屬餐桌」。他戴著大大的老花眼鏡，神情專注，皺起蒼白濃眉。我們的午餐對話就像法國的悠長河流和遼闊葡萄園，繞著葡萄酒的知識蜿蜒，我迫不及待划向上游，想要挖掘馮喬的個人故事。

「上次我們在這裡吃飯時，你說你是克羅埃西亞人。」

「嗯，現在是克羅埃西亞，可是我離開時還不是……」

「你常常回去嗎？」

「一次都沒有。」他摘下眼鏡，掐了掐鼻頭。「離開的時候——好久以前的事嘍，我失去了所有。」

他不帶感情地說。

「但你說你之前讀過大學。」

「而且不是隨隨便便的大學，是全國最優秀的醫學院。我只差兩年就完成貝爾格勒的醫學院，當時我想當外科醫師。你別忘了，當時的南斯拉夫和現在完全是兩回事。」

上年紀的老闆莫里斯上前收餐盤，放下兩個香檳杯。馮喬露出淺笑。

「今天我們喝香檳，英國佬，算是慶祝你畢業，至少完成了基本課程。」

莫里斯帶著一瓶酒回來，採用百分之百夏多內葡萄釀造的德茨白中白。瓶塞砰地打開，從細長頸的矮胖瓶身倒出淡金色液體，碰到酒杯時興奮地冒泡。侍酒師繼續講故事：

「一天深夜，幾個朋友來我的公寓，要我趕快離開，說我留著會有危險。」他舉起酒杯：「Zivjeli.」

「Sante（乾杯）。」香檳冰涼沁脾，空靈優雅。

「剛剛講到哪了？」

「你朋友要你趕快離開——」

「啊，對。我們馬上通知我家人，當時他們也在貝爾格勒，我還記得我母親一整晚都在哭，父親不發一語，靜靜抽著他的菸管。我們坐在客廳，徹夜沒開燈。我父親怕會有人來敲門，原本我打算去克羅埃西亞鄉下避難，但我父母得知我的大學同學已失蹤兩週後，堅持要我立刻離開南斯拉夫，我搭第一班火車去德國。德國很合理，畢竟以前因為奧匈帝國的關係，我們學過一些德語，我在德國應該還過得去。」

「黎明破曉前我向父母告別，一位朋友開車載我去車站。很不巧，當天上午前往德國的班車遭到取消，我們也不清楚原因，偏偏挑這個早上出事！於是我們在車站時決定改去巴黎。」

「為什麼？」

「因為那是當天上午唯一能帶我離開南斯拉夫的車班。」他啜了一口香檳。「你真該看看我剛到巴黎是什麼樣子，一句法文都不會說，只在火車上學到一句話：Voulez vous coucher avec moi（你要和我上床嗎）？而且完全不懂意思！」

我們默默喝著香檳。

「你曾經做過什麼嗎？我聽薩爾瓦多說你在俄羅斯蹲過苦牢。」

「哈！俄羅斯苦牢，亂講，沒有的事。」

「不然呢？」

「等等，我們先喝香檳。香檳值得我們好好品嘗吧？」莫里斯又回來，幫我們注滿酒杯。「你來形容看看。」

「酒香馥郁，完美和諧。」

「繼續。」馮喬閉上眼。

「香氣鮮明，帶有礦物味道，還有柑橘香——」

「沒錯，是葡萄柚，青葡萄柚。還有奶油，你嘗出來了嗎？」

他說的沒錯，確實帶有奶油香氣。他睜開眼凝視著我，露出微笑。

「典型的夏多內風味。」

馮喬繼續說下去，我們一起喝香檳，敬現在和過去。

「……你知道當學生是怎麼一回事。那時我參與幾個團體，一開始安全無害，後來朋友一一消失，有人受傷、情況急轉直下……甚至有祕密警察介入。」他的聲音逐漸飄遠。

我們背後傳來腳步聲，露易絲帶著侍酒師的起司拼盤來了，身為服務生她很清楚我們的休息時間不長，所以總是盡快幫我們出餐。

「Alors, aujourd'hui（好，今天）我們有聖奈克戴爾、布利起司，還有一點山羊乳酪，師傅想配葡萄酒嗎？」

侍酒師凝望著起司，思考片刻。「老闆娘，今天不用，我想喝點濃烈的。」

露易絲朝人在吧檯的丈夫呼喊，詢問有沒有烈酒。儘管櫃檯後方只有四瓶酒，老闆仍然煞有其事地轉過身，推高眼鏡，戲劇化地閱讀酒標和產地。

侍酒師說：「我要雅馬邑，來兩杯。」然後對我露出燦爛笑容。

馮喬開始精準地吃起起司，切成小塊，放進嘴裡，偶爾喝一口雅馬邑。雖然他沒再說下去，我卻能感到他陷入沉思，彷彿在腦中逕自對話到一半，接著繼續說下去。

「就是這樣，然後……我決定到索邦大學學法語，完成外科醫師的學程，可是——」他灌下一大口雅馬邑。「他們怎樣都不承認我在貝爾格勒的學分，索邦大學確實願意收我，條件是我得重新讀醫學院。你可以想像嗎？五年心血就這樣白費了。」

侍酒師清空起司拼盤，把空盤推至一旁，摘下大方框眼鏡，搓揉鼻梁。

「哪有可能，我根本沒錢，父母早就為了我的學業傾家蕩產，想到還要再花五年重讀我早就會的東西……不了，想都別想。當時我不知所措，在巴黎無依無靠，法語不通，我失去了努力學到的一切，也不能回去找家人朋友，甚至沒有一些親朋好友的下落。就算我遠在巴黎，還是得凡事謹慎，警方到處布有線人網絡。你永遠不知道會發生什麼事，那時真的很孤單。」

像是反射動作，馮喬抬頭望向大門，輕拍著翻領上的世界語徽章。

「後來我找到巴黎當地的世界語俱樂部，在那裡總算可以和人講話，你真的想像不到那種感受。長達數週的語言不通，我連街名都看不懂。可是在世界語俱樂部，我遇到一個年輕男人，他是巴斯克人，過去一年在波爾多的葡萄園工作。我稍微懂酒，他說可以幫我找工作，於是我一口答應，畢竟葡萄園聽起來是不錯的藏身地。你以為當服務生很辛苦？去摘葡萄看看。最後他們派我去採收葡萄，為了多賺一點錢，我晚上當起服務生，因為我懂酒，多年服務生工作後，我正式成為侍酒師。世界語流行不起來很可惜，原本很有希望的……好啦，我的故事說夠了，過往雲煙。倒是你，英國佬，為什麼來巴黎？」

「我的故事不怎麼新奇，起初是為了一個女孩，但她現在離開了。」

「而你還在這裡。」

「沒錯。」

「為什麼？」

「因為我喜歡巴黎。」

「那你為何想當服務生？」

「我其實不知道自己還能做什麼。」我笑了。「除了這間餐廳，沒人願意僱用我。」像是這樣與侍酒師坐在咖啡廳分享人生故事，確實讓我有種找到家的感受，或也像是孤兒院、迷失靈魂的收容所、避難所、等候室之類的地方，有的人一停下腳步就待上一輩子，有的人很快就拍拍屁股走人。

露易絲的腳步聲又回來了，她收走起司拼盤，幫我們斟酒。

「哦啦啦，今天下午我又要打瞌睡了。陪我喝一杯咖啡吧。」我們喝完咖啡後，侍酒師準備起身離開。

「明天同一時間？」

「當然。不過英國佬，你現在已經學會所有酒單知識，不需要我了，好好去當服務生吧，可是請你答應我一件事。」

「什麼事？」

「別久留，這不是你的歸宿。我呢，做這份工作年紀太大，身心俱疲啊。我還在做是因為太太病了，萬不得已。要是當初情況有所不同……那麼，真的……一切會很不一樣。」

他笑了出來，彷彿從腹部深處湧出的慈祥笑聲，填滿了整個包廂。對於體型這麼矮小的男人來說，他的笑聲可以說相當宏亮。這種笑聲也讓人知道，無論發生什麼事，你都會沒事的。

❖巨大洪流

豪雨連續下了三天。戶外飲料區關閉，室內用餐大廳人滿為患，於是我又被打回跑堂員的原形，就連休息時間也沒了，我又從開店一路忙到關店，美國夫婦小費燒出的窟窿還在口袋裡。第四天黎明，徹夜大雨過後風勢依然強勁，雨勢卻逐漸趨緩。濕冷強風挾帶水氣拍打在我的閣樓窗戶，發出咚咚聲響。

我帶著倦意爬下床，從共用廁所走回房間，鋪著油地氈的走廊地板在腳下嘎吱作響，彷彿背後跟著我如影隨形的鬼魂。我從屋頂小舷窗看見城市天光破曉，時間剛過清晨五點，街道、城市、整座公寓都鴉雀無聲，就連隔壁那對被嬰兒折磨到徹夜未眠的年輕夫妻都在沉睡。我轉開收音機，調整音軌，尋找新聞頻道。新上任的法國總統弗朗索瓦・歐蘭德承諾大刀闊斧落實改革。塞納河岸淹水，於是我決定走運河路線上班，儘管要接近運河恐怕不容易，這條路現在也變成水底世界。

時間剛過上午六點，餐廳前方聚集焦躁不安的人海，從這個距離很難辨識是什麼人，強風雨水無情拍打著他們裹著大衣的身體。仔細一看，我才發現是餐廳員工，意想不到的階級全聚在一起，備餐廚房的油頭年輕人，菲米和泰米爾廚子，連體格結實、滿手刀痕的上層廚房廚師也在。我可以看見荷諾那熟悉不過的可悲深色眼珠及渾圓頭頂，賈瑪爾和下層廚房的某人用阿拉伯語對話，激動地比手畫腳。他們站在空無一人的露天用餐區，彷彿餐廳剛吐出的內臟。引起騷動的來源是深鎖大門上張貼的字條，寫著「fermeture exceptionnelle（暫時休業）」。

這下謠言四起：有人說餐廳永久關閉。賈瑪爾告訴他們，肯定是檢查人員來勘查，決定關閉餐廳，他不吃驚，今天要換作他是老闆，絕不會落到這種境地。毒舌荷諾不斷告訴廚子，餐廳已經倒閉，上個月的薪水沒著落了。不知為何他們竟然都信了，忍不住驚慌憤怒。他再三保證自己的情報來源穩當，前幾天幫忙關店時，他偷聽到主任和老闆的對話。他露出微笑，一抹虐待狂的變態微笑：「你們永遠都不能相信那種人，經理、老闆、有錢人，他們全是一個樣。」

薩爾瓦多總說荷諾有張「欠揍」的臉，臉上寫滿可悲與不誠實，每次他出現都讓人籠罩在低氣壓之中，我完全同意薩爾的說法。自從他和亞德烈起衝突，就變得愈來愈狡詐。

這群男人開始敲打餐廳大門，要管理階層出面說明。瓦倫丁娜的身影從大門後方的漆黑冒出，她掏出一串鑰匙開門。喧嘩嘈鬧的人群衝上前，急著要聽真相，或是努力想擠進去從置物櫃取回他們深信現在不拿就沒了的物品——髒鞋、髒廚師袍、香菸等——餐廳員工所謂的個人裝備。

瓦倫丁娜臨危不亂，大門半開，她的單腳堅定抵在門後，天使般鎮定，用正好壓過風聲的低沉嗓音告訴大家，廚房淹水了。男人們不滿嘶吼，又試著擠進去，卻衝不過門檻。儘管勢單力薄，瓦倫丁娜的威嚴鎮得住這群壯漢，憤怒的罵酮巨浪沖不破餐廳大門。

一個下層廚房的男人大吼了幾句話，其他人也跟著暴怒叫喊。瓦倫丁娜的腳依舊抵在門後，她沒有回答問題，語氣更堅定地說：「你們可以先回家。請回去吧。」接著奮力關上大門，上鎖，再次消失在漆黑之中。

員工開始激烈討論，講了什麼我聽不太懂，大概意思是餐廳不是倒閉，就是正在找新人，再不然就是淹水損失，需要關閉一段時間，我們應該馬上開始找工作。我在混亂之中看見賈瑪爾。

他說：「Ca va frère（老兄，還好吧），餐廳會關閉至少一週，也許兩週，之前也發生過類似狀況。」

其他人聽見他的話，眼神各懷鬼胎，八成在心裡盤算到了月底還剩多少錢，夠繳房租嗎？而我也暗自思忖，不工作就沒錢，我會損失加班費嗎？要是失去這份工作，我還找得到工作嗎？我可能再找到另一份服務生的工作嗎？還是又得從底層重來？

「我要去土耳其浴室了。」賈瑪爾宣布。

「土耳其浴室？」

「不是巴黎清真寺那間。是另一間。」他講的好像我知道巴黎清真寺也有一家。

「這間有什麼過人之處嗎？」

「位在巴貝斯站旁，那是全巴黎最讚的土耳其浴室，可以搓掉身上所有髒泥污垢。」他指向下層廚房的員工，彷彿他們都算髒泥污垢。「就連餐廳臭氣都能刷得一乾二淨，我可以給你地址。」

他還沒給地址，兩名廚房朋友已經衝上來找他，我聽不懂阿拉伯語，也搞不懂他們講什麼，於是過沒多久和其他人一樣，漫無目的地離開餐廳，讓這群男人繼續在風中吱喳爭執。天空又開始下雨，於是我躲進蒙塔伯街的老地方。馮喬不在咖啡廳，時間還太早，可是晚班搬運工菲力克斯在。

❖ 光鮮亮麗的食物

菲力克斯佇立在吧檯，凝視著正前方，有個正在喝小杯啤酒的蒼老黑人站在他身邊。他們並肩站著，卻活在自己的世界，沒人開口說話。這個時段咖啡館客人很多，卻和白天的忙碌截然不同，猶如凡爾登西部前線的部隊調換，眼神銳利的援軍快步與千碼凝視的士兵擦肩而過。準備上工的男人總是趕時間，聚在靠近大門的吧檯尾端大聲交談，音量壓過咖啡機的嘶嘶聲，不然就是比手畫腳，揮舞著吃到一半的可頌，麵包屑灑落，沾滿下巴和連身工作服。空氣中飄散著大雨浸濕衣物的味道，窗戶潮濕迷濛。

我站在菲力克斯旁，就在晚班工人聚集的咖啡廳深處，點了一杯咖啡。他一臉空洞無神，沒注意到我，我看見他的啤酒旁有一杯頂針大小的「生命之水」。菲力克斯渾身都是廚房味，詭異的潮濕氣味混雜著清潔用品和發酸體味，我們每晚都帶回家的味道，滲透每寸衣物纖維、每個毛細孔，深深埋入床單，是一種若不是在自己身上聞到會想吐的死亡氣味，只有活人才聞得到。我一定要向賈瑪爾要土耳其浴室的地址，親自去一趟，看看是否真有他說的神奇。

我的咖啡送到，菲力克斯沒轉頭看我，輕輕拍了我的前臂。

「Salut, l'Anglais（你好，英國佬）。」

我們各自喝著飲料，他動作慵懶遲緩，站在他左側的男人說了話，我聽不清楚，菲力克斯輕緩點頭，嘴裡嘟囔：「En effet, oui（確實如此）。」

我對他說：「我從沒和你說過早安，每次都是晚安。」

他不苟言笑的臉龐瞬間蕩漾笑意：「C'est vrai, c'est vrais（那倒是）。」

這男人真的累壞了。

「昨晚發生什麼事？」

他喝了一大口啤酒，回答：「淹水，Beaucoup（很嚴重）。」他的聲音有某種抑揚頓挫。

「情況很糟嗎？」

菲力克斯從吧檯往後退一步，指向稍微高於膝蓋的位置：「水淹到這裡，東西全都泡水了，但我又知道什麼了？」

大門推開，兩個穿著亮綠色防水衣的道路清潔工走進來，吧檯朋友熱情迎接他們，身上的殘餘雨水涓涓流下。咖啡機開始磨豆，嘶嘶作響，兩個男人開始和大家分享淹水故事。菲力克斯灌下那一小杯酒，白蘭地。不用他開口，老闆自動幫他添酒。室內噪音逐漸消退，只剩下瓷器器皿和湯匙的叮噹碰撞和閒聊人語。

「餐廳會關多久？」我問。

菲力克斯打量著白蘭地，沉思片刻。

「誰知道，看情況。我怎麼可能知道？我欸。」他瞥了一眼凝結霧氣的窗戶。「天氣又變差了。」

我請那兩人各一杯白蘭地。

我們默不作聲站在吧檯前，有時我覺得菲力克斯是全餐廳最有智慧的人，雖然口口聲聲說什麼都不知道，說不定他才是知道最多的人。最後他灌下啤酒，再一口仰盡白蘭地。

「Bon（好）——」他不是對任何人說。「Je m'en vais. Salut les gars（我先走了，晚點見，兄弟）。」

他拍了拍我和另一個人的肩膀，拖著疲憊步伐走進大雨。過了一下子，垃圾車的橘光在咖啡廳窗上跳躍搏動，四個垃圾車工人走進來，把垃圾車丟在街上擋路。他們馬上拿到咖啡及君度橙酒或蘋果白蘭地。「Un peu de force（我需要補充能量）。」其中一人開心地說，一口灌下。「Prenez des croissant（再來點可頌）。」老闆娘急急忙忙準備可頌，這時其中一人起身，走向咖啡廳後駕駛艙般的小廚房，拎著兩大包黑色垃圾袋走回來。垃圾車工人扯著大嗓門和大家說話，偶爾闢謠、迴避問題。

「Mais non, c'est n'importe quoi. On y etait ce matin.」哪有，狗屁，我們今早才去那裡。

「Complètement fermé, je te dis. Les deux quais en plus.」全部關閉了，我告訴你，那兩個碼頭也關了。

「你們真該看邁松阿弗的慘狀，oh putain（噢，真要命）。」

「高度及胸——」某個站在酒吧的人說：「電台廣播說的。」

「A peu près, oui（沒錯，差不多）。」

我問吧檯他們在講什麼，他解釋他們在說塞納河水位高度，講到淹水，河水高漲的測量單位不是公尺，而是阿爾馬橋下的佐維輕騎兵雕像。

街外突然傳來一聲汽車喇叭，接連著又是三聲，即使正在下雨，喇叭噪音仍然迴盪在建築物上。垃圾車工人從容不迫地灌下飲料，街外傳來動彈不得的駕駛們的叫囂。垃圾車工人提著垃圾袋離去，我們聽見他們朝汽車駕駛嘶吼，下一秒就不見蹤影，橘燈陣陣搏動，汽車又按了一下喇叭，小酒館恢復正常。垃圾車工人沒有付飲料錢，很正常，巴黎的垃圾車工人從不付錢。

我點了一份巧克力可頌麵包。現在是上午七點鐘，我發現餐廳突如其來的關閉讓我重獲自由，於是又點了一小杯佩爾弗啤酒。這天充滿無限可能，巴黎是屬於我的，我口袋還有錢——美國夫婦給我白花花的四十歐元和其他小費。我心想，也許可以去網咖找工作，但這個想法令我心情低落。幸好，快要深陷未來的生存危機時，路西安帶著嚴重宿醉的臉色和臭味出現。

「你看起來很鳥。」

「我感覺很鳥。」

我們喝著白蘭地，決定去看淹水的塞納河，沿著左岸散步。

「在左岸，什麼都比較美，建築、人，甚至大雨。」

「宿醉也是嗎？」

「這就是巴黎的魔法，她如此美，鳥事再多都無所謂。」他說。

後來我才聽說，路西安昨晚在第九區的小酒吧和一群窮演員廝混，為了討好他們，他花光所有積蓄請他們喝酒，現在窮的人變成他。最慘的是他太醉，離開後才發現抄錯電話號碼。

「我心想，無所謂，反正今天還可以再賺小費，我甚至還換了一件乾淨襯衫！」

「電影試鏡有消息了嗎？」

「沒有。別講這個了，只會觸霉頭。」

他得知美國夫婦給我的小費，堅持我們今天好好犒賞自己，去聖日爾曼區「鞭腳」小酒館享用提供三道菜的午間套餐。路西安提醒我，小費就是要用來飲酒作樂的，這間小酒館自五〇年代起就不曾漲價，我們吃撐肚皮都沒問題。

「這就是服務生之間的榮譽法則。」

「什麼？」

「其他服務生情緒低落時拉他一把。」

「你又沒有低落，只是宿醉。還有哪些榮譽法則？」

「很簡單，一定要花光所有小費，而且這筆錢不能花在正經事上。」

「不能嗎？」

「當然不能！小費要花用在稍縱即逝的事物上，像是高檔享受。你要記住：裹屍布可沒有口袋。」

「錢生不帶來死不帶去。」

「就是這個意思。」

我們在餐廳大啖前菜gésiers confit en salad（鴨胗佐沙拉）和potage maison de saison（時令招牌湯），主菜cuisse de canard（鴨腿），配一壺招牌葡萄酒。至於起司拼盤，我們點了黏糊糊的莫城布利起司，切開猶如白堊的外皮後，起司在餐盤中流淌。

「你知道嗎，布利是查理大帝最愛吃的起司。」路西安邊吃邊說：「我沒開玩笑，他在某場戰役後停留莫城，哪場戰役我忘了，總之他愛這種起司愛到還要人幫他送回他的亞琛城堡。」

「你竟然沒有看起來的笨。」我說。

「真是謝了，就為這句話，你可以請我吃甜點。」

「我以為我要請你吃整桌。」

「你是啊。」

「那我們要點什麼？」

「要是菜單上有焦糖反烤蘋果塔，其他就可以跳過。」

服務生笑說我們這樣大吃大喝，簡直像剛出獄，我說我確實剛出獄，於是他奉上一大杯vielle prune（李子酒）及咖啡，問我：「你的法語是在監獄裡學的嗎？你的法文有濃濃印度腔。」

我不記得上一次吃這麼撐是什麼時候的事，接下來那個鐘頭我們在雨中向上帝祈禱，千萬別吐出晚餐，聊著法國電影，遺忘傷痛。又幾杯黃湯下肚後，路西安堅稱我可以用英語幫他寫單人脫口秀段子，全世界會開始關注我們，到時我們就能揮別端盤子人生。他有個男孩逐漸失明的故事，認為這個故事絕對能讓他徹底發揮天賦。

「我的面部表情很豐富。」路西安繼續說：「我可以想像台上燈光逐漸黯淡，這場話劇成為我的個人代表作……」

我們在劇院對面的咖啡館點了一杯濃縮咖啡和蘋果白蘭地，心想說不定會撞見某位演員或經紀人，可惜沒有，於是我們繼續散步。

「你知道你一直在撓手腕嗎？」路西安說。

我沒注意，但我兩邊手腕確實布滿小紅斑，也許是廚房清潔用品的過敏反應？壓力造成的？

「不，這不是過敏反應，是punaise des lits。」路西安說。

「什麼？」

「Punaise des lits，你知道啊，寄生床鋪的小蟲子，趁你睡覺時出來咬你。你完蛋了，這種蟲很難擺脫。」

接著他深入傳授床蝨知識，看來路西安和許多巴黎人一樣，床蝨經驗豐富。

「問題是房東太太會說是你自己的錯，床蝨是你帶來的。」

「我猜早就有床蝨，上一個女房客才那麼早搬走。」

「也許吧。你的房東聽起來不像是願意付錢處理床蝨的人。」

後來我才得知床蝨是一種非常難纏的害蟲，牠們不僅寄生床墊，也躲在牆壁和傢俱裡，路西安建議我趕快搬家，並在搬進新家前徹底清洗或燒光所有衣服，而搬家之前我就是床蝨的晚餐。

巴黎是一座非常適合散步的城市，令人充滿靈感。我們在聖日爾曼區的大道悠閒散步，沿著奧德翁後巷走向拉丁區，內心燃著什麼都可能的感受。路西安講到卡蜜：「這麼漂亮的女生怎麼可能單身，你早該心中有數。」以上就是他的個人意見。「再說這麼美的人才不會碰服務生。」接著又不停講著我們的作家與演員合作計畫，編織美好人生。

「我們先以一部成功的法國小電影闖蕩天下，你知道的，就是那種讓人印象深刻的電影，一個不留神就打進電影獎的世界，你會成為法國電影大編劇。你是英國人，所以他們會超愛你的英國腔，不錯吧。然後你會在巴黎和坎城兩地奔波，沒多久我就帶著正準備開拍的電影找上你，好萊塢出資的。電影腳本不夠好，有場大戲等著拍攝，偏偏我們沒有可用的故事情節。你用一週在卡布里島的別墅重寫片段，我的演出可能獲得奧斯卡金像獎，你則是抱走最佳編劇頭銜。」

「就這麼簡單？」

「我是認真的，事情都是這麼發生的。我真心當你是作家。」

「所以我們就算被塞納河畔餐酒館炒魷魚也沒差？」

「完全沒差，我晚點會打電話給科倫丁，請他現在就踢走我們，幫他省時間，因為我們的名氣，餐廳很快就會大排長龍。」

「說不定他們會把我們的照片放在菜單上？」

「沒錯，並以你的名字幫某道沙拉命名。」

「那你的會是什麼，小菜？」

「拜託，我是知名演員，他們會以我的名字幫某道招牌菜取名。」

「Poulet special frites（特製炸雞）——」

「可以請你先別提食物嗎，我還太飽。」

等了夠久，我們確定不會吐出暴食午餐時，碰巧走到一間正在放映尚皮耶・梅爾維爾雙場電影（影子軍隊和紅圈）的小電影院，於是進去看電影。

踏出電影院時天色已黑，雨勢卻已經趨緩。小費早就花光，不過我的銀行戶頭還有一點錢，最後我們決定今晚結束前花光這筆錢，畢竟下個月之前我都不會有休假。回到右岸，距離瑪黑區南方不遠的巴黎四區，我們到路易菲利普餐廳吃了紅蔥牛排，喝了一瓶布魯伊葡萄酒，以起司拼盤和巧克力慕斯蛋糕收尾。路西安講到塞納河畔餐酒館的陰謀論，很明顯科倫丁公然向服務生炫耀這個月他就會升主任，並按照個人喜好改革餐廳內部，而這件事壞了餐廳氣氛。

「因為餐廳有新投資人，對餐飲業來說，意思就是先節省食物經費——下一步就是裁員。」路西安說。

「所以用料都會是廉價食材？」

「算是吧，新鮮食材成本遠遠超過現成品，他們已經往這個方向進行了，你們發現現在都沒新鮮麵包了嗎？信不信由你，餐廳供應的咖啡也換成便宜貨。之前幾乎天天都有新鮮食材，現在一週最多兩次送貨。主任是討人厭沒錯，但你知道他至少稍微講究美食。科倫丁就不是了，一心想討好老闆，相信只要餐廳賺錢，他也會跟著發財。」

「那傢伙痛恨食物，也討厭客人，你覺得他們會裁員嗎？」

「他們不裁員的，只要減少工時，他們就會自動離職，我想廚師也是同樣道理。」

「幸好我們還有你的演藝事業當緩衝墊。」

這晚肯定是我來到巴黎後第一次吃飽三餐才上床睡覺。我信守承諾，也遵從服務生的榮譽守則，不但花光小費，還動用銀行積蓄。我要從零開始，意思是我需要小費，但現在真正的重點是，趁科倫丁逮到機會踢走我之前升上服務生，夏天快要到了，金錢會滾滾而來。

我需要找方法繞過科倫丁，引起管理階層關注，趁他變老闆前正式成為服務生。當我躺在床上，等著床蝨出來啃咬我時，腦中浮現一個點子。

❖紅襪

白日漫長炎炎，夏季已經降臨。在巴黎七月艷陽的熱烈注視下，林蔭大道在灼熱空氣中搖曳變形。漫長白晝來了，學生服務生也跟著到來，全是一些年輕傲慢的工讀生，刻意與職業服務生保持距離，現在他們也當我是其中一員。我們的西裝更筆挺、髮型俐落，厭世卻專業得無話可說，根本沒空理菜鳥。我們也自認比學生強，本來應該讓他們敬佩折服，但他們反而憐憫我們，就如同我六個月前也憐憫服務生，覺得他們的工作低賤乏味，自視甚高，滿腦子錯覺。

新來的學生服務生還不知道我只負責戶外飲料區，想必不用多久他們就會知道我真正的低賤地位。就現在看來，升上服務生是當務之急。自從抵達餐廳我就集中火力，努力說服餐廳讓我當服務生，儘管我常常暗示亞德烈、寶琳、瓦倫丁娜，卻還是只能負責戶外飲料區。每天早上寶琳念出分派桌位時，我都屏息以待，希望聽見她宣布我發光發熱的時刻正式到來。偏偏這一天從沒降臨。主任在他的狹小辦公室中，像是窩在遭到圍城、前線部署的司令帳篷內，堅定不移地告訴我：「你只是跑堂員，不是服務生。」還不屑地補充：「而且是英國人。」

講到美食、葡萄酒、文學，身為英國人我總是被當作次等動物。除了切達起司，英國人做不出其他起司，實在令人發笑，有人問起英格蘭著名的作家或哲學家，也激出同樣空白、近乎憐憫的表情。

法國人只贊成英國人擁有一項優勢，也就是他們所說的「盎格魯薩克遜文化」，音樂、「丹迪風」。說到理想浪漫化的英國人物，應該就是奧斯卡．王爾德和大衛．鮑伊。我會知道是因為主任曾不諱言告訴我，他是時尚鑑賞家，即使他很同情我這輩子是英國人，卻不得不承認自己很欣賞英國人的時尚格調，這也是他當初錄用我的原因。打從一開始，科倫丁就反對用我，但顯然主任內心抵擋不了英國。科倫丁表明了要篡主任的位置，如今兩人劍拔弩張，於是我心想，現在我至少應該讓主任明瞭，升我為服務生，可以挫挫科倫丁的銳氣，算是下馬威，他也可以鞏固自己的權威地位。

我決定發揮創意，從制服下手。雖然所有服務生都是一身黑白色系，但每個人都有自己的「特色」。我剛來到餐廳時，他們都急著要我看他們專屬的風格，現在總算輪到我了。餐廳瀰漫著不滿氣氛，革命在即、暴風雨前的寧靜，我心想是時候來點排場了。和卡蜜聊天時我發現一件事，那就是錄用她的人不是科倫丁，而是主任。科倫丁堅決反對僱用女服務生，主任明顯是餐廳現代化的偉大推手，不僅讓科倫丁（也是等著篡位的保守派暴君）等人反感，可能連老闆也不太滿意。我從主任的傲氣看出他深具遠見，寧可大鳴大放，燃燒生命，也不輕言退讓，至少今早我自信滿滿踏上露天用餐區時是這麼想的。每跨出一步，合身長褲就在我小腿肚的位置縮起，完美流暢地露出革命紅色，宣示著我的到來，胸前也巧妙搭配一條紅色絲質口袋方巾。這個舉動很大膽，不僅打破傳統界線，也勇敢擺脫單調，創造出個人風格。

沒多久獐頭鼠目的科倫丁就發現了，幾分鐘不到，他已經來到我身邊，臉色氣得漲紅，青一塊紫一塊，發出餐廳主管擅長的嘶吼。

「滾出去。給我滾！」

某個服務生走狗，八成是荷諾，甚至通知主任，大多服務生都躲在出餐口的隔板後面等著看好戲。

「這裡是怎麼一回事！」他發出怒吼。

「你看這個，就是這麼一回事。」科倫丁暴怒拉起我的長褲，扯下我的口袋方巾，交給主任。

主任思忖一會兒。我傲慢地沒多帶一雙黑襪，長褲改得這麼短，工作時不能不穿襪子。最後他說：「很時髦，非常時髦，只有你撐得起來，很英國風。」

他前腳一踏出，火冒三丈的科倫丁也不想留下，跟著他後腳離開。

那天我沒有升上服務生，不過我成功幫主任教訓奪權者，讓他吃悶虧。那天晚上我趁勝追擊，決定去找主任，告訴他一件他還不知道的事，那就是我現在懂葡萄酒了。這一步太好高騖遠，我今早對他短暫產生的尊敬沒有回報。

「哈，太好笑了，光想到就覺得好笑！居然有英國人敢說自己懂葡萄酒，那麼公雞也長牙齒了——」辦公桌的電話鈴聲響起，主任馬上切換成稍息姿態。「Oui, monsieur. Bien sur monsieur……（是，收到。當然，收到……）」電話那頭明顯是老闆，你可以聽得出主任聲音中的恐懼顫抖、躊躇不決。不管眼前這男人怎麼裝模作樣，都和我們沒有差別——不過是一部機器逐漸疲乏的小小齒輪。老闆對主任施壓，主任對我們施壓。主任追逐的胡蘿蔔是在一間更具聲望的餐廳工作，目前的職位當然也有好處，他不但可以像老闆招待自己的客人，還能在全餐廳上下呼風喚雨，盡情虐待員工。他只需要留意反叛下屬，不要被人處心積慮除掉就好，但這正是目前的狀況。他鄙視服務生、緊抱富人大腿的態度雖很惹人厭，但哪個主管不是這樣？

給予身分特殊的人期待的特殊待遇，至少做做樣子，他們就心滿意足。但我的理論是，這種特殊待遇不是發自內心，也不是真誠提供的優質服務，而是一種宣傳奢華的神話。當營業進入尾聲、古柯鹼嗑完，他們在小辦公室裡說了什麼，全憑個人想像，主管惡意評論客人、可憐他們一無所知，這種話我們也聽了不少，再說我們沒看過哪位主管吃菜單上的餐點。財富近在眼前卻無法擁有，就是這麼沮喪。

主任的罩門是他對女鞋沒有招架之力，他的高跟鞋收藏就是證明。每次在辦公室等他時，我都瀏覽幾十雙不同尺寸、女接待員下班後隨手丟在層架下的女鞋。要求她們整晚穿著不舒適的超高跟鞋，就是他的怪癖，也怪不得服務生認為辦公室門關上後，他會偷偷套上這些鞋子。

「你看，有的女鞋尺寸那麼大，女接待員怎麼可能穿得下。哪個女人的鞋碼是二十九號半？」路西安老愛說：「而且他還化妝。」

主任掛掉電話後急跳腳，嘴裡念念有詞老闆客人要來，陷入恐慌，偏偏今天侍酒師不在場坐鎮，卡蜜人在哪裡？他發現我還站在那裡，立刻轟我出去。「滾出去，別礙手礙腳，笨蛋。」

負責戶外飲料區是沒那麼慘，但真正的獎賞在上方，也就是盛大舞台般的露天用餐區，而至此我真的沮喪至極。每逢夏季，這裡就是巴黎的心臟地帶，餐廳還沒開始營業，門外已經大排長龍，客人名單不乏一籮筐好萊塢名人，路西安欣喜若狂（他假裝讓名人簽錯信用卡帳單，收進口袋，因此收集到不少簽名）。他主動提議和卡蜜分一半小費，成功與她換桌。他真正的目標應該是吸引某位名人注意。

只有一個人置身事外，不關心餐廳是非，對名人洪流視而不見，這人就是我們的常駐小丑皮歐特，他靠自己的能力，一路從外圈桌位爬向中央桌區，時常供應外國香菸或吉普賽女郎牌的無過濾香菸，討好其他服務生。一開始普賽女郎香菸會讓人有點頭暈，最後口腔留下淡淡菸草味，但是很快就會習慣，畢竟抽這種菸很合理，也是賽吉．甘斯柏和亞蘭．德倫的香菸首選。

這個夏季，我們肯定是全巴黎最俊俏貌美的服務生，不厭其煩打理外貌、比美較量。現在每兩週就去整理一次頭髮，因為我們總是不斷比較，個人限定風格「小物」還是非常流行。我的紅襪和相搭的方巾讓服務生對我刮目相看，甚至成為某種神話，他們對新來的菜鳥說：「只有英國佬撐得起五顏六色。」餐廳營業結束後，到塞納河畔餐酒館後方繞一圈，就好像不小心走進黑色電影的場景，看見打扮精緻時髦、神情憂鬱的角色坐在路邊，沒完沒了地吞雲吐霧。

晚上服務生聚集在出餐口，交換服務餐桌偷聽到的八卦或趣聞，最近最好笑的是某知名喜劇演員找廁所迷路，亞德烈還得帶他走出廚房。荷諾一口咬定，他肯定是和亞德烈買毒品，亞德烈強烈否認，但依然止不住流言蜚語。尷尬的是科倫丁還真的把亞德烈拉到一旁，詢問他消息是不是真的。自從亞德烈和荷諾正式宣戰，老服務生就壁壘分明，分成兩大陣營。我們常看見荷諾和賈瑪爾窩在一起，避開其他服務生，多半時候都在洗腦菜鳥。賈瑪爾也竭盡所能拍主管馬屁，專搶不屬於自己的功勞，在主管公開討論服務和清潔時當應聲蟲。這直接威脅到亞德烈的地位，令他相當不滿。荷諾和賈瑪爾正在密謀策略，但亞德烈不知道他們在玩什麼把戲，他們就像喜劇《臥底探員》（*Agents Provocateurs*）的勞萊與哈台，蠢蠢欲動的科倫丁政權下的小嘍囉。

儘管有諸如此類的幕後操作，餐廳的整體氛圍還算愉快，只不過路西安最近愈來愈厭世，因為試鏡遲遲沒消息，他變得有點太黏寶琳，覺得自己的不幸全是法國講究菁英制度所致。他堅信只要去了洛杉磯，就有人賞識他與生俱來的才華。路西安說，因為他從沒讀過法國的演藝學院，在這裡當演員的機會微乎其微。

「他們動作慢吞吞。」他在講試鏡。「怎麼知道我沒找到新工作？現在都過幾個星期了？」

同時皮歐特的行徑也繼續讓人滿頭問號，我和卡蜜都覺得好笑。他告訴幾位工讀服務生，其實他是俄羅斯演員，來巴黎餐廳工作只是為他即將演出的角色做準備。這個說法很快就傳到路西安耳中，他是厭世，卻沒抵抗力，於是聽信了皮歐特的說法，或許皮歐特可以為他的演藝生涯推一把，他就是這麼走投無路。

「如果拍攝場景是巴黎，他們肯定需要真正的法國服務生吧。俄羅斯，我怎麼沒想到？我再找馮喬，請他教我俄語。」

「你說的對。」卡蜜對路西安說：「我常看俄羅斯電影，也覺得他眼熟。」

「真的，我也覺得。」路西安說。

❖ 畢業

餐廳常客中有一對澳洲夫婦，先生是坐擁金山的礦主，至少塞納河畔餐酒館相信他是。

「他每年夏天來巴黎洽公，都會到我們餐廳用餐。」寶琳告訴我。她帶一名工讀跑堂員來分擔我戶外飲料區的工作，我內心浮現一個恐怖念頭，怕她調我回去當跑堂員，但她再三保證只是主任交代我去服務「le Milliardaire Australien」，澳洲億萬富豪，英語流利、平時負責ＶＩＰ桌區的卡蜜今天正好休假。

澳洲億萬富豪只是一個再普通不過的澳洲男人，雖然我不知道億萬富豪有哪些特徵，卻忍不住覺得是餐廳誤會，再不然就是他擺了餐廳一道。我瞟了一眼他的Swatch手表、有著大腿前側口袋的長褲、一雙破鞋，忍不住好奇寶琳怎麼沒從這些特徵看出真相？他們深信不疑，這種邋遢衣著進一步證明了他是貨真價實的億萬富翁，打扮低調不張揚的億萬富翁。

「就連義大利實業家都戴Swatch手表。」寶琳講得好像這是常識。

我把菜單遞給澳洲夫妻檔，禮貌性地往後退一步，假裝在接待櫃檯忙碌的主任招手要我過去。他說澳洲礦主和他的妻子都不愛喝酒，她偶爾會點一杯普羅旺斯丘的粉紅葡萄酒，他則是一小杯伯恩丘葡萄酒，不然他們幾乎滴酒不沾，接著馬上吩咐我去叫尼姆沙準備葡萄酒。我溜進出餐口，告訴尼姆沙客人要點酒。尼姆沙婉拒接單，因為這不是收銀機的點單，粉紅葡萄酒是沒問題，伯恩丘葡萄酒想都別想，他覺得我直接點酒是想直接A走酒錢，平時他多少能睜一隻眼閉一隻眼，今天不行。我向他再三保證，今天我在ＶＩＰ區工作，沒想到引來他的訕笑：「英果跑堂員，怎麼可能有ＶＩＰ區。」

回用餐區的路上，我看見主任在澳洲億萬富豪身旁哈腰鞠躬，他從眼角餘光瞥到我，對我著急地比手畫腳，在背後揮著手，要我趕快上前招呼客人。輕聲細語的澳洲礦主以難懂的口音告訴主任，他和妻子今天想大肆慶祝，希望看一下酒單。主任這下總算恍然大悟，兩腳一踏，上前拿來酒單，打發我去旁邊站。礦主一臉茫然地翻看酒單，主任驕傲地站在一旁，這天是週一，馮喬休假，於是由他親自介紹酒單。我距離不夠近，聽不見他們的對話，只依稀看見情況不妙，主任支支吾吾說不出話，礦主不斷重複「泥說什麼？」沒多久主任又叫我回來，他的臉頰稍微漲紅，看得出非常尷尬，無法以英語無礙溝通，所以不能推薦他們葡萄酒。

他倉促地向我解釋：「他們絕對不能挑選前幾頁的葡萄酒，配不上這種聲望背景的人。但是我聽不懂他們說什麼，所以必須由你來介紹。推薦他們酒單後面那幾頁的酒，最好是法國佳釀。」

富豪妻子率先開口，聲音尖銳中帶有濃濃鼻音，細紅髮遮蓋住眉毛，紅唇膏一大半不是塗抹在嘴唇，而是臉上。

「我們點教皇新堡吧，這是好酒。」她吹噓著說。

「可是這位大個兒好像不這麼認為。」礦主朝主任的方向點頭。

我藏不住臉上笑意。

「Qu'est ce qu'ils disent?」他們說什麼？

我幫主任翻譯，他露出略顯尷尬的笑容，輕輕鞠躬，誤以為他們說他是「un grand homme」，偉人。

「請問兩位今晚都點肋骨牛排，是嗎？」我說。

「沒錯。」妻子驕傲回答：「今天是我生日。」

「生日快樂，夫人。是這樣的，如果妳今天想要慶生，這位大個兒也許沒說錯。夫人選得很好，教皇新堡確實是好酒……」

她朝礦主投以「我就說吧」的眼神。

「……不過二〇〇八年份，不是什麼上好的酒。」

我這個謊撒得渾然天成。

「可以借我一下嗎？」我從礦主手中接過酒單，主任不可置信地看著我自信滿滿翻到酒單後面，我哪來的自信連自己都不敢相信。主任一聲不吭，但我感覺得到他的雙眼緊緊瞪著我的後背。我掃瞄酒單，急著找尋上好葡萄酒。我從沒翻看這麼後方的酒單，大多是四百歐元起跳。最後一瓶葡萄酒躍入眼簾，我立刻想起侍酒師的描述，至少是有說服力的推薦。

「啊哈——」我驚呼。

主任在肩頭後方徘徊，我可以感覺到他寒毛豎起。我把酒單交給礦主，他和妻子彷彿在讀阿拉伯文，望著葡萄酒名稱和標價。

「我們還是別太鋪張吧。」礦主看見隨隨便便都五位數起跳的葡萄酒標價，壓低音量對太太說。

「香貝丹貝日特級園。」我頓了頓：「夫人佐餐酒選得很好。」她綻放笑顏，我幾乎可以感覺到鈔票滑進我的口袋。「這等高級肉品值得搭配名貴好酒，香貝丹通常被當作教皇新堡的小老弟，但內行人都曉得，貝日特級園品質更出眾，這瓶酒的年份是一九九〇……」我勢不可擋，繼續說下去：「……年份太好了！這瓶葡萄酒現在飲用剛剛好，馬上躍升收藏家的典藏葡萄酒，而且還是十三年前釀造的酒，它現在的滋味你無法想像——帝王般的頂級享受，渾厚綿長，完全可以品嘗到法國幾世紀以來的歷史，勃艮第公爵、僧侶——」

「好吧，就這瓶了吧。」礦主打斷我。他沒有正眼看主任，就把酒單遞給他，我們腳步匆匆地離去。

主任堅持要我和他一起下樓，去大門深鎖、收藏高級葡萄酒的酒窖，我馬上就能拼齊這間餐廳的一塊空白拼圖了。窄石階帶我們走進深深地底，最後我站在員工傳說中的酒窖。果然和我猜到的一樣，這裡完全沒有服務生想像的遼闊驚艷，絕對不是以梅斯地底石灰岩鑿刻、不見盡頭的波莫里香檳地底倉庫。但怎麼說酒窖規模還是十分驚人，光是名貴葡萄酒的收藏數量就令人難忘。酒窖天花板低矮，老舊建築石頭觸感冰涼，我們蹲低身子站在泥土地上，主任小心翼翼地從架上取出一瓶酒，彷彿從核反應爐中移除一塊鈽。在單顆燈泡的微弱光線下，我看不清楚他的唇語，他正喃喃自語著什麼，也許是對葡萄栽種之神念著召魂咒語。

「選的太棒了，不得了。Quel vin. Quel vin（好酒！真是好酒）！我想是我低估你了，英國佬。」

他把酒遞給我。

「神聖使命就交給你了，你來開瓶斟酒，我先提醒你要怎麼——」

「沒問題的，我知道怎麼做。」

「那怎麼行，我不能讓你粗暴破壞這瓶好酒。」

我再三安撫他，我真的知道怎麼做。走回用餐大廳的路上，侍酒師的話在我腦中盤旋：「記住，絕對只能用一手托著瓶身，像摟著女人腰身，輕輕攬著瓶腰，不是瓶頸。拆開錫箔紙時，要從瓶頸上緣的隆起處下方割開，為什麼？要是你和大多人一樣從這裡割開，倒酒時金屬碎屑就可能一起倒出……酒液變質馬上就能察覺……不用品鑑了，軟木塞已經很清楚……聞起來絕對不能有潮濕氣味……在鼻子下方輕輕一揮，你就會察覺氣味有異……品鑑的時候應該先倒一點，整瓶交給客人……

不是要他品嘗，而是請他查看葡萄酒是否變質……一定要讓客人看見酒標，這時你要換手勢，像抱嬰兒那樣托著酒瓶……另一手疊在酒瓶背後……眼睛不要看客人……如果都沒問題，接下來就幫其他客人倒酒，最後為負責品鑑的人倒酒……你可以把軟木塞留在桌上，讓客人品嗅……酒瓶放桌上時，要確保酒標轉向面對點酒的客人……特別點出是因為有些國家會把酒標面對全餐廳，讓其他桌客人看見……我個人是覺得這種舉動不合格……太低俗了。」

我使用薩爾磨到發亮的開瓶器（送給服務生好朋友的服務生好朋友）開酒，順利倒出葡萄酒。澳洲礦主點頭表示葡萄酒沒變質，再次贊許太太選得好。等待肋骨牛排上桌時，主任交代我整晚都服務他們。我幾乎要以為他是我父親，對我的成就感到驕傲了。

「他們留在餐桌上的全是你的了。」彷彿他這種出身背景的人不在乎錢。

整場服務下來，我都表現得體稱職，接近隨傳隨到的貼身男僕，樂意指點他們在巴黎停留的大小事。我露出老練的服務生微笑，每個動作後都輕輕鞠躬，十足僕奴姿態。我已經在腦中想像怎麼花這筆錢。億萬富翁會留下多少小費？五十歐元？一百歐元？還是更多？我把在餐廳得到的所有技能知識學以致用，我就是模範服務生。他們準備離開時，我甚至大膽攔下女接待員，要她幫忙叫計程車，彷彿我是億萬富豪的貼身秘書。這麼做不只是服務澳洲礦主，也特別做給人在附近的路西安和德蘇沙看。女接待員的眼神叫我閃邊去，但是看到主任哈腰鞠躬、感謝礦主，她也不敢輕舉妄動。礦主溫暖地握了握我的手，拍拍我的背，彷彿歡迎我正式加入服務生行列。

壓在黑色皮革帳單簿下的，是澳洲富豪留下的十歐元。誰都不信我說的話，不過往好處想，他們幾乎沒碰那瓶名酒，於是我一把撈起酒瓶，衝進出餐口找路西安。

「Mon ami（好兄弟）。」路西安看見葡萄酒時差點痛哭流涕。「等等。」他彎身朝出餐口大吼：「尼姆沙！兩個葡萄酒杯，高級的那種。」

金屬檯面上冒出水晶材質的深廣酒杯。路西安近乎虔誠地緩慢倒酒，我們舉杯輕碰，我一口乾掉，路西安悠哉享受這一刻，絲滑酒液在口腔中滾動。我吞下，他把酒液吐進廚餘桶。

「Putain de merde. Il est bouchoné.」變質了。

他放下酒杯，轉身離開。「一毛錢都不值，丟了吧。」說完消失無蹤。

我望著還剩下半瓶的葡萄酒，以及路西安幾乎沒碰的酒杯，沒「那麼」糟糕吧，至少我無知的英國鼻子不覺得。沒多久皮歐特進來，完全不介意葡萄酒是否變質。

「還是有酒精啊。」他傻笑。

我們離開出餐口不到幾秒，整瓶酒已經一滴不剩。

晚餐時段結束時，主任上前找我。

「英國佬，今天幹得很好，我刮目相看。明天起你開始在露天用餐區服務，如何？」

＊　＊　＊

夜色籠罩時，空中飄浮著樂音。老薩克斯風手倚在拱廊下的牆邊，今晚五音不全地演奏著電影《教父》的主題曲。我抽菸休息，一抹笑意在我臉上漾開。我人在巴黎，穿著燕尾服、紅襪子、紅方巾，享受晉身成功人士的第一根香菸，我總算變成自己人，很確定日子將不同以往。

經過六個月的漫長等待，我總算成為服務生。

❖每場派對都有一個尼可

下班後，我和路西安坐在餐廳附近的香菸酒吧，酒吧即將打烊，路西安覺得我們應該去瑪黑區，隨便混進一場派對，慶祝我正式加入服務生行列。

「我們不能這樣，看看我們。我們應該和同年齡的女孩在一起，你看酒吧的克勞蒂幾歲了？七十跑不掉吧？」

「我們應該先換套衣服，我全身臭氣沖天。」我告訴他。

「哪有。」他起身，凝望著吧檯後方的斑駁鏡子。「我們看起來又帥又時髦，天生就這麼帥。來，你站起來看看。懂我意思沒？速速到廁所梳洗一下就夠了。」

我分不出他是指亞德烈的商品，還是真正的梳洗。路西安點了兩小杯廉價威士忌，灌下威士忌後我們直接上路，幾乎整整一個鐘頭都在瑪黑區的寧靜巷弄繞來轉去，手裡拿著薩爾瓦多風格的「跑趴啤酒」，伸長脖子搜尋派對蹤跡，偶爾走進酒吧補充廉價威士忌。正準備放棄時，我們無疑聽見牆上迴盪著音樂笑語。

「在那裡。」路西安手指向燈火通明的公寓高窗，窗邊有幾群人在抽菸，美妙笑聲猶如天籟灑落街頭。

「可我們要怎麼混進去？」我問。

「簡單，跟我來。」路西安數著建築物的窗戶和樓層，確定我們找到正確的一樓大門時，他遞給我一根香菸。「現在我們耐心等。」他說。

我們沒等太久，很快就有一組準備離開派對的人馬走出來。

「C'est au quatrième, c'est ça?」是四樓對吧？路西安隨性問他們。

「Oui, bâtiment B, puis quatrième à gauche（沒錯，B公寓，左邊數來第四間）……」眼珠深綠、穿著迷你皮裙的女孩答道。巴黎公寓的方向指引複雜，幸好路西安的服務生短期記憶力很強，沒漏掉重要資訊。

在樓梯井中央隆隆作響、猶如牢籠的小電梯中，我們設定好故事背景。路西安堅持要我們假裝成從倫敦來巴黎打拚的演員。

「有兩個主角的莎翁戲劇叫什麼？」

「仲夏夜之夢？」

「有精靈的那部？」

「對，還有兩個男主角，狄米特律斯和拉山德。」

「他們酷嗎？」

「呃，他們喜歡的女生……」

「花花公子是吧，太好了。你知道傑克．瞿彤克的歌《花花公子》嗎？」

他哼起歌，證明他真的醉了，也可能是因為他又有機會意氣風發，用演技迷倒眾生。我們站在前門，屋內傳來嘈雜音樂。

「準備好了嗎？」路西安問。

「準備好了。」

「聽我的指示。」

路西安按下門鈴，點燃一根菸，沒多久一名男子開門，滿臉狐疑地望著我們。

「Hé, salut（唷，你好）。」路西安的口氣愉快友善。

「Oui（你哪位）？」男子起疑地問。

「我們是尼可的朋友。」話還沒說完，路西安已逕自走進門。

「當然。」男子只回道。

一踏進現代藝術裝飾風格莫名其妙、奶油色沙發、深色木地板的奢華公寓，路西安轉過頭對我微笑，說：「這是另一件你要學的事，那就是每場派對都有一個尼可。」

我們多半都窩在香檳所在的廚房，保持低調，等大家習慣我們也是客人。後來我們開始和一個女孩聊天，身形嬌小的褐髮女孩名叫瑪歌，渾身散發法國女孩獨有的優雅氣質。路西安說了聲失陪，表示要去洗手間，接著從冰箱拿出一瓶香檳。瑪歌湊近我的臉，面帶笑意地說：「很厲害嘛。」

我不是很懂她的意思，以為她在讚美我們突飛猛進的演藝事業，鎮定回答她：「我們沒什麼了不起，路西安關不住話匣子而已。」

「噢，但是你很厲害，你說服我了。」

我這才發現她看穿我們的把戲。

「你裝得很像。」她繼續說：「是因為你們說是尼可的朋友才露出馬腳。你知道嗎，尼可——是我哥哥。」

我朝她的視線瞄了過去。尼可是那種健身房壯漢，在四個體格同樣粗壯的朋友鼓吹下，一口接著一口灌下綠薄荷酒和伏特加。隔壁房間歌曲播到一半驟然停止，傳來像是路西安先前在電梯裡演唱的歌曲。

「傑克．瞿彤克？」我問瑪歌。

「對，《花花公子》。你不擔心嗎？」

暗示尼可和他的朋友是惹不起的類型，或許誇大其詞了，不過現在三更半夜，加上他們的興奮醉態（不斷鼓吹兩個在拚酒的人灌下一口酒），現在也許是離開的大好時機。

「別擔心，我不會說的，只是覺得好笑，再說他的朋友都很無趣。所以你們是做哪行的？」

「老實說，我們是服務生。」

「我早該猜到的，這身西裝很明顯。他比較明顯，你倒是擺了我一道。你真的不像服務生。」她深深吸了一口菸說：「服務生嗎，哈。」

「這是妳家嗎？」我試著換話題。

「不，這是我老爸家，可是他今天出城。幸好，我好奇要是他知道兩個服務生闖進他家，他會做何感想。你知道嗎，我可以叫警察。」

我們的視線落在室內墮落頹廢的場面，情侶擁吻、有人抽菸、酒液濺灑一地，到處都是酒瓶空杯，樂音愈來愈囂張，尼可派一個朋友去轉低音量，音樂戛然而止，他回來時表情不妙，我知道我們闖下大禍了，因為尼可和其他人臉色鐵青地踏出廚房，原本在廚房的人預感有好戲看，也全跟了上去。

「我想你朋友拖你下水了。」瑪歌露出微笑，跟著其他人走。

我跟上去，發現路西安在客廳遭到團團包圍，尼可揪起他的衣領。

「尼可？你是尼可的朋友是吧？」尼可咆哮。

他的朋友全哈哈大笑。

「給他點顏色瞧瞧。」

路西安想各種方法脫離險境，精神值得贊許。

「這邊還有一個。」

我來不及反應，已經有人用手臂勾住我的喉嚨。

「你也是尼可的朋友？」

「還不是。」我愚蠢地回答：「我是瑪歌的朋友。」

這時我偏偏找不到瑪歌，沒多久，我們就在一陣兵荒馬亂中被丟出公寓，還挨了一頓拳腳，然後他們甩上大門，繼續播放音樂，門後傳來歡呼聲。

「我的眼睛看起來怎樣？」路西安問。

「沒事啊，怎麼了？」

「那個混帳下手不輕。」

下樓時，我們與四個準備上樓的警察擦身而過。

「老兄，你們總算來了。」路西安說。

「你們剛離開那場派對嗎？我們接獲鄰居的噪音通報。」第一位警察說。

「不是，警察大人，我們住在隔壁公寓，剛才是去警告他們太吵，我們睡不著。你知道嗎，他們態度很差，現在更大聲，我們要怎麼睡，明天怎麼上班。」

警察滿臉狐疑地打量我們，然後繼續上樓。

「尼可。」路西安朝他們背後吼道。

「什麼？」

「尼可，這是他的名字，態度最差的那位。」

我們躲在樓梯井，靜靜等待，先是聽見一陣敲門聲，然後是大門敞開、樂音流瀉的聲音。一聲嘶吼後音樂暫停，我們聽見警察問：「哪一位是尼可？」我們趕緊衝下樓，逃離公寓。

「你要到她的電話號碼了嗎？」路西安問。

「沒有，你呢？」

「可惡。」

「我覺得傑克・瞿彤克恐怕害慘我們了。」

「我們絕對不是第一個碰上他而把妹失敗的人。」

我們哼著《花花公子》，一路喝著香檳穿越瑪黑區。路西安有先見之明，從派對偷溜出公寓，把香檳藏在樓下盆栽裡。我們一如往常聊著電影，聊要是我們人在洛杉磯可以做什麼。說再見的時候，路西安的眼睛略顯腫脹，只好使用已經退冰的香檳瓶冰敷眼睛。隔天路西安明顯帶妝到餐廳，其他服務生被逗得樂不可支，笑他當不成演員，現在改和主任去反串秀場兼差。路西安整天都和主管保持安全距離，免得被發現化妝。

第六部　甜點
LE DESSERT

❖ 薛西弗斯

夜幕低垂，露天用餐區幾乎空無一人，只剩一桌法國女人，她們斷續的笑聲傳遍餐廳前方小廣場，像朝無人地帶連續射擊的機關槍。火紅暖爐照亮餐廳門口，像是精瘦皇家護衛的皮歐特在門前站崗。他頭頂上方是用餐大廳大面的窗戶，框出用餐客人的剪影、搖曳閃爍的燭光，偶爾可以看見德蘇沙猶如鬼魅的身影，端著裝有餐後酒或起司的托盤飄過。過沒多久，我看見他來到門前找皮歐特，兩人短暫交談後，德蘇沙沿著露天用餐區匆匆離去，消失在幽黑的拱廊屋簷下。原本看顧酒客的皮歐特走進餐廳，沒多久我就看見他行經窗前的影子。

德蘇沙沒發現我。即使是休息時間，他依舊來回踱步，迅速抽著菸。他拱起肩膀，踩著細碎快步，與在餐廳工作時如出一轍。德蘇沙是職業服務生，已經當了一輩子，照我看會一直做到倒下為止。

「德蘇沙。」

「噢，英國佬，我剛才沒看見你。」

他在我身旁坐下，發出熟悉的咕噥。

「你覺得新人怎樣？」他問。

「皮歐特？我喜歡他。」

「工作很拚。」

「他說他有自己的餐廳，在格但斯克。」我說。

「他告訴我他是老闆的隱藏合夥人，誰知道他鬼扯什麼。做服務生的人絕大多數是瘋子，我喜歡當服務生的一個原因就是『人』。他們不是瘋子、笨蛋，就是想逃離什麼。這個皮歐特，我猜他是想逃離什麼的笨瘋子。」

「亞德烈告訴我，皮歐特說他剛離開法國外籍兵團，聽起來很有可能，畢竟他臉上有道傷疤，身上還有刺青。」

「我就說了吧，英國佬。他是想逃離什麼的笨瘋子。」

「那你是哪一種？」

他沒回答我，思緒飄向遠方。

「我今晚本來應該陪女兒的，今天是她三歲生日。」

「發生什麼事了？」

他沒有立刻回答。

「六點鐘科倫丁要我留下加班，就是這樣。」德蘇沙嘆了一口氣。「這樣說來我也是笨蛋。」

沉默在空氣中蔓延。我好奇他是怎麼辦到的，怎能容忍這一切，任他們奪走他的私人時間。

「幸好我的酬勞不錯。」他繼續說：「再補送她禮物就好。這就是在塞納河畔餐酒館工作的好處，小費比其他餐廳優渥，而且這份工作很棒。」

「你可以賺到多少錢？」

他噘起嘴唇：「一整天下來嗎？大概……」他在腦中計算：「……一百六十歐元。」

「你目前為止收過最高的小費是多少？」

他在漆黑中對我露出微笑：「比這高出太多啦。你知道嗎……有一天我在工作……那時我年紀與你相仿，被指派到一桌阿拉伯客人──你知道，就是有錢人。總之他們用餐很開心，一切都很順利──我表現很稱職，餐點又美味。可是整頓飯下來，坐在桌尾的女人半句話都沒說……」他抽了一口菸：「……看起來很 miserable（可憐）。當然餐桌上的男人都不理她，你知道阿拉伯人是什麼樣子。Bref（唉）……所以吃飯吃到一半，她走向餐廳裡面，我以為她只是去洗手間，結果她居然是去吧檯，一口氣灌下三小杯純伏特加！還戴著頭巾。」

「然後呢，酒保把這三杯伏特加記在這桌帳單上，卻沒告訴我這件事。餐後坐主位的男人要帳單……唉，萬萬沒想到，那個灌下三杯伏特加的女人是他老婆！但我當時不知道，很自然地把帳單遞給他。帳單明細又長又貴，我當下也沒仔細看──畢竟時間很晚，我也累了，相信你也知道是怎樣吧。一般來說，服務生把帳單交給餐桌就先離開，讓客人慢慢看。」

「我把其他餐桌的空盤送回出餐口時，突然聽見外面傳來叫罵聲，於是馬上趕回去，你可以想像嗎？酒保就在那裡和這名男客吵架，可惡的酋長！酒保當著全餐廳的面對我說——『德蘇沙，這傢伙竟敢控訴我是騙子，他說他老婆沒有點三杯伏特加，明明就有，我親自幫她送上的。』

「你可以想見那個場面，夫婦兩人都否認到底，那時我還不知道她喝酒的事，剛好這個酒保又是酒鬼，為了掩飾偷喝酒，他會把酒錢算在客人的帳單上。總之，我向客人保證會釐清誤會，把酒保拉到後面……回到餐桌之後，我向客人說明，這是一場天大的誤會，他太太沒有喝伏特加，是蠢酒鬼酒保的錯。客人當然開心不起來，但我幫他們痛罵這名來自馬賽的酒保，他們都開心笑了。其實我已有自知之明，他們離開後，餐桌上肯定一毛錢都不會有。你可以相信嗎？因為這個酒保，阿拉伯油王的小費全飛了，我氣炸了。但是……接下來發生一件事，你絕對無法相信……一個我沒見過的阿拉伯人上前握我的手，答謝我這一天的幫忙，他自稱是酋長司機，想要好好答謝我。他握著我的手，說這天的商業會議很重要，眨了眨眼，轉身離去……這時我才發現他在我手心塞了一張五百歐元大鈔。五百歐元！你看過嗎？超大面額的紫色鈔票。」

「這件事我當然沒告訴酒保，假裝他們半毛小費都沒給，故作鎮靜地告訴他，我要出去抽根菸，怔怔盯著掌心裡的五百歐元大鈔。我可以一天內就付清房租，不過當然，我沒有這麼做——不，不，不，怎麼可能，我買禮物送我女友，把五百歐元花光光！一個週末揮霍完五百歐元，咻，錢就這樣沒了，簡直就像酋長。碰到這種狀況，我就想起為何我熱愛這份工作，畢竟可以邂逅各式各樣的人，還有小費拿，哈！」

「現在不一樣了，你知道我工作是為了什麼嗎？為了女兒打拚。這也是為什麼進帳不順，或是荷諾這種垃圾偷走小費時特別難熬，因為我全心全意想著她的將來，或是聖誕節。我受夠了卡債，英國佬。今年我和未婚妻下定決心：聖誕節不能再簽帳了。我們已經開始儲蓄，每個月都存一小筆錢，但婚禮是一筆龐大支出，要是有人告訴你婚禮不花錢，把我的善意提醒轉達他們。科倫丁很清楚，所以他們知道要是需要，可以要求我留下來加班。偏偏今天是我女兒生日，老天……」

「我很欽佩你，德蘇沙。你真的是個稱職的服務生。」

「稱職的服務生，失格的老爸。」

「出色的老爸。」

「Merci mon ami（謝了，老弟）。我真的好愛她們，你知道嗎，愛到我自己都怕，怕哪天失去她們。」他又點第二根菸，指著小廣場。「你想像過小廣場曾經見證的事嗎？誰曾經在某個人生階段走過這座小廣場？可能是國王，可能是和你我一樣的市井小民，但真的很美妙，沒有多少人可以這麼形容自己的工作場所。有時我也幻想自己坐在辦公室，但老實說，還是算了吧，整天關在室內盯著小螢幕，不了，多謝。」

「當經理如何，待遇會不會比較好？」我問。

「薪資是會增加，工時應該也比較好，但這樣我就不能做自己熱愛的工作，我會想念用餐大廳的人聲鼎沸，與人的互動，還有小費爭奪遊戲。我覺得經理賺的可能沒那麼多。」

「領班呢？」

「亞德烈的工作？想都別想，他們逼我也不幹，這是他的工作，沒人比他適任，再說現在連賈瑪爾和荷諾都想搶他的工作……」

「要是換一間餐廳呢？」

我只怕他被制度化得太深，愛著折磨他的人，我感覺餐廳沒有好好照顧他，只是不斷榨乾他，之後再找人取代他。

「英國佬，我現在有一個孩子，很快就有老婆要養。要是我換工作，誰知道會怎樣，說不定新餐廳一週後就開除我，我怎麼辦？可是這間餐廳的主管認識我們，照顧我們，我不必擔心失業，總之目前我還是喜歡這裡。要是哪天真的不想做，我會拍拍屁股走人。這就是當服務生的好處，走到哪裡都能工作，還能遇見形形色色的人，譬如你，我第一個英國朋友。」

我們兩人握手。我抽完菸起身，德蘇沙說我是他朋友，我深受感動。

「英國佬——」德蘇沙對我喊道：「說到加班，別以為我沒注意到你工時也很長。聽著，我知道這不容易，但永遠別忘記微笑。」

他慢動作揮出一記右鉤拳，又加碼揮幾下空拳。「施與受同樣有福。」

「你現在還常打拳嗎？」我問。其他服務生說他不打拳，只是鼻子被打歪的藉口，或是年輕時代的美好回憶。

「不常，但我以後會的。我喜歡當服務生，不過你知道嗎？到頭來我的夢想還是開一間健身房。這是我的打算，不是什麼厲害的地方，只需要幾個沙袋，一個拳擊台，訓練空間，教教小朋友……你也知道，大概這種。」描述未來夢想時，他好像頓時失去動力。

「我從沒看過五百歐元紙鈔。」

「因為通常只有罪犯才拿這種大鈔。五百歐元紙鈔填滿一盒菸，就有二萬五千歐元。每逢大筆交易，他們都使出這種伎倆。」他望著手中的菸盒。「想像一下，這麼大一筆錢全塞在這裡，一個菸盒就能改變你的一生，全掌握在手裡。」

「你怎麼會知道？」

「亞德烈告訴我的。」

「亞德烈，對哦。他好像很緊張婚禮致詞。」

「英國佬，我希望你能來，對我意義重大。」

「參加你的婚禮嗎？」

「當然！你是我的朋友，非來不可。」

我居然受邀參加婚禮，看見我掩不住興奮，德蘇沙似乎很開心。我反應得像是這是我人生最美妙的一刻。

「你覺得他們會准我一天假嗎？」

「拿他們欠你的加班時數抵。要是你能來就太棒了，大家都在，總算可以一起好好放鬆狂歡。」

德蘇沙常說，只要懂得一笑置之，事情就沒那麼嚴重。我不是卡繆筆下的薛西弗斯，他才是。他學會熱愛自己的工作，這週而復始、費盡氣力、不穩定的工作，現在這份工作算是穩定了，畢竟他有女兒，很快就會有老婆要養。德蘇沙就是忠誠的化身，即使家人會比較好過，他還是沒想過取代自己的朋友。他的心態值得敬佩，即使主管要他留下加班，不能接女兒放學、不能送她上床睡覺、甚至錯過她的生日，他也很少陷入低潮，幾乎隨時保持樂觀正向，只對主管輕輕露出禮貌微笑，但你很難錯過他眼底閃過的一絲哀傷。他也知道自己踏上了這個永遠下不來的倉鼠滾輪。睡眠往往是美夢降臨的時刻，可是餐廳工作令人精疲力竭，你連做夢的力氣都沒有。他口中的拳擊頂多是一種消遣，他也心知肚明。拳擊是他年輕時代的最愛，現在他沒有這種閒情。儘管他站在出餐口忘情聊著自己和當地人的拳擊比賽，或是比劃空拳、矯正我們的拳擊姿勢，但他已經不是過去那個拳擊手，更不會馬上變成拳擊手。聊拳擊能讓他強打精神，想像一個不一樣的將來，當他總算成功把巨石滾上山坡，而未滾落的一日。

德蘇沙骨子裡就是好人，他從不詛咒別人，連一隻蒼蠅都不會殺，甚至不覬覦服務生領班的位置，在人生當下處之泰然，因為這份工作，他負擔得起生活必需品、孩子教育、健保，也許他覺得這樣就夠了。他做這份工作太多年，沒有選擇，非這麼想不可。

要是給小費需要理由，想想德蘇沙這樣的服務生就好。

❖ 皮歐特

皮歐特住在高檔貧民區，也就是緊鄰聖圖安門、環城大道不遠的簡陋小屋。裝潢風格雜亂，比較像是從納粹占領時期穿越現代的巴黎公寓。儘管巴黎環城大道的隆隆交通不絕於耳（廚房搭配環城大道美景），但是他的公寓地板是鑲木地板，還有他親自油漆粉刷的木製百葉窗，另一間房間的牆面甚至鋪上地毯，裝了開放式壁爐，他向我保證，這樣就能「節省冬天暖氣費，也能向天花板的黴菌說不」。他說房東是一名東正教司鐸，「比你現在的房租便宜，英國佬，而且百分之百沒有床蝨。」

「你怎麼知道的？」

「駐守圭亞那時，我的手腕也有類似咬痕，床蝨大到我還直接拿香菸燙牠們，這些王八蛋還會爬牆。你的很嚴重嗎？」

我掀起襯衫，讓他看我布滿咬痕的上半身，你還看得出牠們跨越我身體的路線，早上我的床單上布滿小小黑色污痕——全是床蝨糞便。

「Ah ouais, quan même（啊，沒錯，和我一樣）。」

「我的房東太太說是我帶來的。」

「你知道這種蟲除不掉嗎，要燒掉整張床。」

「路西安也這麼說。」

舉凡餐巾、餐盤、餐具等廚房用具，都是皮歐特從塞納河畔餐酒館帶回家的戰利品。偶爾在餐廳偷個幾樣東西很正常（麵包、葡萄酒、咖啡），畢竟這也是服務生和雇主之間的默契——餐廳的工資低廉，服務生多少會摸走幾樣需要的東西，但是皮歐特的作業規模令人讚歎。

從他敘述的故事，我猜到皮歐特曾在馬賽、尼斯、里昂工作，一路北上抵達巴黎，不管他做什麼似乎都很成功。看你問的是誰，他在這裡還是堅稱自己是波蘭餐廳老闆、演員、貴族、塞納河畔餐酒館合夥人。自從和皮歐特成為朋友，其他說法都煙消雲散，只剩下他前不久才離開法國外籍兵團的可信說詞——關於他的過往，當然還是有不少漏洞，雖然他沒有深談，我仍舊很欣賞他。皮歐特追求的人生當然是活在當下，明天的事明天再來煩惱。「英國佬，情況不可能更糟，就算是，我們還是得繼續前進。」每次輪班很辛苦時他都這麼說。和德蘇沙一樣，無論情況好壞，他都盡量保持正向積極的心態，他覺得目前的生活環境就像是法國國王。他唯一的抱怨是住家附近的地下通道，民眾每週都會舉行兩次市集。

「你真的想像不到啊，英國佬……專門賣一些垃圾，有個男人賣一隻鞋和一條開水壺纜繩——就這樣，putain（媽的）！誰要買一隻鞋？不過你真該看看，他們會為一隻鞋吵翻天，有時還有幾百人搶。」

我知道他說的是哪些人，我還住在辛普朗飯店時看過他們交易，這就是「他者」經濟，全是剛到巴黎、沒有合法證件或親人的移民、遊民、羅姆人。也是一般人假裝不存在的巴黎，除非對他們有好處時，例如想盡快脫手而把東西丟在街上的時候。

這些人大多住在首都外圍的眾多棚戶區，尤其是羅姆人。他們利用巴黎市區四處撿拾的材料，好比廢棄門框、架子、篷布，拼裝成一排排棚屋。這類棚戶區在廢棄鐵道、公路邊緣、工業區如雨後春筍冒出，其中一個距離皮歐特住處不遠，可以解釋為何附近有這種市集。棚戶區坐落繁忙環城大道內圈的低窪地，環繞全巴黎的老鐵軌，也叫 le petit ceinture，「小皮帶」。陋屋以塑合板和篷布搭配金屬煙囪管搭建，小屋頂端伸出的煙囪全年無休冒煙。隨便拼湊搭建的屋頂上也堆滿廢棄物、臭酸衣物、塑膠盆、兒童玩具，全被煙囪燻到發黑。在巴黎，不管你想丟什麼，都可以直接丟在街上，因為無論是什麼都會消失，最後多半會出現在這種地方。

還住在辛普朗飯店時，我也常看見幾組撿廢棄物的人馬（通常是女性），他們通常很清楚大型超市丟垃圾的時間，在垃圾箱後守株待兔，戴著頭巾的幾群女人通常在營業時間結束或清晨坐在附近八卦閒聊。一有人出來丟垃圾，她們就爬進垃圾箱，井然有序地一樣樣翻出任何還能吃的東西。這群女人還分成不同階級，儘管最後大多的垃圾都丟在人行道，她們還是會尊重彼此。要是有外人上前（例如流浪漢）喧鬧或想要搶東西，她們會喝斥對方。

皮歐特住家另一端是知名的古董市集，很有巴黎風格的聖圖安跳蚤市場，有時我們會一起走過去散步。我搞不清到底哪個市集比較惹毛他，是這個跳蚤市場，還是剛說的平民市集。

「看看這個，英國佬，你看到標價了嗎？」我們走在遮篷走道上，查看兩側滿滿昂貴古董傢俱的小店，他告訴我：「我跟你說，我們弄一台廂型車，就你和我，一路開到東歐……這裡販賣的垃圾爛貨──舊椅子和櫥櫃，全是東歐居民恨不得擺脫的東西。我們半毛錢都不用花，全部撿回來……載著一整車『古董』回巴黎，開一家類似的店，出售我們搜刮來的戰利品。我敢說這些都是革命前夕的俄羅斯物品，你假裝是英國古董專家，他們一定會信你的鬼話，我的口音不行。」

「我們可以說你是白俄羅斯人。」

「告訴你，我們會發大財！有了這筆錢，我們就能開一家小餐廳，就你和我。有英國人當門面，餐廳肯定很快就會成為全城焦點。我來管廚房和服務生，確保沒人亂偷東西。」

「服務生真信不過。」

「真的。」他露出微笑。

「你波蘭的餐廳怎麼辦?」

「哦,對,當然,不過我們的餐廳會比較時髦,畢竟波蘭人沒什麼錢,我們能開出四倍以上的定價,供應和波蘭相同的餐點,開到五倍都可以。」

「我們要在哪裡開店?」

「左岸,再不然去瑞士。我們軍團有個瑞士人,聽說那裡物價更高。想像一下,瑞士一塊披薩要三十歐。三十歐!搶錢嘛。」

這種對話會持續一陣子,所有服務生都一樣,討論著未來想做的事,但是比較類似遊戲,畢竟我們誰真的相信這些夢想很難說。夢想成真總是他人的故事,我們躲在暗處觀看,在他們用餐時短暫飄浮在他們肩頭。

皮歐特堅持要我和他先前提到的「東正教司鐸」見面,我又強烈動起搬家的念頭,尤其床蝨的問題愈演愈烈,本來只是早晨醒來時手腕幾枚惱人小咬痕,現在變成嚴重的皮膚問題。現在要是我太晚下班,會發現牠們早已出動,在床單上爬來爬去找我,每晚睡覺都搞得像是躺上供品祭壇一樣。

❖ 森林寓言

皮歐特和我坐在微弱的晨光下，悠哉抽著菸，等待週日午餐時段開始。他兩眼通紅，渾身酒氣，雙手輕微顫抖——似乎徹夜未眠，認真看才發現，幸好大多數客人很少抬頭看服務生。

「後來怎麼樣？」

「啊，那麼久以前的事，我不記得了。」他硬擠出微笑。

「今晚想幹嘛？」

「我從不想那麼遠，英國佬。」

「你的西裝外套背後都是泥土。」我告訴他。

聞言後他不發一語，只是打嗝吞口水，朝水溝蓋吐出一坨驚悚的紅褐色唾液。我們正在廚房後門附近，焦糖化紅蔥頭的香氣不斷飄出。過沒多久皮歐特起身，站在兩輛汽車中間嘔吐，用手背抹嘴，坐回我身旁。精心打扮的兩個女人目睹這一幕，裝作沒事繼續前進。要是皮歐特是有錢人，大家就會形容他特立獨行，再不然就是享樂主義者，偏偏他只是服務生，所以很不幸，他兩者皆非。我們上次見面是前一晚的凌晨三點在皮加勒，慶祝小費豐收。

「我工作累得像條狗，才不是為了晚上睡得像條狗！」交出今天營業所得後，皮歐特踏出小辦公室說：「我工作累得像條狗，是為了做愛像條狗。而今晚，英國佬，你要和我一起來。我邀請你，你不可以拒絕。這樣太失禮，英國人從不失禮。再說這是我們一起努力來的。」

他打開裝著滿滿髒鈔票的服務生皮夾。

「就一杯。」我告訴他，我是認真的，現在我只想回家睡覺。

「太好了，就一杯。那我們去皮加勒，我知道一間店。」

兩個鐘頭後，我們來到閃著昏暗紅燈的地底巢穴，喝著收費昂貴的室溫啤酒，衣衫襤褸的女孩骨瘦如柴，不輸我和皮歐特，但他依然興致勃勃。

「看看她的胸部。」他低聲說，然後招呼女孩坐他的大腿。

女孩一臉公事公辦地望著我：「那位是我朋友，她喜歡你。你今晚想和她獨處嗎？」

「我有他就夠了，多謝。」

「拜託，英國佬，你太失禮了。別擔心，我來買單。至於妳呢——」他對女孩說：「妳和我來，單獨為我跳支舞如何？」

女孩拉著皮歐特走到我身旁的帷幕後方，我能看見他露出帷幕的雙腿。除了駐守門邊的長皮衣夾克保鑣、吧檯後飽經風霜的女人，我們是酒吧裡唯二的客人。坐在吧檯喝水的女孩朝我走來。

「你想跳舞嗎？」

「不了，謝謝。」

「你不喜歡我？」

「我沒有錢。」

這時我聽見帷幕後方傳出皮歐特的聲音，他反覆說：「別害羞，儘管摸。」這時，我和另一個女孩在聊從國王十字車站走到羅素廣場很方便。

沒多久服務皮歐特的女孩又冒出，門前的高大保鑣緩步上前。我看見皮歐特的雙腳還在帷幕後方，有如高山的男人一把拖起皮歐特，說他點了兩杯二百歐元的啤酒，要是不付錢，保鑣就要「eclater nos gueles」，打爆我們的臉。我們酒精混亂的腦袋還沒消化這句威脅，皮歐特已經以迅雷不及掩耳的速度，出奇不意祭出一記頭槌，這猛力一擊讓保鑣飛過地板，他伸手掩鼻，皮歐特馬上補一腳踹向他的肚子。這是我最後看見的畫面，因為我早就一個箭步踩著小階梯上樓回到街上。女人尖叫著追上樓，但我們已在大道上拔腿狂奔，直到肺部抽痛，到一段安全距離才停下，捧著肚子狂笑。

「該死的波士尼亞人，打爆我們的臉……我才打爆他的臉。波士尼亞混帳。」

「波士尼亞人？什麼意思，你怎麼知道？」

「一公里外就看得出來了。」

「這是波蘭人的絕技嗎？」

「你問題太多了，英國佬。」

「快點承認你不是波蘭人，大家早就猜到了。」

「我是波蘭人，我的名字是皮歐特。」

「最好是。」

「你哪天最好把你的本名報上來。」

自從皮歐特來到塞納河畔餐酒館，他的職業素養就振奮全餐廳士氣。沒人工作比他認真，他就像一頭公牛，不論他們要他做什麼，他都認命去做，即使指使他的是服務生，他也忍氣吞聲。大家視他為笑柄，但是皮歐特很快就證明他是山不轉路轉的行動派，分配到最遠的露天用餐區桌位沒什麼大不了，他反而樂於接受挑戰。皮歐特第一天上班時，我還是跑堂員，當天他被換到遙遠的桌位，依然沒半句怨言，只是塞給我二十歐元。那一天我跟著他工作，工作尾聲他又分給我二十歐元。這就是真正的專業服務生，那時開始我就不分晴雨，每天跟在他身邊工作。我們合作無間，他只罵過我一次，那次我右腳長了兩顆大水泡，走起路一跛一跛。

「這根本不算什麼，英國佬。在外籍軍團時，我們只能拿到舊鞋和二十二公斤的背包，還要行軍一百公里，中間不能休息。鞋子是隨機發放的，不能選尺碼，偏偏我拿到的鞋號太小。一百公里，你想像一下，再來告訴我你的腳還在痛。」

無論皮歐特的軍團故事有幾分真實，每次碰到工作低潮，他的故事都大大提振我的士氣，從北非妓院、叢林特訓營，乃至他的同袍大膽逃出軍團的故事都有。親眼見證他在非巔峰狀態痛毆波士尼亞保鑣的勇猛後，我更確信他待過軍團。在他告訴我們的所有背景故事中，軍團的故事可信度最高，或許也充分解釋了為何他現在是服務生。

「我們需要找女孩子，英國佬。」皮歐特說，他向街頭小販買了一包菸，邊抽菸邊撕開濾嘴，我一直覺得很佩服。

我們又踏進另一間酒吧，全是滿臉愁容的男客，於是皮歐特宣布，我們想要優質女孩，就得去布洛涅森林。他說布洛涅森林的路邊有一整排女人，不管是誰都能找到樂子。他形容幽暗森林路上，某處有很多車窗掛著塑膠袋的老廂型車，有些女人站在街燈下，有些則在森林裡守候。

「走不同路，你就會遇到不同類型的女人，不管你的品味是什麼，絕對都找得到你要的。真的很棒，就這樣邊走邊主動向女生搭話，選一個你喜歡的。但你千萬小心。」

「什麼意思？」

「有個地帶很危險，不知道的話可能會鑄下大錯。」

「為什麼？」

「他們不是女人，是拉丁裔男人。」

「是喔，這也是朋友告訴你的嗎？」

「你閉嘴。」

和所有事情一樣，去布洛涅森林也有規矩，皮歐特進一步向我解說：「如果她們的側後視鏡繫上圍巾，就代表她們在忙，要是不忙，她們可能會坐在前座。不是所有人都有車，有人在森林裡架防水布帳篷，真的很棒，尤其是深夜人靜、煙霧瀰漫的時候，氣氛特別挑逗啊。」

「聽起來很像恐怖片。」

「Mais non, l'Anglais（才不是，英國佬）！就連法國政客都去布洛涅森林，這就是為何森林緊鄰十六區，他們下班或晚餐後都去那裡放鬆。我告訴你，所有人都睜一隻眼閉一隻眼，這就是為何這個國家這麼棒，你可以盡情批評法國人，但有件事你不得不承認，那就是他們知道什麼重要。你要來嗎？」

「今晚就不了，皮歐特。」

「好吧，但你下次一定要跟我來。」我們在克利西廣場擊肘道別，皮歐特招了一輛計程車，前往布洛涅森林。

皮歐特脫下外套，拍掉背上的灰，撕開濾嘴，又點了一根菸，不是我們四個鐘頭前買的那包。

「我戀愛了。」他總算開口。

「你愛上誰？」

「昨晚我遇見的女孩。」

「所以你還記得昨晚的事。」

「怎麼可能忘得了。布洛涅森林啊，你真該跟我一起來的……她太優了，不是一般阿拉伯、中國、非洲女孩，是與眾不同的美麗尤物。」

他吞雲吐霧的模樣，彷彿連自己都不敢相信。

「皮歐特，拜託，你愛上妓女欸。」

他用力拍向我的後腦勺。「才不是，她不像其他pute（妓女）。她告訴我昨天是她第一次工作。我在斯蘇內斯橋遇到她的，她穿著紅洋裝。你別笑——我不是在開玩笑。計程車經過時，我以為自己在做夢。她絕對不是什麼普通女孩，可能是女接待員，或許她就是女接待員，只是在別間餐廳工作。你知道嗎，我看得出她很傷心，可能是和丈夫之間出了什麼問題。你笑什麼？我很認真。這個女孩……我現在滿腦子都是她。唉，我們昨天整晚都待在一起，不只有你想像的那樣，一開始當然是，但後來我不想讓她走，我無法忍受她和其他男人在一起的畫面，說什麼都不能讓她離開。於是我們進市區，你知道Pied de Cochon（豬蹄）餐廳嗎？餐廳整晚營業，你真該看我豪邁灑錢的樣子，英國佬……我點了香檳、生蠔，又續點香檳，她說不定以為我是成功企業家，後來我把錢花光光。當時我還穿著西裝，我說我剛離開愛麗舍宮的晚宴。你相信嗎？她雖然話不多，但是她喝香檳、吃生蠔，聽我的戰爭故事笑得花枝亂顫。我說她可以當我老婆，這樣就能在我的餐廳工作。你看。」

皮歐特從西裝外套內袋掏出他的服務生皮夾，讓我看裡面。

「空空如也。」他驕傲地說。

他的皮夾確實空空如也。

「錢全部花光了，一毛不剩。我還要再來一次，要再找她揮霍。」

「你還打算和她見面？」他在西裝外套內袋裡四處翻尋，摸出一張紙，上面有電話號碼和名字「卡門」的潦草字跡。

「我明晚想見她，但我得先賺錢，我窮到快被鬼捉走。」

我逮住這個大好機會，問他德蘇沙婚禮當晚願不願意幫我代班。皮歐特一口答應，午餐時段結束後他就通知主任或瓦倫丁娜。可惜我不能親眼目睹鼠人衝進出餐口沒找到我，而是看見皮歐特的表情。

「下一次你也跟我來吧，她說她有幾個很正點的朋友。」皮歐特說。

我和皮歐特抽完菸，起身走回出餐口，午餐時段即將開始。皮歐特在雙開式回轉門另一端，為精心打扮的客人端上小牛肉佐鮪魚醬汁及菲力牛排，客人卻渾然不知他幾個鐘頭前，為了幫一個布洛涅森林的女子點了生蠔和香檳，把錢花到一毛不剩，而且沒空沖澡就趕來上班。

❖拉克酒和希臘軟糖

床蝨肆虐的情勢慘烈到我像是得到嚴重麻疹。被床蝨飽餐一頓後，每天早上醒來，我會發現床上到處是蟲糞，再說莫莉太太拆穿我不是學生，千方百計轟走我。早上她會守在門邊無所不用其極咒罵我，指控我說謊精、大騙子，害她的公寓都是床蝨。當然這不是事實，我剛搬來時以為牆上的小血跡是蚊子被打扁後留下的，但明顯是床蝨在夜色掩護下圍攻，上一位房客徒勞反擊的證據。於是我接受皮歐特的提議，和東正教的米蘭神父見面。皮歐特說這名神父是一個有趣人物，如果我想和他見面，就要去巴黎北部的東正教堂，教堂位置無巧不巧距離辛普朗飯店不遠。

教堂正在舉行受洗儀式，空氣沁涼。孩子哭啼，母親比著東正教的十字手勢，父親忍耐著凝望頭頂的彩繪天花板。親朋好友站成一排觀看儀式，後面站著兩名外表凶神惡煞的皮衣男，其中一人矮小禿頭，戴著圓框眼鏡，另一人高瘦英俊，但這兩人一開口卻恍若天籟，嗓音輕柔細膩，很難相信外表這麼粗獷的人，居然有這麼美的歌聲。儀式中央位置，站著一個滿臉落腮鬍、個頭矮小的司鐸，他身穿東正教禮袍、戴著絲框眼鏡。

受洗儀式結束後，我在教堂出口處等候，一名老婦人伸手向我乞討，最後這家人湧出教堂，雙手比著十字、親吻聖像，米蘭神父也出現了，他帶我進教堂旁的小房間，請我喝一種帶有茴香味的蒸餾拉克酒，還拿出有點像土耳其軟糖的希臘軟糖款待我。我嚼著軟糖、灌下拉克酒時，神父去換下禮袍，滿室飄著線香氣味。最後他坐下，灌下第二杯拉克酒，少了帽子和黃金禮袍他整個人似乎小了一號。

「巴爾幹半島的土耳其軟糖。」他指了指希臘軟糖，咯咯笑說：「我們就不說奧圖曼的事了吧，對我們塞爾維亞人來說，這段歷史太錯綜複雜。我們不妨有話直說，既然你是葛蘭的朋友，那你也算是我的朋友。你是不是想租房子？」

「葛蘭？」

「對。」他回答時一臉若有所思，然後望著我。

「你是指皮歐特？他說你可能幫得上忙？」

神父拱起毛茸茸的眉毛，不發一語。「沒錯，皮歐特，皮歐特。」他點頭如搗蒜。「人生高潮起伏的傢伙。」

「什麼意思？」

「人類對上帝的審判一無所知。」他閃爍其詞回道。

「你們是怎麼認識的？」我試著挖掘真相。

「啊，說來話長。」他傾身，又在杯中倒入拉克酒。「我們是在阿索斯山的修道院認識的，好多年前。」他享用蒸餾酒時陷入沉默。「簡直上輩子的事了，你去過嗎？我很推薦去一趟，尤其是伊維龍修道院，食物很美味。」

在下面關於皮歐特過往的對話中，米蘭神父以皮歐特和葛蘭交替稱呼我們的共同朋友。我現在可以確定，皮歐特之前叫葛蘭，直到「某事」發生，他加入法國外籍軍團才改名，我已經迫不及待想和卡蜜分享我挖到的故事。最後對話總算繞回租房，又補了一輪拉克酒後敲定。神父向我擔保，如果我要這間合租房間，今天就能搬家。拉克酒順著我的喉嚨滑下，燒灼我的肺，空腹喝酒逐漸發揮效用，我和神父幾乎乾掉整瓶酒，他告訴我這是塞爾維亞自家釀造的酒，「幾乎可以肯定酒精濃度超過百分之五十」。

「我現在就帶你去看房間，距離不遠。」

身型矮小的神父快步跨越巴黎十八區，我尾隨在他身後。這名身穿黑袍的矮小老先生氣場與四周不搭調，彷彿一名穿梭人群的拜占庭長老教派信徒。這天是市集日，街上繁忙擁擠得不得了。在混亂人群、瀰漫煙霧、喧囂叫嚷中，我偶爾不小心跟丟，但沒幾秒他又出現在前方。要不是周遭是巴黎建築，我可能以為自己身在十四世紀的君士坦丁堡。神父動作矯捷靈敏，整個人彷彿施展輕功飄浮在空中。我又跟丟了，我以為這次真的錯過他，最後卻看見他站在一輛生鏽的飛雅特熊貓越野車旁。念珠纏繞掛在他的後照鏡上，引擎一啟動，音響驟然活過來，傳出男子合唱歌聲。

「很好。」他說。

我們以破紀錄的速度穿越十八區。

「我在塞爾維亞學開車……駕駛技巧卻在希臘更上一層樓。」下車時米蘭神父告訴我，以羅馬人都羨慕的方式停車。

他帶我去一間大公寓，我要租的房間是三間臥室的其中一間。來到當作起居室的空間時，另兩名房客都在：病懨懨的蒼白男孩癱倒在沙發上，盯著天花板抽著手捲菸，另一位是打扮爽利、似乎每次噴嚏都連打三個的女孩，她只關心我是否喜歡貓。男孩名叫奧古斯特，簡單介紹自己從事古典樂相關工作，女孩名叫茉德，自稱是藝術評論家，但兩人週間都遊手好閒在家，他們說的或許不是事實。

「你呢？」她問。

「我是服務生。」

房間很完美，非常乾淨，卻完全沒有傢俱，地板上只有一張床墊。我敢打包票皮歐特可以幫我弄到幾件傢俱。我們當場握手成交，兩名新室友幫我和神父煮茶時，一位德國鄰居上前敲門，加入我們。他自我介紹叫克勞斯，是一名德國哲學家，住在閣樓上，我們的對話漫無邊際，從亞歷山大大帝父親的葬身地，扯到他昨天在公共泳池遇見的兩個西班牙女子，後來我才知道他聊天向來如此，而且克勞斯精通多國語言。

離開之前，克勞斯邀請我去他的房間，要求我幫忙審閱他的英語創作作品。我給了幾項建議，他問我是否也從事文字創作。我滔滔不絕向他訴說我對愛麗絲說過幾百萬次的話，也就是沒有出版作品的作家會說的廢話。

「你有想寫的主題嗎？」

「大概是關於餐廳吧。」

「如果對你來說很重要，就寫吧。」

「也許吧，但我不確定誰想讀。」

「寫就是了，寫完後投稿。」

「投去哪裡？」

「我不知道，你會找到答案的。」

與哲學家爭論只是浪費時間，於是我很快撤退。我得趁莫莉太太不注意，將個人物品搬出公寓，在洗衣店清洗所有衣物，放在新家，再去工作。和平常一樣，不管我做什麼，都比煩惱自己的將來容易。

再說，我還有一個迫在眉睫的問題：要穿什麼參加德蘇沙的婚禮，總不能穿服務生制服去吧。

❖德蘇沙的婚禮

傍晚時分，我在奧斯特利茲車站正前方的角落，等待路西安安排的接送。一輛黑色標幟小車總算出現，路西安從車內招手，要我上車。這時他已經喝醉，聒噪喧鬧，我擠進小車，車上有兩個我不認識的男乘客。我們自我介紹，女駕駛說她是德蘇沙的老朋友，之前他們兩人在別家餐廳是同事，另外兩位男乘客也這麼說。汽車暢行無阻開出市區，大家傳遞著酒，路西安抽著菸，菸灰灑落大腿，還挑釁地說服務生全是魯蛇，大家最好都洗手不幹，但是不影響車內喜洋洋的氣氛。駕駛扭開收音機，兩名男乘客要路西安閉上嘴，稍微打開車窗。巴黎的溫暖空氣灌進車內，我們正離開巴黎，挺進東方，春季暖陽曬著我們背部，我們一路穿越東部郊區。

最後我們抵達塞納河畔維提市政廳，法國三色旗點綴著不起眼的紅磚建築，戶外已經聚集一小群人，鬼鬼祟祟抽著菸，穿插著葡萄牙語和法語談天說地。寶琳在場，亞德烈也在，沒多久難掩緊張的德蘇沙也抵達現場。我們全穿著便服聚在一起，這種感覺很詭異，每個人都像是年輕了幾歲，我們不再相像，反而擁有自我，也因此幾乎又變成了陌生人。值班時間我們沒有自我，服務生就是這樣的工作：成為背景的一部分，唯獨服務生可以分得出彼此。一開始我們的對話還是老話題，開著荷諾和賈瑪爾的笑話、餐廳營業的種種，但在出了餐廳的這裡，這些變得沒有意義，於是我們很快換話題，開始認識不同版本的彼此，氣氛完全不一樣，是另一種博愛。市政廳上方還是那三個「自由、平等、博愛」的標語，這是我們第一次這麼靠近這排標語，卻是我第一次深切體會。雖說自由稍縱即逝，後天我又得回餐廳工作。至於平等，現在我們不再穿著制服，每個人都是獨立個體，卻似乎更有凝聚力。餐廳給每個人不同職位，試圖以各種職銜區隔我們，但此刻那些都被一掃而空，領班、跑堂員、服務生都不具意義，在這裡，我們就是朋友。

我們抽菸等待，其他賓客陸續抵達，幾組男男女女搭著小車來到現場，多數人講著葡萄牙語。一個男人四處走動，為我們的翻領別上白花，最後有個女孩步出市政廳說：「她快到了。」要我們進門。

我們魚貫進入裝潢單調乏味的室內就坐，正前方有一位主持婚禮的地方公職人員，身上掛著三色綬帶，不耐煩地站在一張大木桌後，頭頂上方粉刷著同一排標語：自由、平等、博愛。就國家理想來說，這三個名詞確實無可取代，隨著老舊制度被剷除，革命帶來的展望肯定值得仰望，可惜現在這一行字頂多是牆面的粉刷裝飾。然而在德蘇沙婚禮這天，這三個詞卻似乎有了生命。

過沒多久，在眾人驚呼中新娘現身，德蘇沙和他的妻子背對我們，站在前面交換誓言，滿臉驕傲的亞德烈是見證人之一，他們在文件上簽字，最後政府代表人簽字。婚禮儀式結束，大家高聲歡呼地湧出市政廳。

市政廳外，伴娘向眾人遞出一把把乾米，新人在傍晚的豔紅夕照中走出來時，大家朝他們撒米粒，親吻新人，喜氣洋洋。德蘇沙感動得雙眼泛淚，婚禮賓客紛紛爬上以白色小領結妝點天線、側後視鏡別著塑膠花的婚禮車隊，離開市政廳，汽車鳴笛，幾個男賓客打開汽車天窗探出上半身，朝路人歡欣呼喊，手裡傳著香檳。隨著婚禮車隊時而煞車、時而加速，啤酒泡沫濺灑膝上。巴黎晚風溫暖飄送，穹蒼染上一片嫣紅紫光，人們在陽台上揮手致意。「Vivent les mariés（新人萬歲）！」有個拄著拐杖的老先生朝汽車吆喝，婚禮車隊齊發喇叭、高聲歡呼回應。

❖婚禮派對

我們抵達巴黎城門，車流往一個站點駛去，車水馬龍，慢慢褪去的微光中，紅燈耀眼燃燒。這裡沒有奧斯曼風格建築，我們就像在等候室，等著進入巴黎大城。車子繼續前進，最後駛入一排排單層長型建物、狀似軍營或倉庫，杳無人煙的工業區。

婚禮場地是其中一間倉庫的地下室，所有物品推至牆邊，好空出舞池，甚至有人特地租了燈光。空中飄盪著灰塵氣味，我們在紅燈搏動的幽靜地下室等待，路西安語氣有點強硬地向寶琳搭話，一個我不認識的男子上前，詢問他們是否還好，路西安說沒事，嘗試多次才總算點燃打火機，點了一根菸。

「欸！別在這裡抽菸。」一個人低聲說。

路西安不理會，嘟囔著這是派對，不是維琪法國。

「英國佬，你能來真是太好了，他會很開心的。而且明天也不用工作，太讚了。」亞德烈說。

「感謝我們的軍團好友，我明天沒班，你呢？」

「當然沒班。」他遞給我一小杯酒。「Santé（乾啦）。」

大家在黑暗中聊天，酌酒暢飲，最後某人要大家安靜。

「Ils arrivent! Ils arrivent（他們來了！他們來了）！」他喊道，大家難掩興奮，先是傳來甩車門的悶響，再來是打開樓上側門的喀噠金屬聲，沒多久我們聽見一個男性聲音。

「——je ne comprends rien（我不懂），我不是們訂了餐廳嗎？」他說。

「C'est bon, viens（沒事啦，跟我來）。」女聲安撫他。

他們抵達那刻，燈光亮起，眾人熱烈呼喊「Surprise（驚喜）！」音響開始播放音樂。德蘇沙一臉震驚，我們全體上前擁抱他。每個出席賓客都為了這場派對出了一點錢。音樂、舞蹈、呼喊混雜之下，我們聽不見德蘇沙說話，卻看得出他哭得不成人形——可能是激動，可能是鬆一口氣，也可能兩者皆是。他不再穿著服務生制服，而是特別為婚禮挑選的花俏西裝，此時他像個巴黎郊區會見到的尋常男子。

「我老婆！我老婆！伊莎貝爾……」德蘇沙稍後對我的耳朵嚷嚷：「我完全被蒙在鼓裡，她居然準備這個驚喜……我真不敢相信你們……」

我在她臉頰上輕輕一吻，她和他一樣個子嬌小、擁有葡萄牙人容貌，臉龐膚色古銅，髮色深沉。德蘇沙陶陶然輕飄飄，滿臉幸福地雙臂環繞我們兩人。

「我的女兒瑪麗亞是全巴黎最美的女孩，你知道為什麼嗎？我告訴你，因為她長得像我老婆。你看看我老婆，告訴我，她怎麼可能不是全世界最美的女人，想像一下我的女兒，長大後會出落得多美麗動人。」

「像媽媽就絕對沒問題。」我說。

「混帳，看看我們倆，現在這模樣。你能想像嗎？今年冬天你剛到餐廳時，大家都不看好你，覺得你撐不過兩天，但是看看你現在，已經是正式服務生了。我愛你，我愛你們大家！」他對派對上所有人高聲呼喊，大家也熱烈歡呼回應。

我在派對上受到溫暖款待，即便我是外人。有可能是我們正在喝濃烈的雞尾酒，但也因為我真心熱愛自己的工作夥伴。與德蘇沙及他妻子聊天之後，我發現他們已真正接納我，我成功晉升服務生行列。

「你怎麼像個白癡傻笑？」

我轉過身，是卡蜜。她的眼珠湛藍，綠洋裝高雅，長髮猶如瀑布流瀉。

「我只是在想，我真的超愛你們大家。」我說。

她雙手捧著我的臉，往我嘴唇壓上一吻。

「男生通常只為了上床才這麼說。」她笑笑說。「話說回來，你的舞技是不是和你的法文腔一樣可怕？」

舞池群眾扭動身體，炙熱肢體碰撞，樂音響亮震耳，香菸煙霧瀰漫，酒精濺灑一地，變得黏答答。

「妳男朋友在哪裡？」

卡蜜閉上眼，頭往後一仰。等到她總算開口，她喃喃說：「今晚就別問了。」

當晚稍後，我和德蘇沙及他妻子坐在餐桌聊天，路西安湊上前，說了一些關於派對的失禮話，德蘇沙的妻子在丈夫耳邊私語了幾句，說了聲失陪就起身離開。

「嘿，兄弟，喝慢一點。」德蘇沙對路西安說。

「這不是婚禮嗎，我們在慶祝，喝酒是應該的吧。」

「是沒錯，可是你讓別人不舒服了。」德蘇沙的笑聲顯得尷尬，但路西安醉意朦朧，完全沒有察覺。

「不過我沒不舒服，我愛你，兄弟，我很開心你來了。」

「我才沒讓誰不舒服。」

「我們出去走走。」德蘇沙提議。「我也需要出去呼吸新鮮空氣，葡萄牙老歌聽夠了，這裡又悶熱。」

我們穿梭舞池，行經隨著音樂律動的群眾，空氣混濁沉重，飄散著汗水和廉價香水氣味。最後我們爬上階梯，走進戶外的涼爽微風，空氣中帶著巴黎夏季的味道，飄著溫柔晚風。

「你剛和卡蜜聊什麼？」路西安問。

「沒什麼。」我告訴他。

「沒什麼？」

「如果你真想知道，我只是在聊自己當服務生的事。」

「是啊，服務生不過是一場空等，我們的人生不就是這樣。」他指向四周荒蕪的工業區，「這邊看夠了吧？」

德蘇沙插話：「其實我在想，這裡很適合當拳擊俱樂部的場地，空間很大，週末可以舉辦比賽。」

「就像《鬥陣俱樂部》，在地下室進行。」我說。

「我有的是鬆垮版布萊德．彼特的胴體。」德蘇沙哈哈大笑，拍了拍自己的肚腩。「但是等我回健身房稍微練一下，如果可以休假——」

「我勸你別再做拳擊夢了，德蘇沙。」路西安說。

他站在我們旁邊，醉漢站姿，雙腳大開，頭部輕微前傾。

「看看我們，我們是怎麼過日子的。」他繼續說：「不過和奴隸、垃圾一樣，每天轉來轉去，希望其他垃圾施捨我們他們不想要的硬幣，我們和乞丐沒兩樣。」

「你知道嗎，路西安。」德蘇沙說：「我還在念書時，其他同學都說我們葡萄牙小孩是les concierges，因為我們的父母都是大樓管理員，但我們長大後沒有變成大樓管理員，那已經是父母那一代的事，現在我們已經擺脫這種命運，我們的孩子未來連大樓管理員是什麼都不知道。」

亞德烈加入我們的行列，他的螃蟹步似乎比平時誇大。「欸，路西安，你是怎麼一回事？舞池中有個女孩很不爽，我是不管啦，但她哥哥正在找你。」他大笑：「他肌肉很發達哦。」

「隨便，給我來一點可以嗎？」路西安用自以為別人聽不到的醉漢音量問亞德烈。

「當然，朋友。」他交給路西安一小包古柯鹼，轉頭對我們說：「或許這能讓他清醒一點？」

路西安拆開外包裝，卻不慎把大半粉末灑在地上。

「你這白癡。」亞德烈拍了下路西安的後腦勺。

「去你的，亞德烈。」

「他是怎麼搞的？」亞德烈問我們，覺得已經沒必要直接和路西安說話。

「他只是喝醉了。」德蘇沙說。

「我去找個人開車送他回家，毀了派對就不好了。」亞德烈說。

「我不走，你不喜歡聽我說的話，是你自己的問題，但我說的句句實話，我們都沒有未來。看看我們，這就是現實。我很抱歉，可是putain（媽的），我們全都玩完了，這輩子只能當服務生。」

「你真的該回家了。」亞德烈語氣更堅定：「德蘇沙，找人送他去車站。」

「沒事啦，他可以留下。路西安，放輕鬆，好好享受。」

亞德烈堅持要德蘇沙回屋裡享受他的新婚派對。

「那你滿意你的人生嗎？說實話哦。」路西安問亞德烈，聲音略微哽咽。

「快坐下，你到底喝了多少？」

「他到的時候已經醉了，但是他沒事，你還好，對吧？」德蘇沙說。

「他今天發生什麼事了嗎？」亞德烈問。

「今天？不，我就問你過去十年。這十年是怎麼消失的？」路西安說。

「夠了，我現在就去找人。」亞德烈對我說：「你陪在他身邊，別讓他離開你的視線。」

亞德烈和德蘇沙回到室內。我和路西安坐在石階上，他一聲不吭。我們望著空曠停車場和關閉的倉庫，懸鈴木在路邊隨風搖曳，沙沙起舞，遠方主要幹道上閃著橘燈，傳來呼嘯而過的車聲，遙遠的巴黎天空閃爍燈光。

「給我你的啤酒。」路西安說。「有菸嗎？」他問，即使他耳朵上已經夾著一根菸。

「給你。」

「我玩完了，英國佬。」

「發生什麼事了？」

「你知道今天是我生日嗎？」

「你怎麼都沒說？生日快樂，我們應該好好慶祝一下，今年幾歲了？」

「慶祝？有什麼值得慶祝，我三十了。」

「三十歲還很年輕。」

「哦，對了，他們今天打給我，通知電影試鏡的結果……我沒有選上。」

「他們是怎麼說的？」

「重要嗎？哪一次不是謝謝再聯絡。」

「再加把勁，這不是你想——」

「你想知道一件事嗎？」

「什麼事？」

「你知道我在巴黎端了多久盤子嗎？今早我認真算了一下，不是八年，是十年，從我二十歲開始，整整十年。我本來以為這份工作只是暫時的，還自以為是演員。」

「你還是可能當演員，其實你早就是演員了。」

「你明明知道這不是事實。」

沉默在我們之間瀰漫開來。

「某層面來看你說的沒有錯，我確實是演員，這十年來我天天都在演戲。」

我試著和路西安講道理，可是他不想聽。他把所有希望寄託在這部電影上，所有賭注全押上了——無奈莊家又贏了，他再度希望落空，面對現實。

亞德烈帶著一對老夫婦回來。

「路西安，這兩位是德蘇沙的叔叔嬸嬸，他們會開往巴黎的方向，在第一個地鐵站放你下車，要是你敢幹出什麼蠢事，我會要你付出代價。好了，現在給我滾，別破壞大家的興致，今天是德蘇沙的大婚。」

老夫妻手勾著手，走向他們的停車位置。

「你們想這樣打發我？我只是喝了幾杯我出錢買的酒，現在就這樣被趕走？」路西安對亞德烈說。

「你到底有什麼了不起？」亞德烈喝斥：「你什麼屁都不是。」

「有的人很了不起，偏偏我們不是，你和我，地下室裡所有人……我們確實什麼屁都不是。我們存在的目的就是讓人踐踏，功成名就的是別人，不是我們。我們的人生根本不重要。亞德烈，你告訴我啊，你喜歡自己的工作嗎？你能說這就是你的童年夢想嗎？幫忙收拾客人吃剩的餐盤，丟進廚餘桶？除此之外，你不覺得人生應該有其他目標？」

亞德烈半聲不吭

「這麼說吧……」

「你太可悲了，只是一個可憐蟲，夢想有朝一日成為演員或足球員的屁孩。成熟一點吧，不可能實現的。」亞德烈痛斥他。

路西安起身，不發一語，目光呆滯地看著亞德烈。

「盯他上車，我受不了他了。」亞德烈轉身走回室內，我們聽見門打開，溢出音樂聲，接著又回到安靜。

路西安伸出手：「好，很榮幸認識你。」

我提議陪他回巴黎市區，他婉拒了。「我想要自己靜一靜，好好思考。再說我明天還有班……今天不該來的。還有，你別以為我沒看見你和卡蜜，你這混球。我一直以為我和她之間有火花……看來我又錯了。」

「寶琳呢？她在啊。」

「寶琳，哈。我不覺得這能解決問題。」他遙望工業區，目光接著移至流瀉樂音的地下室。「對了，別忘了，這也不是你該待的地方。我是好意提醒你，別往心裡去。幫我們一個忙，離開這裡吧，為大家示範一下什麼叫實現夢想，帶來一點希望。寫吧，我是認真的。」

「我會的。」

「我是認真的。你總說你沒什麼好寫，沒人想聽你說話。那就寫這個吧，把我們的故事寫下來。」

「我無法傳神寫出你的角色精髓，沒人會相信我的。」

路西安露出微笑。

「你確定不要我陪你一起走？我們可以去喝幾杯，慶祝你生日。」我繼續說。

「Non, non（不，不），沒事，我得睡覺，我太醉了，別忘了有個正妹還在等你陪她跳舞。」

「那我們晚點見，別做傻事。」我說，我們握手。

路西安沒有答腔。我望著他搖搖晃晃地走過水泥停車場，打開車門，轉過身，然後如舞台劇演員隆重地鞠躬謝幕，上車。

我回到悶熱潮濕、放肆嘈雜的地下室，人人隨著音樂扭動高歌，卡蜜格外耀眼奪目，她的洋裝在迪斯可燈下閃爍光芒，唇上帶有菸草和啤酒味，派對播放著法語、葡萄牙語、義大利語、甚至阿拉伯語歌曲，即使不會全部的歌詞，所有人不分國籍，手勾著手起立高歌，不過這些歌大多數的人都會唱。德蘇沙興奮講著他的拳擊健身房計畫，直說這個場地很完美。突然有人放起法國國歌《馬賽進行曲》，大家彼此擁抱，高聲喊出每一句歌詞。卡蜜和突尼西亞服務生教我歌詞，一邊大笑，這就像《北非諜影》的場景，我們駐紮在某個被人遺忘的前哨站，等待前往某處，唯一差別是現在已經沒有納粹，巴黎永遠屬於我們。

稍後我們在外面抽菸時碰見寶琳，她醉醺醺地與人打情罵俏，睫毛膏暈染成一片。涼風吹來，墨黑雲朵低矮蟄伏在天際線上。

「路西安去哪裡了？」她問。

「妳為什麼問這個？」

「別想歪，我不和服務生交往。」

她向卡蜜投以不屑眼神，並試著裝出誘惑媚態，卻失敗了，反而讓人覺得她有些悲慘。

「那麼薩爾瓦多呢？」

「那個豬頭。」她頓了頓，看著我：「我不和那種男人上床。」她大笑：「我敢保證你肯定很愛他，誰不愛他？最不幸的人通常就是最風趣的那個。」

寶琳是一個不做夢幻想的女人。

「我猜他去了埃及。」

「埃及、義大利、南極，誰知道，誰又在乎。」她頓了頓：「對了，我們錯過末班車了。」

我看了一眼手表，已是凌晨四點，卡蜜笑了出來。

「要是我找到便車，你們想要一起走嗎？」

我們回到派對現場，有個傢伙端著幾杯酒上前，把寶琳拉到角落。就像在餐廳那樣，許多雙眼睛跟著她移動。我和卡蜜待在吧檯與人閒聊，灌下一口酒。葡萄牙人多半是德蘇沙和他妻子伊莎貝的親人，其他則是餐飲業的朋友。大家從法國各個角落來參加婚禮，也有來自歐洲、北非等地的賓客。我們聽著德蘇沙詢問他妻子一位表哥的意見，是否應該開拳擊俱樂部。這位表哥動作有點焦躁不安，似乎有輕微心理疾病，說話時不時摘下眼鏡、搓揉鼻子，再不然就是反覆扣起又解開衣服上排鈕釦。

這名表哥是一名理髮師，聲稱有自己的髮廊，卻因工作失去了一切，包括自己的健康。

「還有他的頭髮。」卡蜜嘴壞地說。

「我的行事曆很滿，想剪頭髮要幾週前預約。你倒是告訴我，為何我一個月只賺得到一千歐元？我跟你說，前三週的盈利所得全拿去繳政府稅和房租，意思是只有最後一週的盈利進入我的口袋，然後呢？要是我想去度假一週怎麼辦？想都別想，過去四年我一次假都沒休過。我去法院申請破產那天，還有二十間小公司行號也申請破產，原因和我一樣。你想聽最精采的嗎？我宣告破產後，收到一張URSSAF社會保險機構的帳單，說我欠他們一萬歐元，請問我要去哪裡生這筆錢出來？你說新政府會大刀闊斧改革，薩科齊當時也這麼說，他確實廢除了一項稅收名目，同時卻新增另一條，大公司都好好的，空中巴士沒事，法國電力公司沒事……他們說想要鼓勵更多法國創業家，但是除非擺脫URSSAF，否則想都別想。」

這名表哥講到德蘇沙熱血乾涸。

「好好當服務生吧，至少你的小費不會被課稅。」表哥說。

「剛好我也喜歡這份工作。」德蘇沙擠出微笑說：「看看這些美好的人，看看你們——」他高喊：「我愛你們！」

場上爆出歡呼，擴音器傳來印度支那樂團的歌曲，我們又灌下一輪味道像液狀牙膏的綠薄荷混伏特加調酒，躲在地下室徹夜狂舞，遠離在地平線上悄悄閃現微光、耀眼璀璨的巴黎。

❖通往巴黎

破曉前不久天空又開始飄雨，我們紛紛爬上車。雨勢不大，憂鬱夏季的輕陣雨似乎讓空氣變得輕柔，天色微亮後又暗下，再也亮不起來。一台台小型車離開停車場，朝四面八方消失，天線上的白色緞帶在濕氣濃重的風中拍打。除了駕駛只有我還醒著。卡蜜倒在我身旁熟睡，猶如一隻洋娃娃靜止不動。昨晚放縱的味道還緊緊巴在我們衣服上，夏雨濕氣從車窗縫隙滲進。收音機廣播節目講著新政府局勢：「La France va toujours mal, mais……」法國情況依舊不樂觀……

遇到紅燈停下時，方向燈輕柔地滴答滴答，雨刷偶爾掃過擋風玻璃，每一下輕刷都讓整座城市煥化成一幅灰調水彩畫，馬上又模糊不清。我昨天沒發現這裡是工業區，也是混凝土住宅區，上空偶爾看得見高樓建築探入雲朵。右側應該是建地，也可能是工廠，停靠著粗重機器、煙囪、旋轉的起重機，還有模樣嚇人的鋼梁高塔。骯髒的巨型貨車緩慢經過我們前方，留下一道泥土軌跡，猶如某種動物的足跡。

「On est ou là（我們現在在哪裡）?」徹夜抽菸、試著壓過音樂嚷嚷嘶吼後，我的喉嚨開始疼痛。

「塞納河畔維特里附近。」

「噓——」前座，寶琳枕著的大腿主人挪動一下身子，又回過頭繼續睡。他說他是在瑪黑區工作的服務生。

寶琳的妝容斑駁，眼睛暈黑一片，晨光照耀下眼周皺紋格外明顯。她的肌膚顯露疲態，透出淡淡灰色。八年，她最後終於告訴我，這就是她在餐廳的資歷，她從法國西南方到巴黎生活的時間長度。以餐飲服務業來說，這段時間應該很長，我無法想像八年後的我會身在何方，也無法想像自己會變成什麼樣的人。來到巴黎後，我已不是過去的我，這八個月來我走進服務生的世界，與外界脫節。某層面來說這是必要的，自我質疑的壓力會不斷提醒我們目標未達，所求仍遠。服務生世界的邊界愈縮愈窄，直到你再也看不到外界。我一直努力朝成為服務生的目標前進，卻忘了更遠大的目標。路西安說的沒錯，我已經看夠我想看的，是抽身離開的時候了。我得繼續騷擾報社，想方設法刊登自己的作品，向自己證明我辦得到，我沒有好高騖遠，我和幾個月前愛麗絲帶我認識的那些人不同，我不是無所事事、自稱作家和攝影師，實際上是靠爸族的傢伙。

凝望著把疲憊妝容當作面具的寶琳，我發現一切都沒有變，尤其是餐廳，和當年歐威爾形容的如出一轍，一如這座城市，唯一變的是來來去去的面孔。我為寶琳感到難過，她想必有相同感受而年復一年。去年與她在一起的薩爾瓦多不告而別，她等著誘惑下一個俊帥服務生，終點在哪裡？她還在等什麼？也許路西安說的沒錯。

我們沿著塗鴉牆開一段路，沿途城市景色毫無變化。左側是我司空見慣的巴黎郊區房屋，戰後風格的法國建築，磚石砌成的雙層房屋粉刷成乳白，緊閉的金屬護窗板剝落，即使是較新的房屋也大同小異，唯一差別是花園空無一物，只有一塊塊泥土或是混凝土，與巴黎的林蔭大道完全是兩碼子事，幾乎光禿無樹，路肩有塊草地散落著廢棄空罐和袋子，很難看出這個地區究竟是正在興建還是準備拆除。街頭杳無人跡，僅有朝四面八方呼嘯而去的卡車，背後捲起的黑煙在雨中緩緩消散，路標不斷預告：通往巴黎。

車開了半個鐘頭後，塞納河映入眼簾。我們沿著河畔挺進市區，車內偶爾充斥車輪壓過石板路面的隆隆聲響。底下其實一直都是石板路面，沒看見的路段不過是被瀝青覆蓋。郊區景色逐漸變成都市景觀。八月下旬的週二清晨，整座城市仍在沉睡，猶如一座荒蕪空城，市民都在遙遠的海灘度假。巴黎漸漸進入灰濛濛的黎明，四下無人，像是我現在再熟悉不過的精緻布景，寬廣林蔭大道兩側白楊樹挺拔，奧斯曼風格建築正前方，熟悉的招牌三部曲在清晨小雨中閃閃發光：香菸店的紅光、藥局的十字架綠燈、烘焙坊的長棍麵包黃燈。

汽車經過奧斯特利茲車站，停在植物園前的路邊，方向燈輕柔地滴答滴答，雨刷斷續刷過擋風玻璃，雨勢已轉為毛毛細雨。

「Bon, J'y vais à ______. Il faut desendre……」好了，我要去______，你們得下車了，駕駛說。

他轉頭看我。卡蜜挪一下身體繼續睡。

「你住哪裡？」寶琳問。

我告訴她。

「那你在這裡下車比較方便，我們不去那裡。」

清晨的刺眼光線下，巴黎就像一座大博物館，清涼氣息噴吐在我頸子上，卡蜜疲倦地把頭倚在我肩上，機車噪音猶如黃蜂，在林蔭大道上加速行駛。我們站在溫暖小雨中望著汽車開走。公園還沒開門，我們悠閒散著步，整座城市都是我們的，彷彿永恆。我們聊著自己的計畫，將來想做什麼、要成為什麼樣的人。我沒有提到路西安說的話，她也沒有提到男友。我們聊著寫作、寫些有意義的題材多麼重要，她認為這勝過一切。自詡作家的我羞愧到內心刺痛，但我心中有數，也已經有想寫的故事，踏入餐廳的一刻就深植我心。

我們繼續散步，感覺活著及深深的幸福，巴黎的優雅圍繞著我們，彷彿她從睡夢中甦醒。空氣飄送著新鮮烤麵包和可頌香氣，烘焙坊的金屬鐵門隆隆拉開，彷若雷聲，我們坐在綠色木製長椅上，享用新鮮可頌和咖啡，毛毛雨已停，世界凝止不動。

「我們離開巴黎幾天如何？」她問。

「去哪裡？」

「我有個阿姨住普羅旺斯，目前她不在家……」

希望、夢想、計畫。瑪黑區的狹窄街頭空盪盪，卡蜜的高跟鞋聲音迴盪在古老斜牆，她的深色蓬髮縈繞著甜膩香水味、雨水濕氣、菸味，說話時眼睛閃閃發亮，柏油路上雨水氣息漸乾。黑夜已歿，白晝誕生。

「我可以用加班累積的時數，現在少說有一週，也許不只……」我邊說計畫在腦中成形，關於夏日、假期、法國。「我明天問一下經理。」

我們悠閒漫步，整座城市都是我們的。暴風雨過境，天空逐漸明亮，呈現刷白藍色，卡蜜脫下高跟鞋，我讓她穿我的鞋，踩著濕襪子走路。

她說：「我該回家了，他……」

她無需再多說，最後的吻別，一抹微笑，我們帶著約定和計畫在地鐵站告別。

「你確定放假時間再打給我。」

最後我癱倒床上，在城市逐漸甦醒的聲音中沉沉睡去，聽著樓下林蔭大道的機車發出噪音，像是吐出最後一口氣，一路飆往城市北方，背後剩下沉靜。整座城市都清醒了，薄透窗簾外，橙黃日光一如往常閃耀，永生城市的寂靜戛然而止。

＊＊＊

幾個鐘頭後，我的手機鈴聲瘋狂大作，一位服務生今天沒來上班。這天真的淒慘，除了宿醉難纏，還是週二，很多博物館休館，於是觀光客想進餐廳吃飯。我工作到半夜，又是馬不停蹄的十四個鐘頭輪班。回到家後我馬上倒回床，像是一個跳進自掘墳墓的詩人。

❖被偷走的光陰

德蘇沙婚禮隔天沒回來上班的服務生正是路西安，再隔一天他還是沒出現，經過兩天的善意等待，主任最後毅然將他列為失蹤人口。從路西安失蹤的第一天起，服務生就都很不滿，我也是其一，畢竟德蘇沙婚禮派對過後，為了填補他的空缺，我吃了不少苦。不管我多努力找他，路西安就是不接電話。我甚至去他父母的餐廳及我們常去的地方，但怎樣就是找不到，很明顯他不想讓人找到，甚至可能已經離開巴黎。

他消失的那個週二，也就是婚禮隔天，是一個異常混亂的週二。令人精疲力竭的不是侍應工作，而是永無止盡的暴躁客人。客人不斷湧進餐廳，彷如一波波侵襲海岸的潮水巨浪。廚房忙得人仰馬翻，服務生失和，服務和餐點品質明顯沒有達到日常水準。老鳥服務生數量不足，畢竟亞德烈和德蘇沙等出席婚禮的人都在放假，桌位全交給工讀服務生，由於學校放暑假，巴黎訪客激增，他們自然晉級為餐廳的主要服務生。可是對他們而言，做這個只是好玩，一份暑期工作，服務品質好不好他們不在乎。我和皮歐特、荷諾、賈瑪爾得服務客人，偏偏荷諾記恨亞德烈之前羞辱絆倒他，公然展現他對我和皮歐特的嫌惡，而這也是服務品質每況愈下的原因。只要一逮到機會，他就會故意搗亂，搶走我們服務桌位的餐盤。尼姆沙說他看見荷諾從出餐口摸走皮歐特的小菜，直接倒進廚餘桶，此外還向工讀服務生說我們的壞話，結果他們真的相信皮歐特就是偷他們小費的主嫌，為了報仇，加入搗亂他桌位餐點的行列。餐廳內部紊亂潰散，客人也看在眼底，一桌客人氣到走人，沒多久其他客人也怨聲載道，餐廳氣氛驟變，歡樂氣氛已不復在，無法為災難止血的鼠人開始找罪魁禍首，免不得一頓瘋狗亂吠，要是路西安在場就幫得上忙。我怎樣都想不透，他究竟只是胡鬧睡過頭，還是前晚真的下台一鞠躬了。也許他再也受不了？認為大家將會發現他當不成演員？或許他真的出國了？

我和卡蜜的普羅旺斯夢是讓我挺過混亂局面的動力。我在內心安慰自己，這一刻的辛苦值回票價，吃足苦頭、腳長水泡、慘遭痛罵，這一切都是在累積加班時數，之後就能兌換成普羅旺斯之旅，在市集悠遊，在山間小村莊的板石小街漫步，懶洋洋躺在床上，安靜讀著當地報紙喝咖啡，陽光穿透藤架和半啟的粉彩色百葉窗灑落室內，在卡蜜睡覺的位置篩落出斑斑光點。

我沒有中場休息，一鼓作氣從上午八點半工作到半夜。這天工作結束後，我決定去問我的加班時數。我已經算過，至少可以請假一週，有效時數肯定不只一週，不過其他服務生都要我別做夢。我心想，就算只有四天也好，至少四天都是有薪假。我長期記錄、累積多時的工時，終於可以換成休假紅利，自由近在眼前，於是我鼓起勇氣，走向科倫丁的辦公室兌現我的普羅旺斯、卡蜜、夏日、自由……

鼠人的簡陋辦公室充斥著地毯清潔劑、香菸、線香的氣味，也是他在沙發下發現腐臭廚餘後白費功夫的結果。我看見他倚在老沙發上，面前擺著一台風扇，收音機聲音流瀉室內，他臭鞋旁的地上有一個托盤，上面有張正緩緩鬆開的紙鈔。鼠人已經脫下西裝外套準備抽菸，染有汗漬的襯衫領口微微敞開。

「累死人了！」

他粗暴地吸著香菸，目光上下打量我：「有什麼事，英國佬？」

「我想問你加班時數——」

「加班時數？」

他抑制不了怒火，從沙發上彈跳起來，取下辦公桌高層架上的藍色大文件夾，開始翻頁。他說以下是我今年初加入餐廳後的工時。

一開始他只是朗讀時數，後來克制不住漸漸變成嘶吼，朝文件夾噴口水：

「……十二日週四，五個鐘頭；三十日週五，六個鐘頭……」

他朗讀著，一週週念下去，吼叫愈來愈宏亮憤怒。

「四個鐘頭？狗屁，你明明最清楚！這裡沒人一天只工作四個鐘頭。」

他當作沒聽見，繼續念下去。

他的模樣我盡收眼底。閃亮灰色緊身西裝褲、襯衫腋下泛黃、沒有品味的黑鈕釦、長手臂、爬滿手毛的手背、俗氣閃亮的耳環、尖嘴猴腮、小眼如豆，這一切都讓我對科倫丁充滿強烈恨意。他念的這一長串，竄改了我待在這裡的日子。他是一個無關緊要的中階經理，一個為了得勢無所不用其極的虐待狂。在這裡，我什麼都不是，不過是一個工具，他們剝削我，直到沒有利用價值，就能一腳踹開。最好是我有自知之明地摸摸鼻子走人，讓他們得逞，做一個不多過問、默默隱忍的廉價勞工，踏出餐廳沒幾秒就有人取代我。

鼠人開始說教，高談闊論著尊敬與信賴。

「信賴？」

儘管主管一副高高在上，他們也沒比我們信賴餐廳到哪去。我們都活在同樣的懲罰制度裡，然而他們為了小得可憐的辦公室、偶爾耍耍小特權，踐踏別人爬上高處，這就是我們之間的差別。我們飢腸轆轆、雙腳疼痛、連續三週天天工作，全是因為主管把我們視為死不足惜的棋子，用來完成任務，求取升官。即使內心不贊同，他們都深知，為了鞏固處心積慮爭取到的微薄權勢，他們必須支持授權他們的制度。再說他們根本不夠格當主管，也不比底下管理的員工強，所以內心深處很怕失勢。能力不是重點，畢竟職位已經賦予他們能力，而職位來自給予他們生存特權的制度。

他感受到我的忿忿不平，即使我感到權力不對等，卻因為法語字庫有限，無法反駁他。他停下來瞪我，擤鼻子，吞下哽住的鼻涕，問我要不要他繼續念下去。

「這不是我的工時。」我說。

「這裡是這麼記的。」他假笑。

「我剛開始工作時，你說你會記下我的加班時數。」

「記下加班時數是服務生自己的責任。」

「這不是我的責任，餐廳裡沒人只工作四個鐘頭。今天我做了十五個半鐘頭。」

「我們只知道這上面寫了什麼。這本文件夾告訴我，你沒有加班時數。」他哈哈笑了，一抹露出長門牙的奸笑。「你要怎樣？不開心隨時可以走人。」

當然，這就是服務生的詛咒：工資讓你足以生存，卻不足以讓你自由。如果我現在走人，什麼都沒了。一個月過後，頂多六週我又身無分文。

鼠人站在他的辦公桌上方，噘起雙唇，呼吸沉重。我束手無策，進退兩難。我總算看清這地方的真面目，一個由心胸狹隘之人做決策的地方。從餐廳的稜鏡觀看，不難發現這種踩著別人往上爬的意念，就是法國社會（至少是黑暗面）的基礎。他人的失敗，就是你的成功。

我離開時，他大聲嚷嚷：「和我想的一樣，un lâche。」懦夫。「英國人全是一個樣！」

我從沒意識到自己的自由意志居然這麼薄弱。說到底我只是奴隸。路西安說的沒錯，餐廳能對我們為所欲為，我們卻一籌莫展。除非你已經有其他出路，但可能性不高，畢竟你成天在餐廳，根本沒時間耕耘其他夢想。餐廳深知這個弱點，也懂得利用。我是初來乍到的外國人，又不會法語，比一般員工更不懂情況，讓他們能隨心所欲剝削。餐廳裡有多少人也有類似遭遇？廚工？泰米爾人？他們可能完全不曉得自己有哪些權益，不清楚哪裡有問題，他們從戰亂國家、貧窮困境來到這裡，餐廳認為，對這些人來說，一丁點不平等對待已經是款待。或許他們的工作沒有保障，也不像用餐大廳的客人享有特權，但起碼他們有一份工作，應該要知足。把這間餐廳的情境套用在全巴黎、法國、歐洲、世界各地的餐廳，就會發現情況都和塞納河畔餐酒館大同小異。

我回到用餐大廳，皮歐特正在為晚餐時段做準備。

「該死的經理。」我說。

「你現在才知道？」

「當然不是，但還是很不爽。」

「你能怎麼做？至少我們不是廚子，一週過去還保得住工作已經謝天謝地。」

他說的沒錯，謠言已經流傳一陣子了：新鮮食材快遞變少，多半是現成餐點，以冷凍保鮮處理的塑膠盒裝食品。情況很明顯了，我們端上桌的菜有一半是工廠出產，這意味利潤增加，廚師需求減少。之前下層廚房都在水深火熱之中烹煮，現在只需要基本人數就夠了。微波爐的叮叮聲取代了鍋碗瓢盆的匡噹碰撞聲，至於服務生，我開始贊成荷諾和賈瑪爾的說法。生意是愈來愈興隆沒錯，但我們依舊人手短缺，累得像條狗，每天動輒工作十六個鐘頭，中間毫無喘息。主管對我們的怨言充耳不聞，不管怎麼問，他們的回答都一樣：你想走人嗎？你知道門在哪裡，慢走不送。

我不天真，早心裡有數，但是和其他人一樣，貧窮迫近，為了個人目標和滿足需求，我只好把種種疑慮和不公不義掃至心靈角落。可是委曲求全同時，我卻犧牲了帶來改變的希望。我是默許餐廳壓迫員工的幫兇，而這一切為了什麼？只為了讓這台機器持續運轉，好讓它繼續容得下我，最後榨乾我，吃光後吐出骨頭？

整體制度建立在獨斷的規則上，權位世襲，再由寶琳或科倫丁等人鞏固，全因這個制度讓他們享有別人不具備的卑微特權，而我們的不作為就是幫兇。當然有對付這種制度的法律，可是有用嗎？立法者都坐在用餐大廳，由讓餐飲業能持續在暗處運作的人員服務。這兩個平行世界確實會交會，只是沒人承認。

一直以來我都漠視這一切，甚至天真看待，但現在我懂了，而且看得比以往都清楚，沮喪萬分。科倫丁、整體制度的不公不義，都讓我熊熊燃起採取行動的念頭。

❖倫敦呼叫

過期的報紙、錯過的正餐，霧濛濛的清晨，巴黎風格優雅，別具態度。過去八個多月來，我都活在泡泡中，在名為巴黎的巨型戲院中扮演服務生。夏季夜晚漫長溫暖，我的世界卻持續縮小，只剩下四面包圍我的房間牆壁和餐廳牆壁。一有機會我就和卡蜜見面，午晚餐中間稍微偷閒，下班後坐在塞納河畔拿塑膠杯喝酒，躺在她還有白天日照餘溫的公寓鉛皮屋頂，冰塊飄浮在茴香酒雲霧中。公寓床邊就是淋浴間，剛好容得下兩個人。事與願違，她的男友最後回來，事態嚴重。「我們在一起四年多了……」

婚禮過後，我們都沒再提起普羅旺斯。我等她再次提起，希望她回心轉意，不再抵擋彼此都感受到的誘惑。內心一部分的我甚至盼望她突然宣布我們馬上就走，我灑脫丟下這份工作，從零開始，在普羅旺斯找一份工作。當時巴黎人還不多。幾週前進入八月，本地人的「出巴黎記」開始上演，觀光客和服務生占領巴黎，至少看來如此。最後連卡蜜也離開了，某天營業時段結束，她突然宣布不會再回來，她已經辭職，一切劃下句點。她提及將回商學院上課，雖然我並不詫異，卻難免傷感。當初我望著她來到餐廳，如今也望著她離開。絲裙緊貼著臀曲線畢露的模樣，那份沉靜的美，纖長的手臂，舉手投足之間的優雅，讓我瞥見另一種人生。儘管我對她幾乎一無所知，她的缺席讓我深感空虛。我就像剛來到餐廳時一樣孤單。薩爾瓦多離開，路西安也走了。我不斷嘗試聯絡路西安，和薩爾不同，他的電話還會響，只是從來不接。自從他離開餐廳就沒人看過他，也沒有他的消息，試了兩週後連我也放棄了。服務生的離場必須充滿戲劇性，這是他告訴我的，也許這就是吧。

＊　＊　＊

現在連新人都能輕鬆獲得桌位。一開始是為了頂替路西安和薩爾瓦多，後來是為了應付夏季的用餐人潮。安布魯斯是其中一人，肌肉發達的匈牙利大塊頭，可以同時端兩只托盤，輕鬆自如地來回走動。他猶如一頭公牛力大無窮，在露天用餐區施展龐大肌肉，寬闊臉龐和巨大體形幾乎和皮歐特形成強烈對比。皮歐特體格乾扁結實，臉龐纖瘦，縱切傷疤顯眼，手臂上滿滿刺青。餐廳也找來更多工讀服務生，全是兼職打工的男女學生，嬉皮笑臉，無憂無慮，聊來聊去都是未來人生、將來想要從事的工作。對他們而言，我已是老鳥，這場遊戲裡的資深玩家，瞧瞧八個月的時光改變了多少。

當然我們對他們很不客氣，畢竟我們嫉妒又害怕。對我們來說，他們象徵著截然不同的世界：實現不了或落空的夢想、失敗的學業、逝去的青春、舉步維艱的未來。上一場大蕭條已過了四年，也許這些孩子沒想錯，完成學業之後，真有工作等著他們。

我想起一年前的感受，當時想到將來是多麼寢食難安。卡蜜離職和她提及回去念書，讓我又想起這件事，工讀服務生更是強化這種感受。我不想去思考，不想再次面對，於是全心全意投入服務生的世界，把這份工作當作最後的救命稻草。但現在即使是在餐廳，工讀服務生還是提醒著我，讓我又想起不想面對的現實。於是我埋首工作。無論是在出餐口前閒聊打屁、開工讀生的玩笑、色迷迷地聊著女接待員，或是為了小費巧言令色，都簡單過認真回答一個問題：我的人生規畫究竟是什麼？此外，我也忙著在服務生之間埋下不合的種子，全力布局，「八月革命」就是我的目標，我要在一間頗具盛名的巴黎餐酒館，動員世界各地的服務生，展開小規模抗爭，對抗貪腐雇主，最後客人也加入戰局，為餐飲業員工爭取公平待遇外，同時要求透明的食材履歷……

自十七世紀起，餐酒館就是巴黎生活的重心，是許多革命揭開序幕、事件劃下句點的場所，也是不少人事業起步、人生毀滅的地方，而且這還只是廚房。沒理由我個人的生涯無法在此取得突破。

一天晚上，我、皮歐特、安布魯斯負責露天用餐區，德蘇沙負責室內用餐大廳，當時是平日週間，生意清淡，溫暖夏夜吹送著憂傷晚風，淚光閃爍的蠟燭哭出蠟汁，滴落餐桌。空氣中充滿香水味和夏季的熱鬧人聲，讓人思緒忍不住飄到外面的世界：晚上和三五好友外出、上館子、坐在運河邊暢飲冰涼啤酒，這些服務生以外的人會在夏天做的事。夏夜滿月下的塞納河畔，留在城裡的巴黎人開懷大笑，我卻望著一名俄羅斯老太太進行哀悼儀式，獨自切戳著盤中食物。她每週都會來餐廳吃飯，每次都穿同一套衣服，點同樣餐點：鴨腿佐鴨肝與根芹菜，搭配一瓶聖埃米利翁的葡萄酒、兩個酒杯，這是她先生生前最愛的餐點。真正的悲劇是她似乎不餓，只是出於義務點同一道菜，滿身的珠寶和回憶沉沉壓著她。德蘇沙說最難熬的就是聖誕節，她會獨自坐在餐桌，直到餐廳打烊，服務生上前請她離開。他們使出渾身解數，老太太就是不說話。皮歐特甚至試過俄語，老太太明顯聽得懂，卻仍以法語回說她不想講俄語。皮歐特大失所望，他深信這名老太太是貴族，家財萬貫卻沒有子孫，或許能資助他。他的理論是，要是她自己用不到這筆錢，看見他花得開心，肯定自己也開心。據他所說，沒人比他更適合當有錢人，畢竟他滿腦子都是錢。

「有錢人通常不懂生活。」他用濃濃的斯拉夫腔法語對我說：「可是我懂。」

皮歐特口中的「投資」通常是法國樂透彩券，而且是孜孜不倦的玩家。卡蜜常常逗他，說樂透是一種「笨蛋數學」。

俄羅斯老太太讓我想起，我們不只是端盤子送食物，也是客人和餐廳之間具有人味的連結，怪不得老服務生對這份工作自豪不已，因為他們從事與人接觸的工作，客人詢問他們的意見，甚至信任他們，為此，服務生本身具備某種高貴特質，也是一份值得驕傲的工作。

安布魯斯在出餐口以生硬法語和尼姆沙聊天，他建議尼姆沙夏天去南法工作。南法不好，尼姆沙說。那裡人不好，待遇又差。安布魯斯不認同，他向尼姆沙再三保證，如果尼姆沙有意願，他可以幫忙牽線某經理。這是餐廳員工司空見慣的對話，只要耐心等待，轉角總是有更好的職缺。我想起薩爾瓦多也曾經承諾我，要是我願意，他可以介紹我去西西里島工作，要是我聯絡得上他，絕對會考慮這項提議。這也令我想起普羅旺斯和卡蜜，那些本來可能卻再也不會發生的事，八月的巴黎甜蜜苦澀。

無論如何，和皮歐特及德蘇沙一樣，安布魯斯真心熱愛服務生工作。他環遊世界，也計畫持續下去。「夏天去海邊，冬天去山上」就是他的人生格言，這份工作也帶他走遍天涯海角。

「我是一個容易厭倦的人，即使生活穩定，有一間公寓、電視、女友……我還是可以拍拍屁股走人。上個月的薪資小費存夠了就離開，前往某個聽說猶如仙境的所在。服務生總是知道哪裡有好地方。」

安布魯斯曾經在義大利與加拿大的郵輪工作，橫越大西洋兩次，他說他喜歡人群，這也是他當服務生的主因。「每個人一生至少得當一次服務生，這應該納入國民義務，想一想你能學到多少關於服務、人、生活的知識。」

「沒人知道這份工作的辛苦。」我說。

「確實，不過辛苦工作是好事。」

安布魯斯感受到我對工作和餐廳制度的不滿，於是提醒我當服務生的好。

對安布魯斯來說，當服務生就是他的全部，他今年四十歲，入行很久卻沒有積蓄，所以遠在匈牙利老家的母親開始出現失智症徵兆時他開始擔憂，該來的跑不掉，他得回老家照顧她。

「你會回去嗎？」我問。

「這就是人生。」安布魯斯擁有水汪汪大眼，纖長睫毛猶如牛犢。

「你打算怎麼辦？」

他眺望眼前小廣場，嘆了一口氣：「我這輩子做過不少工作：服務生、酒保、飯店工作、博物館、保鑣、茶坊——你說得出來的我全做過。可是她住的地方沒有這種工作，那裡是鄉下，視線所及只有田野農舍，就這樣。」

「所以你會下田嗎？」

「我父親是農夫，我祖父、曾祖父、曾曾祖父都是，這就是我們的家族事業。你看。」他給我看他那大如巨爪的手，說：「這雙手天生就是要挖馬鈴薯的。」

「這是你想要的嗎？」

「嗯，是吧，我想是吧。你呢，你想做什麼？」

「下一步嗎？」

「對。」

「我不知道。我的意思是，我不確定，決定不容易。」

「什麼不容易？」

「知道自己擅長什麼、人生應該做什麼。」

「容易的事不值得追求。」

「像種馬鈴薯？」

「對，挑戰太重要了……」

皮歐特上前，磨損皮鞋的底部在石板地上打滑。

「英國佬，外面有一桌英國人，你接嗎？」

「那有什麼問題。」

「四〇三桌，他們只點飲料。」他說。

我走向四〇三桌，先是看見他們的背影，兩個打扮入時的男生，聲音充滿自信，講著彼此才懂的笑話。我停下腳步，飄浮在他們肩頭，金髮那位沒有抬頭看我，用英語問深色頭髮那位：「你要喝什麼？」

「還不知道。」他問另一位：「你覺得呢？」

「我們剛喝過葡萄酒了，換點別的吧。」

「琴通寧？」

「好，就兩杯琴通寧。」金髮那位瞄了我一眼，把飲料單交給我，繼續交談。「哦，冰塊要多一點。」他用英語對我的背影叫喊。

我在收銀機上點好飲料，刻意和他們保持距離，從遠方偷窺另一人的長相，深色髮那位。看見他的臉後，我確定了。

「皮歐特，可以請你送四〇三桌的飲料嗎？」我問。

「為什麼，這桌不是已經交給你了嗎？」

「我想出去抽根菸。」

他一臉狐疑地瞪著我。

「你可以收下小費，全是你的了。」

「他們戴名表，小費應該很大方。」

「我只想出去抽菸。」

我和餐廳保持一大段距離，坐在陰影中，看著戶外飲料區那兩個英國男人的剪影。皮歐特幫他們送飲料、倒通寧水，兩人碰杯，其中一人點起香菸，各種想法不斷在我腦中飄過。他們認出我了嗎？不可能吧，燭光這麼微弱，他們應該看不清我的臉。但可能還是看到了？說不定他們沒有認出我，上次見面已經是多年前的事了，大概六年吧，我也差點沒認出他們。不知為何，我頓時感到羞愧。回到餐廳後，我盡可能和他們保持距離，心想他們很快就會離開，偏偏事與願違。我端著一個裝滿髒餐盤的托盤經過他們身邊時，金髮的班聽見腳步聲，倏然轉頭。

「先生！冰塊，你忘記給我們冰塊。」他的深色眼珠搜尋打量我的臉，圓臉馬上露出一抹笑意。

我在內心咒罵皮歐特，竟然粗心忘了冰塊。

「馬上來。」我說，服從地轉過身，倉促奔回出餐口。

尼姆沙給我冰塊，偏偏皮歐特和安布魯斯都不在出餐口，我使出拖延術，直到不能再拖，瓦倫丁娜進來罵我上班摸魚。

「你負責的客人又在向我要冰塊了。你幹麼拿著冰塊站在這裡？」她問。

「要去了，現在就去。」

我看見他們兩人正在聊天，胃部突然一陣翻攪。我的腳步逐漸接近時，金髮的歐立拍了下班的肩頭，示意我來了。他稍微轉頭，兩人立刻坐直，刻意望向另一個方向，明顯在等我。我在他們桌上放下冰塊，準備轉身離開。

「不好意思，我在想，我們是不是認識？」歐立說。

我盡可能裝出不確定的表情。

「肯定是你，明明就是你。你沒認出我們嗎？」班說。

「我們大一時一起修歷史課。」

「哦——原來是你們，你們好嗎？」

「我們就覺得是你，歐立說他很確定，我是等到你送冰塊來才確定。你在這裡幹嘛？」

「工作。」

「我看得出來，不過為什麼？」兩人都笑了。

「瞧你這身高級西裝，我們差點沒認出來，髮型很帥呢。」歐立說。

「是啊，我們都得穿西裝，算是制服吧。」

「你看起來和以前完全不同。」

「太久沒見了。」我說。

一陣沉默。

「真的很巧，我們剛才在隔壁吃晚餐，餐廳叫什麼，班？」

「一個法文名字，扁鐘之類的。」

「編鐘。」我說。

「對對，你知道那間嗎？很好吃。」

「我知道。」我說。

「就在轉角，他當然知道，超棒的。」

「你們怎麼會來巴黎？」我問，試圖把話題從我沒吃過的那間餐廳移開。

「我們來度個週末，臨時決定搭歐洲之星，哥兒們的假期，或許認識不錯的法國妹——」

「講到這個，要是你有認識……」

「我想一想。」

「總之，我們聽那間餐廳的服務生說這裡景色不錯，沒想到會在這裡巧遇你。」

「你現在如何，半工半讀嗎？白天讀博士班？」歐立問。

「算吧。」我含糊其詞。「你們呢，現在在做什麼？」

「歐立在保險業，我在航運業，我們都是經紀人。你喜歡這裡嗎？我一直覺得巴黎很髒，法國人又沒禮貌，換作是我不知道撐不撐得下去，這裡的塗鴉太多了。我們幾年沒見面了？」

「六年了吧。」

「五年跑不掉。」班補充。

「要抽菸嗎？」歐立遞出一盒滿滿的香菸。

「我不能抽，工作中不能抽。」

「你幾點下班？和我們喝一杯吧，電話號碼來一下？」

「我沒有背我的號碼。」我試著閃躲。

「你的電話給我。」

我掏出手機。

「這是什麼？」他們對著灰色小諾基亞捧腹大笑。

「現在是一九九六年嗎！」阿班說。

瓦倫丁娜拍了一下我的肩膀，她對這兩人說：「Excusez moi, messieurs（先生，不好意思，打擾一下）。」然後低聲提醒我，另一桌客人要結帳。

「馬上去。」我說。

「使命必達。」歐立說。

「她還不賴。」班色迷迷地追加。

我點頭，準備轉身離開。

「哦，等你有空再幫我們送兩杯來。通寧水夠了，不用再送。」

「沒問題。」

歐立把手機還我。我離開時他們大笑，上下打量我，還在我工作時竊竊私語，我送飲料上桌時，他們又繼續了。

「你這身打扮真的很帥。」

「我們超愛你的紅襪和紅方巾。」

瓦倫丁娜上前，給我一個乾淨菸灰缸，我換掉他們桌上的菸灰缸。

「那喝一杯就說定嘍？你幾點下班？」

「我還不確定。」

「誰說了算？那個女人嗎？帶她一起來，她蠻正的。」

他們喝醉了，兩人哧哧傻笑，把瓦倫丁娜叫過來。

「小姐，妳能不能放他下班，讓他陪我們喝一杯？」歐立的聲音刺耳。

「妳也一起來嘛，Vous venez avec nous.」班說。

瓦倫丁娜露出尷尬笑容，以彆扭英語回答：「他現在必須工作。」

「別這樣嘛，我們是舊識，念在往日情誼，睜一隻眼閉一隻眼，讓他下班陪我們喝一杯吧。」

「好嘛，小姊姊，肯定好玩，妳可以帶我們去妳常去的店，妳大概知道哪裡好玩吧。」

瓦倫丁娜一臉茫然杵在我身邊，聽不懂他們在說什麼。

「Qu'est ce qu'ils veulent（他們想要什麼）？」她壓低音量問我。

「Rien（沒什麼）。」

「那我們不打擾你們了，不好意思。」她輕微鞠躬說，轉過身，絲質長洋裝在背後輕輕搖曳。

我跟著她後腳跟離開，情況不可能比這更羞辱了。我們背後傳來粗魯喧鬧的英國腔，填滿夏夜空氣：「太好了，兄弟。」、「死性不改啊。」

「你認識他們？」回到出餐口後，她氣呼呼地問我。

「不認識。」

「英國人，就是愛喝得醉醺醺，吵翻天。」

安布魯斯進來了。

「這是他們最後一杯，懂了嗎？要是他們敢惹麻煩，安布魯斯，你去請他們離場。」

安布魯斯嘟噥著明白了。

「他們不是你朋友嗎？」瓦倫丁娜離開後，安布魯斯問我。

「不算是。」

「可是他們認識你。」

「你怎麼知道？」

「因為他們一直在討論你。」

「你會英語？」

「我講匈牙利語，當然也講英語。」

「你可以幫我一個忙嗎？」

「什麼忙？」

「可以請你頂下那桌嗎？小費全歸你。」

「當然可以，但你聽著，不用管他們想什麼。」

我咀嚼思忖著他的問題。泡泡總算破裂，過去一週來我壓力龐大，心力交瘁：先是路西安離開，再來換卡蜜，工讀生說的話、鼠人、加班的事……今晚真實世界總算成功闖進我的新世界。我躲起來，直到他們走了，才恍然大悟，儘管我努力爭取到我所垂涎的服務生工作，卻擋不住殘酷真相——受到真實測試時，我還是覺得當服務生丟臉。在我內心深處，這不是我的歸宿。

❖ 跌落谷底

「亞德烈，跟我們來。」主任小聲說，身旁有兩名表情嚴肅的便衣警察。

我、皮歐特、德蘇沙、安布魯斯正在準備午餐時段。亞德烈沒有多問一句，他看了主任一眼，馬上就懂了。三個男人沉默不語陪他走向置物櫃，廚房員工發現是警察，全嚇到不敢吭聲，埋頭工作，免得招來警方關注，連泰米爾廚子都溜進他們狹小空間的陰影裡，我們則是盡可能躲在階梯底部偷聽，沒多久賈瑪爾也氣喘吁吁加入我們。

「你在笑什麼？」德蘇沙說。

「沒什麼，我沒在笑。」賈瑪爾回道。

「不想錯過好戲嗎？」皮歐特說。

「我看見兩名警察進來，當然立刻飛奔過來。」

「我從沒看你動作這麼快。」德蘇沙壞嘴道。

「你閉嘴。」

警察要求亞德烈打開置物櫃，開始翻箱倒櫃，平時心高氣傲的亞德烈垂頭喪氣。

「看什麼看？」一名員警對我們咆哮，我們立刻作鳥獸散，奔回樓上。

出餐口前沒人說半句話，沒多久亞德烈又經過我們身邊，員警猶如左右護法，其中一人拎著一包塑膠袋。

「我們已經說好了……」走到雙開式回轉門時，主任對員警說。

「別擔心，不會用手銬。」他說，然後問亞德烈：「你不會幹傻事吧？」

他們摘掉「警察」字樣的橘色臂章。

亞德烈不發一語，滿臉羞愧，讓警察帶領他離開餐廳、踏進正在等待的警車，提早來餐廳吃飯的客人似乎什麼都沒察覺。

回到廚房，人人默不作聲，沒人工作，總算有人開始說話，流言滿天飛。廚子說他們看見警察把手槍裝進證物袋，其他人說是一把刀。天花板低矮的辦公室內，主任坐在堆滿東西的桌前，科倫丁和瓦倫丁娜站在他左右邊輕聲交談，德蘇沙進門，要求他們說明狀況。

「他們接獲線報。」回到出餐口後，德蘇沙告訴我們。

「什麼線報？」皮歐特問。

「古柯鹼。」德蘇沙說。

「主任怎麼說？」

「沒說什麼。他人在哪？」德蘇沙問。

「誰人在哪？」賈瑪爾反問。

「警方抵達後唯一不在場的那位。」

「你覺得是荷諾？」

「不然還有誰？」德蘇沙說。

「他在露天用餐區，卑鄙齷齪的老鼠。」皮歐特罵道。

沒多久，主任帶著瓦倫丁娜及科倫丁回來，荷諾跟在他們背後走進來。

「你們剛才應該都看見了，但與你們無關，只是例行檢查，亞德烈會再回來。」

「例行檢查？那他們怎麼不去檢查我的置物櫃？」德蘇沙不服氣地說。

「我們現在有客人，別轉移注意力。如果你們有問題——」

「對，我有問題，請問該怎麼處理向警方出賣同事的人？」德蘇沙凶惡瞪了一眼荷諾。

「少影射一些你根本不知道的事。」荷諾不服地頂嘴。

「鬧夠了沒！」主任說：「這扇門後面還有人在等五百多道菜上桌，你們可別搞砸，誰做蠢事誰就滾蛋，聽見沒。」

氣氛緊繃，紙牌屋搖搖欲墜，隨時可能倒塌。

我和皮歐特在露天用餐區討論剛才發生的事，但他似乎只操心今天又分配到VIP區，而且今天那區翻桌率很低。

「你覺得是他幹的嗎？」

「荷諾？想都不用想。」

賈瑪爾悄悄走上前，你可以感覺出他渾身散發熱氣，他來來回回廚房，想要了解狀況，當然也不忘順便散布謠言。最不可思議的是，他居然相信現在就是他成為領班的機會。

「你們覺得誰會取代他？」他問。

「主任說亞德烈會歸隊。」皮歐特說完不感興趣地離開。

「他不會回來的，英國佬。我樓下的兄弟告訴我事發經過。」他口中的「兄弟」是在廚房工作的兩名阿爾及利亞人。「你想知道嗎？」

我不想滿足他的八卦欲，偏偏我很想知道。賈瑪爾描述警方逮到時尚圈人士持有古柯鹼，他們供出藥頭是亞德烈，警方才來餐廳搜查。這說法很荒謬，因為這反而證實了他們真的是為亞德烈藏的古柯鹼而來，表示通報人肯定是餐廳內部的人。那人絕對不是管理階層，畢竟他們重視亞德烈額外提供的服務，尤其是主任，他現在的地位已經夠岌岌可危。

除去他繪聲繪影的八卦不說，賈瑪爾總算給我一個有用情報，提醒我試試他推薦的土耳其浴室。

這一次他在筆記本寫下地址，撕下來給我。

出餐口和下層廚房的出單機再次傳出轟轟聲響，訂單湧入，沒多久我們只滿腦子想著出餐，為了頂替不在場的大魔頭，鼠人捲起袖子進來幫忙，掌控局勢樂在其中，荷諾也欣見這個發展。這時，主任在側廳流連，啃咬指甲，手裡緊抓著電話。

❖土耳其浴室

巴貝斯地鐵站附近的街邊，一大群年輕馬格里布男子匆匆交談，一手交錢，一手交貨，黑市香菸和毒品。這個地方令人揣揣不安，很多雙眼睛上下打量你，你只希望不引人注意偷偷溜過。一個靠在牆邊的男人發出咂舌聲，另一人發出噓聲，鬼鬼祟祟攤開手，露出一支手機。「欸，先生，你看。」他說。

街道淩亂不堪，紙張散落一地，到處是骯髒紙箱，頭頂上的地鐵隆隆駛過石頭拱門，拱門表面附著底下車流累積的黑色污垢。汽車停在十字路口前等綠燈，幾個年輕男子不斷在車陣穿梭走動，對彼此叫囂，偶爾爆發爭執。一名計程車司機把車窗開一個小縫講電話，一個街頭男子忽地彎身搶過他手中的手機，迅速逃離現場。人潮吞沒了他，街頭傳出粗暴叫嚷，有人吹口哨起鬨，小偷早就一溜煙不知去向。計程車司機氣得下車咆哮，兩手向天空一攤。周遭的男人都在笑他，剛才他們什麼都沒看到。他不斷乞求，臉上寫滿焦慮，彷彿他失去了一切。他哀嚎：「你們不懂，這下子我要怎麼工作？」佇立街邊的年輕人都在嘲笑他，朝地板吐口水，比著手勢，呸出濃痰。街頭傳來更劇烈亢奮的叫喊。交通號誌轉為綠燈，計程車後方的汽車駕駛開始煩躁，猛按喇叭。這是一個無法無天、殘酷骯髒的世界，沒人在乎你，這就是真相。司機看破這點回到計程車，等到再次變成紅燈，他緩緩開到十字路口，許多似乎不好惹的男子盯著他猛瞧，他已經關緊車窗，鎖上車門，在這裡，他知道他不安全。這群男人看來都是狠角色，也不值得信賴，要是他敢輕舉妄動，他們肯定讓他悔不當初。他知道他們才是這裡的主人，雖然正對面就是警察局，卻一點用也沒有。

我行色匆匆踏上人行道，途經手機店、折扣服飾店、麵包坊、中東烤肉店，幾個婦人為了幾塊麵包討價還價。我邊數著頭頂的門牌號碼走，裝出知道自己要去哪裡的樣子。十四號，總算被我找到。這是一扇巨大雙門，粉紅油漆褪色斑駁，左右兩側是模樣破舊的電話店。

「你在旅遊書裡找不到這個地方。」賈瑪爾寫下地址時說：「你只能靠那擺脫這裡——」他的手揮向出餐口，「還有那個——」他拉了一下我的襯衫衣領，探頭一望，「你平常洗澡嗎？」

「閉嘴，我當然洗澡。」

「不夠，擺脫不了餐廳污垢，這地方是你唯一的希望。」他的手指點了點筆記紙。

兩個看似兇惡的傢伙靠在門上，其中一人朝地板吐口水，兩人不約而同看我。門上有個蜂鳴器標示「土耳其浴室」，監視錄影機的塑膠魚眼已經刮花，模糊不清。我按了一下門鈴，靜靜等候。沒有回應。我推了一下沉重大門，大門稍微敞開，卻怎樣也推不開，還砰地一聲彈回原位，兩個男人緊盯著我。

「Ca va frère（兄弟，需要幫忙嗎）？」其中一人說。

我再按一下蜂鳴器，不斷推著大門，始終推不開。

「噢——」年輕那位叫道，吸著最後一小段菸頭。

他個頭矮小，面容冷酷醜陋，髮際線後退。

「你有事嗎？」他說。

我再次按下蜂鳴器，試著推開大門，兩個男子目不轉睛盯著我。他們頭向前一傾，其中一人以單眼瞪著我，我把全身力氣壓在門上，等待大門打開。

「我要去土耳其浴室。」我假裝輕鬆地回答。

他們又朝地面吐口水，表示收到。

坐滿四人的警車緩慢滑過我們身邊，陰影中他們的臉孔隱約閃現。他們正看著我們大笑嗎？身邊這兩個男人以阿拉伯語交談，咂舌抬下巴，朝警車的方向輕輕點頭。我想起史蒂芬說的話，警察只有買中東烤肉才會下警車。

「你確定沒搞錯地方？」警車離開後，高個子問我。

「或許沒營業。」另一人說。

「或許你不該來這裡。」

「或許你記錯時間。」

「你有手表嗎？」高個子問我，咧嘴笑時露出一口爛牙。

「沒有。」我說。

我沒帶任何值錢物品，皮夾內只有十五歐元入場費，手機就算拿去隔壁手機行，也換不到十歐元，但我依然坐立難安。我實在太顯眼，一看就不是他們的一分子，所有人都心中有數。

我按下「警衛室」按鈕，一陣霹啪聲響後傳來模糊回應，街頭嘈雜，我聽不清對方說了什麼，但我身體抵著的大門突然動了起來，瞬間把我送進天花板低矮、鋪有石板的沁涼幽暗小巷，沉甸甸的粉紅大門在我身後合起，街頭噪音瞬間消失，只剩下沁透潮濕的幽靜。小巷尾端有一個小庭院，還有一列通往入口大門的石階，門上標示「土耳其浴室」，右側是一家阿拉伯髮廊，三個女人坐在玻璃後方的中央位置靜靜聊天，數著幾綹黑色接髮。左側一扇通往公寓的大門前，有個男人駐守，他上下打量我，卻懶得理我。強化玻璃碎裂，以粗糙焊接的金屬板封起，警衛腳邊牆面上擺著一根鐵條已被彎折成武器。我走上石階，踏進前門，跨過另一個門檻，總算抵達一個截然不同的世界。

燈光昏暗，這是一個幽影重重的世界。嗅覺首當其衝，豆蔻等香料味撲鼻而來。老舊收銀機前一個女人正在數硬幣打發時間。她交給我一把八號鑰匙，舉起一手指向階梯。當我走到階梯底端，一個服務生衝上來，遞給我一條黑色披巾，要我圍住身體。空氣潮濕，室內鋪滿磁磚。我在置物櫃前寬衣解帶，第一次發現自己有多髒，也發現自己瘦了不少。體型龐大、膚色黝黑的男人挺著啤酒肚，默默在我身邊更衣。我的身體毫無血色，骨瘦如柴，過去幾個月在廚房及餐廳工作，所有融入身體的味道、汗味滲出每一個毛細孔。不論是外表或味道，我都像個活死人。這個比喻很貼切，更衣室的粉紅色牆磚和藍色地磚，加上綿延整片牆壁、標記著數字的置物櫃，這裡確實很像停屍間。我像在餐廳置物櫃前掛上衣物，差別是我現在沒有可以卸下的衣物，除了緊緊環繞腰間的黑披巾，我一絲不掛。

我走了起來，來到第一間房，猶如死屍的男人仰臥床上，動也不動，全身只裹著白浴袍，連臉都蓋著，看不見眼睛。服務生帶我穿越房間，角落有個男人正在朝麥加的方向禱告，服務生以西班牙語向我解說。

「Se limpiar. Ahora（你先洗澡）。」他指了指某處，留我在隔壁房門前，然後離開。

狹長房間鋪滿磁磚，溫暖潮濕，男人坐在兩側長椅上，除了黑色披巾，一絲不掛，在小水槽前拿著塑膠桶洗澡。我走向盡頭，找到一個沒人用的水槽，他們滿臉狐疑地打量我。我正前方有一個方形磁磚桌，一個男人仰躺在桌面，雙臂攤放於身體兩側，臉上掛著救世主般的微笑，猶如佛陀從容沉著。他雙眼緊閉，一動不動，一位全身只裹著浴袍的服務生跪在他腳邊，認真搓洗他的腳。服務生身材結實強壯，在水注滿桶子及潑濺磁磚的背景音下，他開始幫男人洗澡，搓洗他的身體，勤勞不懈地搓。其他男客已經不再猛盯著我瞧，只有偶爾刻意迴避目光，大家慢條斯理、謹慎仔細洗著澡，時光緩慢流逝，昏昏欲睡的睏倦襲來，服務生的搓洗動作更加粗暴，桌上的男人還是無動於衷。

身體洗完，我直接走向土耳其浴池，豆蔻香味的霧氣瀰漫全室，從滿是樹枝的金屬水槽湧出。挺著啤酒肚的男人猶如幽魂在霧氣中浮現，他們倚著牆，趴臥磁磚桌面，再不然就是採仰躺姿態。室內熱氣逼人，靜止不動才是上策，偶爾有人從雲霧桌面起身，拿起清涼水管噴灑全身。我坐在那裡進入空無，無論老邁或年輕，在這裡，所有人都沒有差別，不過是輪廓朦朧的人形，在眼裡變成一道道黑影。毫無動靜的人形消失在一堵堵炙熱蒸氣牆內，再次浮現時彷彿飄在蒸氣上方。這裡漆黑卻也明亮，蒸氣中平光消散，阿拉伯語的竊竊私語、吐口水、潑濺在藍色和粉紅色磁磚的水聲，我們沒有面孔，任由汗珠涔涔淌下額頭，一路滑落肩胛骨。過了彷彿一個世紀之久，服務生上前呼叫我。

「Vamonos（跟我來）。」

我跟著他的佝僂身影踏出土耳其浴池，原本趴臥在床的男人已經離開，有個身穿泳褲的年輕男孩正拿著塑膠碗往桌面潑水，服務生朝地板吐口水，噓聲趕走他。他往磁磚表面潑水，示意我面朝下躺上去。他以西班牙語對我說話，拿起一個去角質的粗糙手套擦搓我的背，不時露出充滿成就感的表情，讓我看一眼手套，我猜上面都是死皮污垢，他似乎正一層層剝下我的皮，深入污垢核心，我分不出他是從污垢中解放我，抑或解放我身體的污垢。接著他按摩我的肌肉，在肌腱和骨骼上猛力掐捏，結束後拍了一下我的背，朝我潑灑一桶桶冷水。無論我先前神遊到何方，都剎那間被這桶冷水潑醒，接著尾隨他穿越房間，經過在水槽前用塑膠碗沖洗身體、髮際線倒退、肩膀下垂的啤酒肚男人。步出房間後，服務生抽走我的黑披巾，改以白色浴袍裹住我身體，帶我前往先前行經的幽暗小室，躺在不具面孔的人群中。我的意識逐漸模糊，內心承諾自己一定要離開餐廳，非離開不可。我得找到其他出路，因為我很清楚我永遠無法像其他服務生那樣專業，這不是我的天職。我加入餐廳時想向自己證明的事已經做到了，證明了自己知道怎麼當服務生，怎麼奉獻勞力。現在該證明其他事了，證明我會寫作，可以訴說這些人的故事，這就是我非做不可的事。

我感覺身體被掏空換新，處於令人安定寬慰的潔淨。我有辦法扒下餐廳的污垢、巴黎的骯髒、牆外的一切。不過在那之前，還是得先來到最不光鮮亮麗的城市角落，穿過那道雙開式回轉門，沉淪地底。

❖自由鬥士

自從亞德烈被捕，廚房就變得烏煙瘴氣。經過過去這個月發生的點點滴滴，包括科倫丁放話要篡主任的位，餐廳內部壁壘分明，依據種族、民族背景、甚至道德標準，分裂成不同派系。亞德烈沒再回到餐廳，就目前局勢來看，以後他應該也不會歸隊。為了幫亞德烈報仇、反擊荷諾，德蘇沙招兵買馬。就連賈瑪爾也常窩在樓下垃圾桶旁，向備餐廚房的馬格里布新人長篇大論。鼠人大膽推測偷食物的是非洲廚子，一腳踹走他們，換成馬格里布人。賈瑪爾甚至直言他不信任非洲人，更不放過任何講他廚房「兄弟」困境的機會，非洲人想害他兄弟失業的陰謀論。賈瑪爾明確暗示主管，多虧他的兄弟，廚房失竊率才降低，要是管理階層知道什麼對餐廳好，就應該給他們更好的工作，畢竟這兩個男孩在來巴黎前，可是在阿爾及利亞和突尼西亞頗具名望的飯店做過服務生。他還告訴我們，要是餐廳期望提升營運效率，廚房卻雇用「黑人」員工，結果怎樣我們也都看到了。賈瑪爾的態度讓皮歐特困惑不解，不時提醒賈瑪爾他也是非洲人，賈瑪爾卻向他保證，兩者完全不同，他祖國的問題都出在非洲人，不是馬格里布人。

「我在塞爾維亞時都覺得大家很恐同，因為土耳其人的長年介入。也許你祖國的情況也很類似，賈瑪爾？」

賈瑪提出更多未經證實的偷竊指證，最後該發生的還是發生了。他去找主管告狀，說他手機遭竊，而且是誰幹的他心裡有底。餐廳臨時舉行袋鼠法庭，在主任、科倫丁，以及現在聽其他服務生說是「阿拉伯人」的員工面前，可憐的廚子遭到定罪，沒人站出來為被告陳情。袋鼠法庭審理過程中，濕答答的地板上看不見其他廚子身影，他們全躲起來偷看審理過程。結果宣判完畢，法官和陪審團爬上狹窄石階回到出餐口，我們聽見賈瑪爾提議他表弟接下失業廚子的職位。賈瑪爾驕傲地在出餐口給我們看失而復得的手機，證明樓下真有偷竊事件。儘管還沒指派新領班，賈瑪爾已自稱領班，當下層廚房第三名廚子遭到開除，滿臉愁容的菲米在營業時段後跑來出餐口找我。

「你要幫我，我得當上服務生，兄弟，底下情況很糟糕。」

我已經向亞德烈提過菲米的事，他說可以幫忙牽線，偏偏他現在不在了，我知道鼠人不想讓下層廚房的人當服務生，他本來就對服務生沒太大好感，為了餐廳恢復興隆生意，他還打定主意要大刀闊斧撤換所有員工。再說要是我推薦菲米，反而會造成反效果，菲米覺得他時日不多，主管正想方法踢掉廚子。

才開除可憐的廚子不久，鼠人已經大搖大擺走進出餐口，警告尼姆沙今後會在出餐口展開突襲抽檢，因為「餐廳資源遭人公然濫用，管理有漏洞」。這麼做是有原因的，他們在置物櫃尋找賈瑪爾的「失竊」手機時，發現數量驚人的酒瓶。餐廳在營業時段開始前派兩名學生跑堂員去清空置物櫃，一個鐘頭後，他們帶著五袋滿滿空瓶的垃圾袋回來，空瓶藏在各個孔洞縫隙，置物櫃後方、牆壁內、天花板上。這些酒是不是餐廳存貨都已經不重要，鼠人成功說服老闆餐廳充滿內賊，一肩扛下清算整頓的任務。他總算獲得他妄想已久的權勢，看來看去都像代理主任。

「這裡是餐廳，不是黑市，要是捉到偷竊馬上開除，沒得商量，還要支付與菜單等值的罰金，食材飲料都算。」科倫丁說，以上就是營業前的報告。站在他身旁的主任不發一語，滿臉頹喪。目前看來主任已經確定失勢，餐廳再也不是他的王國，我們也不知道他是否會分到老闆其他帝國的職位。

關於食材偷竊，科倫丁不厭其煩、斬釘截鐵指出，最有嫌疑的就是泰米爾人，他的偵辦調查也會朝這個方向進行。

尼姆沙滿腔泰米爾怒火，忿忿告訴皮歐特這件事，皮歐特舉起拳頭微笑說：「泰米爾猛虎，自由鬥士」。皮歐特比誰都清楚，全餐廳最不可能偷東西的就是尼姆沙和他的泰米爾兄弟。

皮歐特高舉拳頭，緊接著尼姆沙、巴羅，最後連曼尼也從出餐口探出頭，手舉起拳頭，沒多久德蘇沙和安布魯斯也加入我們的行列，嘴裡不斷覆誦「泰米爾猛虎，自由鬥士！」後來氣氛升溫，變成激昂怒吼，甚至吶喊。喧鬧叫喊猶如一陣波浪，也感染樓下，一名廚子啟動內部通話設備，讓大家聽見他們的念誦，樓梯井隆隆震動，內部通話設備霹啪作響。我們揮舞拳頭，雙腳上下跳動，嘶聲大喊「泰米爾猛虎，自由鬥士」，背後跟著賈瑪爾的鼠人出現，尖著近乎恐懼的嗓音要求了解情況。

我們停止吶喊，但回音持續在餐廳腸腹深處繚繞，就像死不瞑目的鬼魂，想讓所有人聽見自己的冤情。

皮歐特喘不過氣，滿臉通紅對科倫丁說：「使命必達。」

「對，沒錯，都過五分鐘了。」鼠人回應，顯然已忘了剛才發生的事，匆忙離開下層廚房，重整隊形。

我夢想的革命（或至少是我想像的革命）就是在這樣的喧鬧違抗和團結行動中萌芽成形。當然我們不準備戴著紅色臂章來工作，不會每天早上在露天用餐區處死主管，也不認為有誰會想寫下政黨宣言貼在門上，畢竟這需要大家先達成共識，不過目前已朝這個方向進行。儘管為了爭權奪利、節省餐廳營運成本，主管挑撥離間，想要毀滅我們，但這是我加入餐廳以來員工第一次這麼團結。餐廳也許不給我們自由，處心積慮創造出一個不存在平等的世界，他們卻奪不走那樣屬於我們的東西，那就是：博愛。

亞德烈逮捕事件就是催化劑，接下來就看事情怎麼發展。

❖罪有應得

幾天後偷竊話題還沒劃下句點，鼠人又展開其他調查名目。他深信不管是誰，所有員工都想揩餐廳的油。老闆已批准他執行這項荒唐計畫，卻只是讓整體情況更雪上加霜，鼠人暫時遙遙領先，變成穩坐寶座的長勝軍。

「他們以為餐廳每個員工都是小偷。」德蘇沙和鼠人結束訊問，回到出餐口。科倫丁自認內務偵探，非常認真看待自己的職責。

「確實如此。」皮歐特同意他的話。

即使皮歐特的偷竊模式錯綜複雜，卻似乎泰然自若。

「廚子全是小偷。」賈瑪爾再三保證。

「他們能偷什麼，四季豆嗎？」德蘇沙說。

「小偷。」荷諾激烈地說：「我來告訴你們誰才是小偷，餐廳。我操得像條狗，還分配爛桌位給我，以為我用他們說是餐點的狗屎賺得到小費。」

「現在都改成現成品，連薄切牛肉片也是！」賈瑪爾幫腔。

「他們全是小偷，這就是餐廳的真面目。」

「餐廳不是小偷。」皮歐特笑笑地說：「他們是詐騙集團，而且是手段高明的詐騙。客人明明知道自己被搶錢，離開時還是很開心，至少我的客人是這樣。」

「皮歐特，你想叫他們小偷、詐騙集團，都隨便你。問題是端不出像樣的菜，我們還剩什麼？這就是我們的文化基底，法國料理的精髓，可是現在我們卻把餐點外包給工廠的低薪移民。」

沒想到老是滿肚子詭計的荷諾有他的價值觀。但我看不出他不滿的是法國餐廳供應低品質餐點，還是餐飲現在都是外國勞工做的。

科倫丁持續偵辦調查，服務生原本少到不能再少的特權也完全不剩。他時不時出巡視察出餐口，現在就連麵包都不放在那裡，直接中斷服務生有限的食物供應鏈，無法在工作時間充飢，維持體力，繼續在戶外和室內用餐區奔波勞碌。咖啡供應也幾乎全沒，再加上沒完沒了的加班，已經連續幾週不能休假，員工壓力破表。除了加班及營養不良，整座城市還飽受法國人說的「une canicule」熱浪侵襲，是雪上加霜。

熱暑令人窒息，偏偏無處可逃。白天高溫可達三十幾度，入夜後依舊悶熱，因為室內累積的白天高溫持續悶燒，沒人能安穩睡上一覺。白天太陽還沒升起，空氣就開始炎熱。我們馬不停蹄地工作，卻不能吃飯，也沒有能抑制飢餓的咖啡，服務生不斷消耗能量，愈來愈躁動不安。皮歐特晚上睡不著，掛著兩輪黑眼圈，他說隔壁棟搬來一戶越南家庭，夜夜笙歌舉辦派對，播放越南流行歌曲，吵得像是整家人和音響系統都搬進他的臥室。他一籌莫展，整晚躺在熱氣中半夢半醒，沮喪地拍打厚牆，哀怨呼喊。因為他們住在另一棟樓，他不能去敲門，最後只好報警，警方卻說沒時間處理噪音。正因如此，我們在出餐口後的餐廳外面聊天時，皮歐特也閒不下來，用細繩把舊油漆桶綁在羅姆人地下道市集買到的竹棍上。他的計畫是製作某種裝置，盪出窗戶、敲打越南人的窗子，引起他們注意。他的雙眼布滿血絲，很像瘋子。

「他們打算擊垮我們。」賈瑪爾說：「很明顯，他們想要趕走我們，用工讀生省錢多了。這就是科倫丁的計畫。」

「賈瑪爾，我以為他準備升你當領班？」

「閉嘴，英國佬。不管怎樣，我都不想在這種地方當領班。」

「你認真？」

「當然。」

「我已經在找其他工作了。」荷諾說：「一找到就立刻閃人。如果他們以為餐廳少了專業服務生也沒差，這種地方我也不想待。」

「我要去表哥在南特的餐廳工作。」賈瑪爾回道。

「你們真的很搞笑。」德蘇沙說：「還真專業。荷諾，我問你，你上一次擦皮鞋是多久以前的事？」

「誰會看鞋啊，都藏在桌下。」荷諾沾沾自喜地說。

德蘇沙搖了搖頭。皮歐特還忙著用舊油漆桶、竹棍、細繩製作裝置，他唇上叼著無濾紙香菸，喃喃自語著熱氣、睡覺、越南人等話，搭配那道無疑是刀疤的臉部傷痕及滿身刺青，他很有印度支那戰爭老兵的架勢。說雖如此，自從皮歐特加入餐廳，他的穿衣品味就進步不少，現在他的西裝很有型，肯定連薩爾瓦多都會點頭贊許。除此之外，他開始穿上當時算是激進的黑色馬海毛西服背心，西裝外套扣起後若隱若現。主任是批准了這身打扮，但皮歐特比其他服務生熱。不過皮歐特就是皮歐特，從來不抱怨，也沒脫下西服背心，只在出餐口放一只冰桶，裝了冷水和餐巾，放下餐盤後，服務生可以擦一下臉。但真正的問題是氣味。工作一天下來，皮歐特渾身臭氣，但沒人多說什麼，畢竟大家一樣臭。

因為現在出餐口裝了一台監視錄影機，於是輪班空檔我們都站在後門外的窄巷裡抽菸。現在管理階層和服務生之間的信任感蕩然無存，我們不再堅持輪流抽菸，大家一起抽菸休息。這就是法國的抗議精神，主管似乎也默許了，再說現在亞德烈不在，誰來安排每個人出去抽菸的時間？

管理階層營造出動盪的氛圍，服務生的關係也跟著不穩。賈瑪爾和荷諾暗示，現在工時加長、沒有休息時間，主管應該正鬼鬼祟祟計畫什麼，但皮歐特和德蘇沙的想法不一樣，也比較合理：畢竟現在是夏天旺季，加班本來就很正常。皮歐特不介意，畢竟工作愈多代表小費愈多，他不用多久就能和卡門見面。可是自從亞德烈離開，德蘇沙就顯得有些茫然，似乎找不到工作意義，尤其現在見證餐廳怎麼對待亞德烈，他更清楚餐廳也不會照顧他。亞德烈販毒是事實，但他說到底都是餐廳的服務生，而且是非常優秀的服務生。他之所以販毒是因為主管會向他買，再說餐廳給他的酬勞少得可憐。要是連大魔頭都可能失業，誰都難逃開除命運。德蘇沙痛心頓悟自己也可能弄掉工作飯碗，他才剛結婚，所以更難接受這件事。我比較驚訝他工作這麼久，居然一直以為餐廳會在乎他的死活。荷諾也講到類似話題，儘管這一切全是他的錯，我卻不得不贊同他憤世嫉俗的說法。

「只要是對他們有好處，就算踢走你，他們也不覺得可惜。」荷諾說：「要是你以為他們在乎你，你就真的太傻太天真。」

「主任一直對我們很好。」

「主任是對我們好，但他自己也快撐不下去了。」賈瑪爾說。

「如果他真的對我們這麼好，你怎麼還沒升經理？」荷諾說：「亞德烈走了，他們甚至沒升你當領班，你只是可有可無的消耗品，亞德烈還自以為是大魔頭呢。我會在新餐廳擔任領班，薪水是這裡的兩倍，工作量也少兩倍。」

「沒人想升你為領班。」德蘇沙氣憤不平地說：「畢竟你幹了那種骯髒事。」

「少耍嘴皮子了。」荷諾回道：「警察捉到亞德烈非法販賣毒品，而且是在餐廳販毒，你以為他是你朋友，就可以無罪釋放？這就是法國的問題，你們老是以為自己可以不遵守法律。」

「你們？」

「對，你們。」

「我和你一樣是法國人，我沒看見你加入民主聯盟啊？」德蘇沙是指法國右翼政黨。

「民主聯盟？」荷諾大笑。「說什麼屁話。只要對你有好處，你就是葡萄牙人？」

「要是我說亞德烈被踢走全是你的錯呢？大家都心中有數。你要不要乾脆一點自己承認？既然你這麼守法，自以為清高……怎麼不從實招來。」

「承認什麼？」

「承認打小報告的人就是你。現在餐廳只剩你們兩個專門搞事的傢伙，害大家賺不到小費，就是這樣。」

「我聽你在放屁。」

「放屁？你真的很欠人教訓。」

「這傢伙自以為戰士嗎，只會吠不會咬的狗。」他對竊笑的賈瑪爾說。

「你覺得好笑是嗎，賈瑪爾？」德蘇沙說。

賈瑪爾說他不想捲入德蘇沙的conneries（狗屁），轉身溜進餐廳。

「放棄吧，德蘇沙。」荷諾說。

「我不會就這樣放棄，我早就受不了和你這種人當同事，怎能說算就算。你幹了那種破事，居然有臉回來上班？無恥至極。沒有你這種人搗亂，工作就夠辛苦了，現在你還害人失業，你怎麼不摸著良心想一想。」

「哪種事，你倒是說說我做了什麼？」圓潤頭顱、深色眼珠的荷諾露出難看的牙齒，虐待狂的笑容，彷彿對他而言整件事只是一場笑話。

自從來到餐廳，我第一次看到德蘇沙認真握緊拳頭，而不是在等待出餐時練習揮拳而已。

「怎麼樣？有種放膽過來。」德蘇沙在荷諾面前擺好戰鬥姿態。

「你放棄吧，我才不和你打架。各位，拜託哦……」荷諾的目光飄向我和皮歐特，我們裝作沒看到。

「放膽過來啊！」德蘇沙這下更火大了。「你以為自己很聰明是吧？以為大家什麼都不知道嗎。」

「這傢伙瘋了，你們不勸他一下嗎？別表現得像個郊區笨小孩，這樣不像你，德蘇沙。」

「我確實是出身郊區沒錯。」

一身寬鬆西裝的荷諾攤開雙臂，左右晃著腦袋，黝黑眼珠搜尋德蘇沙的眼睛，臉上依舊掛著難看笑容。「小拳擊手，你鬧夠了沒？」

皮歐特看著荷諾，吐出一大口煙，用帶有濃郁腔調的法語說：「放膽過來，荷諾。」

「唷，他會說話呢！」荷諾說：「我還以為你只會端盤子。你是說你相信葡萄牙小子說的鬼話？你覺得我真的會去告發自己的同事？你又在乎他了？你根本不認識那傢伙，他專門分爛桌位給你，自己爽拿小費，我什麼都沒做……」

德蘇沙的腳步逐漸趨前挪近，在胸前握緊拳頭，聳起肩膀，荷諾略微猶豫地後退，嘴裡念念有詞說著我聽不懂的話。德蘇沙把他逼到一輛停靠汽車前方，荷諾無路可退，總算不再捍衛自己的清白，出手推了德蘇沙一把，這個舉動逼得準備使出渾身解數的德蘇沙連續出拳，他擊向荷諾護頭的雙手，接著迅速向後撤退，腳尖繼續輕巧跳躍。荷諾從車上彈跳起來，朝德蘇沙潦草揮打兩下，德蘇沙輕鬆做出假動作閃躲。

「就這樣？」德蘇沙說，他不再防備，俐落揮向荷諾的臉嘲諷他。

「你真的瘋了——」

「T'est un mouchard. Une balance. Et un voleur.」你這隻老鼠，愛告密，還偷錢。

「Ferme ta gueule.」荷諾要德蘇沙閉上狗嘴。

荷諾再度撲上去，德蘇沙在他衝上來最後一刻，往他胸口揮出致命的上鉤拳，荷諾腳步踉蹌，被打趴在停靠路邊的車上。荷諾上氣不接下氣地躺在那裡，接著起身朝德蘇沙吐口水，準備轉身離開現場，皮歐特卻擋住他的去路。

「滾開！」荷諾咆哮：「不管你是波蘭人還哪裡人——蠢蛋別擋我的路。」

皮歐特推了他一把：「你開始的，你自己收尾。」

「開始？你這蠢東歐人。你呢，英國佬？你打算像個懦夫站在那裡？」

「懦夫？和科倫丁密謀、報警告發自己同事的人又不是我。」我說。

「如果你說的是真的，我何必離開餐廳？」

「因為你也被他利用了。」我說。

「只要你肯承認，我就放你走，荷諾。」德蘇沙說。

荷諾轉過身大喊：「好，是我幹的，這下你開心了吧？是我通報警察，你那可悲的小男友在廚房交易古柯鹼，你又何苦幫一個毒販說話？」

「他不只是毒販，也是我們其中一員。他是服務生，是朋友，是兄弟，而你……破壞了兄弟守則。」

德蘇沙猛烈連環攻擊，刺拳打中荷諾右眼，猶豫半秒又連續打出直拳停下，不然這個可憐蟲肯定倒地不起。荷諾哀嚎著倒在車上，整個人滑落車頭，坐在人行道上。我們轉身離開時，荷諾飆罵髒話，快走到門前時，賈瑪爾正好繞過轉角碰到我們。「你朋友在找你。」皮歐特語氣平板地說，賈瑪爾大吃一驚，畢竟他一直把皮歐特當作笑話。「如果你還有點腦袋，就快滾吧。」

「什麼？」賈瑪爾說。

「我換個方式說。要是明天你回來餐廳上班，我就打爆你的臉。」

「你不能……我會當上領班——」

「你什麼都不是。」皮歐特說。

皮歐特在出餐口向泰米爾廚子要了冰塊，以餐巾包裹冰塊，交給德蘇沙。「用這個冰敷你的手。以一個左撇子來說，你揮拳的力道很強。」

「你也打拳擊嗎？」德蘇沙的臉露出笑容。

「在兵團總得找點樂子，自娛娛人，但我打不贏左撇子。」他轉過頭，向不知道剛才外面發生什麼事的尼姆沙說：「要是那個過街老鼠荷諾向你要冰塊，不要給他，懂了嗎？」

「收到，大廚。」尼姆沙說。

「大廚，我不喜歡。叫我同志就好。」

「小心嘍，你聽起來愈來愈像薩爾瓦多了。」他轉身走進餐廳時，我對他說。

「大家一直提這個薩爾瓦多，可惜我沒見過他。」

露天用餐區冷冷清清，第一批午餐客人抵達，點完冰飲後他們靠著椅背休息，飲料上桌時冰塊已溶了一半，卻沒人抱怨，暑氣讓所有人都懶洋洋。

「你覺得兵團的事是真的還假的？」德蘇沙事後問我，可以看得出他卸下肩頭重擔，或許他總算成功把巨石滾上山丘？

「我曾經目睹他打趴體格大他一倍的傢伙。」

「我一直以為他是在吹牛。」

「我覺得格但斯克的餐廳是吹牛的。」

「演戲也是。他告訴亞德烈他是演員。」

「他也這樣告訴路西安，還跟卡蜜說他有貴族血統。」

「英果佬，發生什麼事？」尼姆沙問。困在出餐口、哪裡都去不了的他和其他泰米爾人迫不及待想聽八卦。

我告訴他皮歐特的事，他雙眼閃閃發亮，露出微笑。「你們知道嗎，皮歐特啊，他完全不是你們想的那樣。他之前告訴我——」他的身體輕微靠著出餐口，壓低音量說：「他根本不是波蘭人。不是，我們家皮歐特是塞爾維亞的特種部隊，刺客，來巴黎餐廳工作只是為了避難，有壞人想要他的命。一個人是不是軍人，逃不出我法眼的。」

荷諾苦苦撐過午餐時段，過程中他的眼睛持續腫脹。幫客人點甜點時，他的眼睛腫成一條線，變成藍莓派的顏色。儘管他低著頭繼續工作，卻手忙腳亂，服務也亂成一團。客人抱怨餐點遲遲沒上桌，荷諾忙著善後，這時德蘇沙和皮歐特上前拿走其他客人留給他的小費，收集到的小費全放進一個杯子裡，午餐時段結束後全數交給泰米爾人。主任要求荷諾回家，眼睛消腫再回來上班。

那天晚上，泰米爾人第一次加入我們去酒吧喝酒。我也邀請菲米一起來，希望他有機會當上服務生。他帶著兩位廚子現身，溫暖熱心的菲米讓德蘇沙和皮歐特另眼相看，他們答應幫他忙，明天向主任說情。

「我已經問過他，他說現在不缺服務生。」菲米過一下子告訴我。

「我想很快就會空出兩個位置的。」

「是嗎，可是那個叫科倫丁的討厭我。」

「科倫丁搶主任的工作，所以主任也快待不住了，他可能會為了報復故意給你服務生的工作。再說有人和我一起討厭科倫丁也很好。」

我們你一言我一語，討論菲米當上服務生那幾週要怎麼捉弄科倫丁。

德蘇沙偷偷拿來吧檯的小收音機，把頻道轉到懷舊電台。收音機傳來傑克．瞿彤克的歌曲，今晚播放的是《五點了，巴黎甦醒了》(*Il est cinqu heures Paris s'éveille*)。歌曲很應景，歌詞講述清晨五點鐘，巴黎正慢慢甦醒。服務生高唱副歌，想要教泰米爾人唱歌詞，泰米爾人和廚子卻不怎麼感興趣。

「泰米爾猛虎。」德蘇沙說，他的拳頭高舉半空中。

「泰米爾猛虎，自由鬥士！」我們全體吶喊，聲音更加嘹亮。

「閉嘴。」吧檯後方的女人說：「這裡又不是迪斯可舞廳。」然後關掉音樂。

這一晚氣氛愉快融洽，我們像是凱旋歸來，花光身上每一分錢。我們都是來自世界各個角落的無名小卒，硬是要說，沒有誰是真正的法國人，卻人人都是巴黎人，一個從老舊服務生家族廢墟中誕生的全新家庭。我們疲累骯髒、醉意朦朧，卻快活自在。空氣悶熱窒息，城市空蕩蕩，我們在清晨時分離開酒吧，這一刻，巴黎屬於我們。

❖ 一敗塗地

我們已經馬不停蹄工作三天，氣溫持續飆漲，巴黎高溫令人吃不消，每天屢創新高。餐廳照樣營業，只是現在來了更多受不了盛夏暑氣、想在清涼拱廊下躲太陽的客人。城市高溫不斷，於是市長宣布巴黎幾間公園徹夜開放，讓市民逃離他們整天飽受烈陽摧殘、猶如火爐的小公寓。

夜間的公園分外奇異，恍若另一個世界，人形剪影在四周潛行，再不然就是躺在青草上。我常去距離新公寓不遠、巴黎東邊的肖蒙山丘公園。這座公園原先是廢棄採石場，十九世紀為了該區的勞工階級，改造成休閒放鬆的場所，現在也供應民眾休憩。我愈往高處爬，空氣就愈沁涼。踏上西蒙波利瓦大道，持續上坡，氣溫也愈降愈低，空氣中飄來樹木與植物的芬芳，當你嗅到水的潮濕氣味，就知道目的地不遠了。

我常常躺在那裡睡睡醒醒，不過公園已經比我高溫窒息的房間舒服，也比較幽靜。我居住的街上常聽見鄰居家醜傳到窗外，變成人人都能聽見的鬧劇。酷暑當頭，住戶往往提不起勁，所以鄰居頻繁爭吵，尖叫吼聲從樓下傳進窗口時，我們已經懶得湊上前看熱鬧，除非格外激烈，聽見窗戶碎裂，或是街頭爆發爭吵，否則現在我們完全提不起興致。

我在滿月下的草地圓丘打盹一晚，趁黎明還沒來臨爬上公園制高點。巴黎猶如一本書在我眼前攤開。遙遠光點猶如陌生國度的海岸，閃爍著點點光芒，等待人們探索。我聆聽著遠方某處傳來不絕於耳、我已不再陌生的警笛聲。不遠處是汽車的隆隆聲響，大概是在路上奔馳的計程車。

這幾個月真的很不可思議。將近一年前我初來乍到，盼望以巴黎為家，現在巴黎真的成為我的家。過去幾週餐廳工作節奏緊湊，內鬥口角、超時加班、喪失自由時間、亞德烈被開除，我們逐漸體認到自己可有可無，充其量是炮灰。儘管如此，我們依舊抱持希望，充滿士氣，過去這幾天友情的青綠嫩芽茁壯開花，證明了我們就像一家人支持彼此。科倫丁和全世界的老闆維繫這套制度，無論他們怎麼試圖擊垮我們，都無法震碎員工的士氣。我們的存在證明了人生殘酷又徒勞無功，我們就是這座城市人人利用、卻無人聞問的犧牲者。從事服務業的男男女女，都只是為了成就平價美食的炮灰。

過去幾年來，我尋尋覓覓創作故事靈感，殊不知故事題材早在我眼前：服務生。他們總是具有難以言喻的英雄氣概，日日夜夜對抗不公不義。總要有人訴說他們的故事，打擊造就科倫丁這種人的制度。這就是我要寫的故事，也是我想要創造的意義。

天光破曉，城市在灰濛濛的黑夜中隱隱現形，我身後的東方天空出現一道粉紅光彩，粉光慢慢融入遠方的黑黢黢。首都回聲和城市光輝逐漸轉變，緩緩描繪出我變得熟悉的城市輪廓，在晨光和霧氣下呈現灰藍色調。我看見聖母院胖墩墩的輪廓，光線為它的架構賦予生命，聖母院的高聳正面隱約變得真實可觸、扎實有分量。一個鐘頭前，這不過是一個烏黑無形的想法，虛浮夜空的一抹縹緲氣息。如今沉重扁平的建築正面，筆直挺拔地竄入高空，猶如作為巴黎中心點、旋轉環繞的軸線。建築背部更是驚艷絕美，精緻扶壁猶如一根根石指頭，深深插入平地，鑿在地面，穩穩固定好她，彷彿這樣一來，全世界最浪漫的塞納河水就無法沖刷走她。我腦中想著塞納河源頭勃艮第，路西安曾經告訴我，那裡有一間羅馬人興建的小聖殿，我想像這條河川進入大海前流經的所有地點：法國的古老森林、中古世紀村莊、戰場、城堡、天主教堂等。這九個月來發生的一切猶如夢境，在我腳下攤開，我的雙眼上下探尋道路，心裡想著我曾經住過的地方、曾經探索的街道，想到卡蜜和薩爾瓦多、我和路西安鬼鬼祟祟潛入的派對。最後我的目光繞回雋永的聖母院。從制高點定睛一瞧，我發現她如此高聳平坦，又脆弱不已，輕輕彈指都能讓她倒下。

離開城市的濃烈欲望襲上心頭，我想要在鄉間漫步，嗅著芬芳泥土，享受陽光從樹梢灑落全身的感受。公園外的人行道響起女人的腳步聲，硬生生把我從美夢搖醒。時間將近六點鐘，如果我想要走路上班，就得現在出發。

從肖蒙山丘公園走到餐廳的路線，與我和愛麗絲同居時一樣。先是來到貝爾維爾街，幾位深夜工作的中國娼妓還在街頭流連抽菸，現在已不再一身厚重假皮草外套，而是圍著廉價絲質圍巾。穿越瑪黑區時，可頌香氣讓我腸胃咕嚕作響，但我沒看見麵包店，於是沒有停下腳步，繼續悠閒踏步前進。精品內衣店的展示櫥窗還亮著燈，周遭卻沒有清潔工的身影。街上人潮比以往多，明亮早晨引來人潮，也有疲憊不堪的夜間輪班員工正準備回家，流浪漢夜宿的地方依舊堆疊壓扁紙箱。一輛垃圾車消失在前方道路，偶爾沿路掉落垃圾。塞納河畔的歐洲七葉樹生長濃密、綠意盎然，河川氣味卻沒變。

然後我走到餐廳，第一道日光已經悄悄爬上靜謐的露天用餐區。前方小廣場慢慢從黑夜中現形，建築陰影逐漸褪去，廣場的寧靜空蕩不會維持太久。我踏上露天用餐區，這天在拋光石板路上的第一個腳步，我的雙腳已不再疼痛，或是已感覺不到痛，雙面紙膠帶黏起的鞋底在寂靜清晨中嘎吱作響。前門開著，我直接走進餐廳。瓦倫丁娜正在吧檯讀報紙喝咖啡。

「早。」她說。

我繼續走向那扇門，哪扇門就不用多說，你早就知道了。這扇門位在餐廳後方，可以帶領你進入如今你再熟悉不過的世界。

「英果佬。」

就像之前的幾百天，這天也這麼揭開序幕。我們準備開門，我們認真工作，自上午露天用餐區開放起，天氣已經炎熱難耐。鼠人堅持大家穿著西裝外套，至少撐到午餐時間。暴烈高溫無情曝曬著我們，黑西裝吸收了所有熱氣，髒兮兮的聚脂纖維襯衫緊貼我們背部，汗珠如雨水滾落頸部，囤積在腋下周圍，淌落我們的肩胛骨。午餐時段之前，德蘇沙在主任簡報時提出詢問，我們服務客人時是否可以脫掉外套。主任整個上午都不在，現在才到餐廳，他認同脫外套工作，但我們脫了外套後他發現襯衫狀況不妙，有些服務生的體味更是嚇人，於是要求我們繼續穿著。安布魯斯的襯衫已經汗濕透明，皮歐特依舊面不改色，穿著西裝背心的他今天有得熬了。報告簡短，有一半服務生不能聽報告，已經忙著在露天用餐區招呼提前抵達的客人。我們沒空吃飯，自昨天上午起我就沒有吃飯時間。我內心懊悔著，或許今早應該買點什麼，買個麵包也好。出餐口依舊不供應咖啡，當然也沒有麵包，這些全放在鼠人的服務台，由他看管。

營業時段出餐口的壓力節節攀升，氣溫也不容小覷。出收餐的過程中，服務生偷閒擦汗，或是含一口冰塊，但工作到一半冰塊也快沒了，於是餐廳要我們別再吃冰塊。酷暑烈陽無情肆虐，服務一刻不得閒，露天用餐區兩端的排隊人潮似乎毫無減緩趨勢。自從和德蘇沙發生肢體衝突，荷諾就沒再回來，賈瑪爾居然也聽信皮歐特的威脅，於是安布魯斯和皮歐特分擔他們負責的桌位，我則負責戶外飲料區及緊鄰的兩個用餐區，這通常是三個服務生的服務範圍。菲米目前還在跑堂員試用期，其他桌位則由季節服務生負責。

用餐人潮暴增，意思是沒人可以休息，人人都很煩躁。等待桌位的客人等太久，超過餐廳預告的時間，才剛坐下情緒已經很差。自早餐時段起服務生就沒休息過，所以也很不滿。服務亂七八糟，泰米爾廚子也非常氣惱。餐點沒同時送達，更是讓客人怒火中燒，惱怒的服務生只好回到出餐口，偷其他餐桌的餐點，最後服務生起口角，出餐口叫嚷著下層廚房重新備餐。下層廚房早就跟不上出餐進度，更別說重新點單。天曉得現在上層廚房是什麼狀況，要是這裡已經夠悶熱，樓上肯定比太陽還熱，但至少他們不必來回奔波。與此同時，經理急著提高翻桌率，把服務生逼得壓力破表，惹惱客人……服務生都知道今天不用妄想小費了，但還是認命地埋頭苦幹。人人自顧不暇，在露天用餐區不發一語，回到出餐口肘擊彼此、飆罵三字經、互偷餐點，人人都玩這些計倆。皮歐特逞強，左右兩手端起兩個裝滿餐點的托盤，邁向遙遠的露天用餐區，是很厲害，可惜維持不了多久，安布魯斯赫然轉身，不慎打翻一個托盤，正好墜落在送餐桌位前，發出巨響。

「你沒聽見嗎？我不是大喊『小心後面』了嗎？」皮歐特咕噥。

「我沒聽到。」安布魯斯說：「你要喊大聲一點。」

「你才要認真聽，蠢貨。」

「你應該大聲一點。」

兩人爭吵不休，直到主任及時趕來安撫客人，馬上補送餐點，他派我去重新點餐，拉克斯不理我，我咆哮現在立刻為七〇四號桌和七〇九號桌重新備餐，他咒罵我是什麼punday。安布魯斯和皮歐特趴在露天用餐區地上，從魚肉、沙拉、醬汁、蔬菜等墜毀餐點中，挑出碎裂陶器。我帶著畚箕回來，三人忙著善後，這時出餐口的餐盤猶如推幣機層層堆疊，我們都心知肚明其他服務生肯定會趁虛而入，偷拿我們的餐點，也感覺得到我們負責的桌位飄來目光，客人想追問自己的飲料在哪裡……或是他們可不可以點菜……能不能看一下菜單。巴黎烈陽無情肆虐，熱氣從四面八方撲襲，籠罩著我們，我們盡快穿越地獄，努力克制拔腿狂奔的欲望。我們又累又熱，脫水疲憊，簡單來說就是一連串鳥事的連鎖反應，而且營業到一半我們已經耗盡冰塊，還得派菲米去隔壁餐廳乞討冰塊。

午後四點鐘左右，在七個鐘頭的緊湊服務後人潮總算趨緩，我走向階梯，踏進拱廊下的陰涼，這是七個鐘頭以來第一道涼蔭，我的心臟怦怦跳動，頭暈目眩。現在已經沒人排隊，菜都上桌了，飲料也出了。我只想速速抽一根菸，脫下外套在陰涼處坐著。我點完菸，突然感到天旋地轉，視線一片黑白，口乾舌燥……

＊＊＊

接下來我只知道有個法國男人拉扯我的肩膀，試著抬起我，反覆詢問我怎麼了。我吐不出完整句子，勉強靠著牆打直身子。一名女接待員上前查看，看見我面無血色，於是轉頭奔回餐廳，馬上又帶著一杯溫熱可樂回來，這時我很確定我握著香菸的手不太對勁，有根骨頭不正常地突出。我試著向女接待員解釋，過沒多久皮歐特也來了，我也想向他解說，可是我再怎麼努力，還是說不出前後一致的句子。皮歐特不肯聽我說明手有問題，只想查看我是否有腦震盪。三個人同時不在工作崗位，沒多久當然鼠人就來了，這時我已經可以組織半個句子，告訴他們兩人我手骨斷裂。他們向鼠人解釋我剛才昏倒，可能不慎跌斷手骨，鼠人憤怒到無法直視我，只叫皮歐特扛我去附近的醫療院所。

「……現在我得打電話找人頂替你。你知道你把我們害得多慘嗎？今晚我們訂位全滿，你現在卻給我捅這個婁子。C'est n'importe quoi（真是太扯了）。要是你的手骨沒斷，立刻回來上班。皮歐特，你一送他到那就馬上給我回來。Putain. Putain（媽的！媽的）！」我被抬離時，鼠人嘴裡仍不停咒罵。

皮歐特送我到距離餐廳不遠的醫院。

「Courage mon ami（加油，老兄）。」他說。

「Merci, Piotr（謝了，皮歐特）。」

「Non, merci à toi（不，我才要謝你）。」他掐了一下我肩膀，直視我的眼睛：「你真是他媽的工作狂人。」他以英語說：「我從沒看過像今天這麼猛的拚勁。」

「你會講英語？」

「夠用啦。」

他看了一眼我的手說：「C'est bien csssé ça（真的徹底骨折了）。幸好你不是左撇子。」

「我是。」

「啊，那現在是好機會，你或許可以，我不知道，學習用另一隻手。」

為了幫我適應這個新局面，我們一起抽最後一根菸，皮歐特還貼心幫我撕掉濾嘴。我們默默抽著菸。

「Bon, à plus（好啦，晚點見），皮歐特。」菸抽完，我這麼說。

「要是我今晚看見你回餐廳，絕對親自送你離開。」他望著我露出微笑。

「去他的餐廳，我玩完了。」

「你有一股氣質，英國佬。你的眼神已經透露了，我看得出你有潛質，你並沒有玩完。」

我硬擠出笑容，手陣陣抽痛。

「新鮮地來，腐敗地走。」我說。

「新鮮地來，腐敗地走。」他接道：「菲力克斯，我們的大哲學家。Au revoir, l'Anglais（再見了，英國佬）。」

「再見，皮歐特。」

語畢，皮歐特離去。我凝望著他踏上街回餐廳的精瘦背影，他已經脫下西裝外套，袖子高高捲起，西裝背心敞開。他沒回頭，逕自以他專屬的軍團行軍步伐前進。我定格在那裡，不知何故，內心詭異地知道一件事，那就是今天過後我們再也不會相見了。

第七部 消化酒 LE DIGESTIF

❖博物館

翌日清晨，我在醫院病床醒來，左手臂包著石膏，還有一張打了兩根鋼釘的手部X光片。日光從窗戶傾瀉一室，萬籟俱寂，我感到疲憊不堪。外科醫師查房時通知我手術很成功，還交給我一份未來三週無法工作的證明文件。

「我出於義務通知你，如果你覺得有必要，想住院多久都可以，但是，呃，就如同我昨晚說的，院內很缺病床。」

我謝過醫生，換好衣服離開醫院。時間剛過上午七點鐘，又是一個明耀動人的夏日。我手包著石膏，漫步到運河，坐下喝咖啡，點了一份開面三明治、一個可頌麵包、一個巧克力可頌，深深享受自由解放的感受，卻必須承認內心感到一絲歉疚。不到幾個鐘頭我那些前同事就會到餐廳，發現少了一個人，偏偏今天訂位全滿。我的名字會像紀雍姆、馬丁、薩爾瓦多、路西安和其他人一樣，全天候遭到痛罵。這就是服務生的儀式：以臭罵侮辱的方式安葬離職服務生。我很清楚我的服務生工作畫下句點，錯過一次輪班就結束了。某方面來說也是好事，畢竟我已經達成當初來餐廳的目標，我當過巴黎服務生，贏得其他服務生的接納。和這些人工作的經驗改變了我，我挖掘一個看不到的隱藏世界，我們天天接觸、卻鮮少多看一眼的世界，和歐威爾描寫的一模一樣，過了這麼多年卻幾乎沒有改變。這個世界有許多不得了的人物，我現在可以稱為朋友、同事、同袍的人。雖然我和他們相處的時光告終，我對他們還是有義務，既然現在有時間，也培養出自信，我可以用自己的方式回饋他們。

我的下一份工作是在奧斯曼大道的博物館擔任警衛。這份工作無聊，工時長，就算展示畫作再美，待了一百個鐘頭後，肯定連卡納萊托或范戴克都失去興致。白晝依舊漫長，除了偶爾幾個上前找洗手間的老人，沒人會來打擾我，於是我開始寫起餐廳記事，靠樓下員工咖啡機的理查咖啡提振士氣。

我之前在塞納河餐酒館當過服務生的傳聞，在博物館茶坊掀起一陣不小的旋風，等我手傷痊癒，他們找我當服務生。從每次營業時段動輒幾百桌、手忙腳亂端出幾千道菜的塞納河畔餐酒館，換到冷靜優雅的博物館茶坊工作，我完全沒有適應的問題，就工作資歷來看，我完全是專業級。

好笑的是，就算茶坊清一色是女服務生，抱怨的事大同小異：抱怨忙碌、抱怨客人、抱怨有人偷拿她們負責桌位的餐點，她們也毫不遮掩，對男人能勝任這份工作詫異不已。就這方面來說，她們其實和塞納河畔餐酒館員工差不了多少。有時我很懷念餐廳，茶坊幾乎沒有小費，工作也激不起腎上腺素，不過工時倒是比較人性化，加上另一份夜間酒吧工作，我的薪水還夠過活，只是睡眠時間比以前更少了。好處是他們有午休時間。

就在這時，我意外收到《紐約時報》的回信。我不是投履歷，而是投稿，他們在回信中簡潔有力地說：「感謝您的投稿，我們有意刊登。」

我還反應不過來，文章已經印刷出版，刊登網路，標題是：巴黎廚房記事。

無論接下來怎樣，至少我可以說自己的文章刊登在《紐約時報》，比起在飯店廁所把《紐約時報》墊在屁股下睡覺，已經是一大進展。

❖尾聲

薩爾瓦多：「你知道為什麼義大利人吃完晚餐要喝苦艾利口酒？」

我：「可以幫助消化？」

薩爾瓦多：「不是，因為無論餐點多甜美，這杯苦澀飲料都提醒我們，我們還是得回到現實……直到下一餐為止，就是這樣。」

當然我現在很清楚，我個人的狀況與我遇見的同事不同，我只是一個觀察過客，但當初我一無所知。我當服務生，部分是為了在金融風暴過境後的世界經濟存活，部分是因為我相信去做某件事，過一種預料之外、截然不同的生活，或許我的信念就會成真。親身體驗真實的事，創造真實意義。我做這些工作遭遇的窮困潦倒及羞辱，絕對無法和我遇見的人比擬，畢竟那不只是他們的工作，而是他們的人生，這就是他們的日常，通常還得微笑熬過每一天。儘管一輩子夢想著不同人生，現實卻扯後腿，情勢不利，天不從人願，很多人可能永遠無法達成目標。我上過大學，是中產階級英國白人，渾渾噩噩度過這二十幾年人生，不清楚自己的人生方向，也不曉得爬不爬得出低谷，受困沒有未來的巴黎工作循環。我當時的筆記反映出內心的焦慮，可是今天動筆，都已事過境遷，儘管還在人生路上努力，卻看得出我已經邁出一大步。儘管那時我對於工作出路毫無頭緒，卻很開心自己住在巴黎，巴黎生活讓一切變得甜美。（除了要面對URSSAF。）

既然這本書的主角不是我，讓真正的主角為故事做結尾才合理。主角都是我景仰尊重的人，也是我這輩子見過工作最拚的人。

基於對服務生古老行規的尊重，離開餐廳後我就再也沒回去，不過內心還是忍不住好奇他們現在怎麼樣了。我知道亞德烈的去向，因為不久後我在老闆旗下另一間餐廳遇見他。我們對話很短暫，畢竟他在工作，但我感受得到他看見我時有點不安。難不成是我沒穿制服，所以某程度來說高高在上？或者他只是擔心我還在塞納河畔餐酒館，回去後會通報其他服務生他在這裡工作？

二〇一九年起我著手這本書，當時餐廳還正常營業，左思右想後我決定回去瞧瞧，可是走到大門時，我卻跨不過門檻，仍覺得我破壞了服務生規矩，愧對前任同袍。過了幾天我又回去，這次特地站在遠方觀察，完全沒看見主任、瓦倫丁娜、寶琳或鼠人的身影，只看見德蘇沙穿著比以前更挺拔帥氣的西裝，面帶笑容在VIP桌區服務，管理其他服務生（包括菲米在內）的模樣很有領班架勢。但一個最意想不到的人穿著灰鴿色的經理西服，昂首跨步踏出雙開式回轉門時，我壓不住內心的訝異。是皮歐特。或許這間餐廳沒有黑海景緻，景色倒是不錯，可惜食物是黑店天價。服務節奏稍微慢下來，我盡可能站在鄰近露天用餐區的位置，觀察出餐口後方。從這個角度很難看清楚，但我更用力看，先是聽見聲音、接著瞥見一雙孔武有力的手，手的主人彎身對一個菜鳥服務生咆哮時，我總算看清他的臉。他已經在那裡工作十六年了，十六年來都窩在巴黎市中心，一個狹小黑暗的空間，肯定還夢想著哪天能去倫敦。我從沒聽說荷諾後來的發展，不用懷疑，下次你在巴黎吃飯，遇見的服務生可能就是他。賈瑪爾可能真的去了南特。至於卡蜜，我在LinkedIn網站發現她放棄了為社會公義喉舌的新聞記者夢想，目前任職一間國防機密公司。至於薩爾瓦多，我查了義大利的自由潛水網站，查無此人，無論他人在何方，都希望那裡番茄滋味甜美。

有個人我當然再也沒見到，而且很早就放棄聯絡，不過我決定上網肉搜。我在一個演藝事務所網站看見他的臉孔時，你可以想像我有多開心，但欣喜卻在下一秒消散，因為我發現除了童星時期的電視演出，他沒有其他演藝作品。下一條連結倒是很發人省思，這是開放法國民眾查看的網站，上面記錄他的自僱稅籍狀態，寫著：路西安．法布荷，居住地址：巴黎十八區，從業領域：餐飲業，職務：服務生——Waiter。

巴黎侍者

城市黑暗中心的冒險，一位年輕作家眼中的底層巴黎

巴黎侍者：城市黑暗中心的冒險，一位
年輕作家眼中的底層巴黎／艾德華．奇索姆
（Edward Chisholm）著；張家綺譯.
－初版.－臺北市：麥田出版：
英屬蓋曼群島商家庭傳媒股份有限公司
城邦分公司發行，2024.03
譯自：A waiter in Paris：
adventures in the dark heart of the city
ISBN 978-626-310-604-8（平裝）
1.CST: 奇索姆(Chisholm, Edward)
2.CST: 餐飲業　3.CST: 顧客服務
4.CST: 社會生活　5.CST: 法國巴黎
483.8　112020783

封面設計　朱疋
內頁排版　黃暐鵬
印　　刷　前進彩藝有限公司
初版一刷　2024年3月
初版三刷　2024年4月

定　　價　新台幣499元

I S B N　978-626-310-604-8
e-ISBN　9786263106000（EPUB）
本書如有缺頁、破損、裝訂錯誤，
請寄回更換

作　　者　艾德華．奇索姆（Edward Chisholm）
譯　　者　張家綺
責任編輯　翁仲琪
國際版權　吳玲緯　楊　靜
行　　銷　闕志勳　吳宇軒　余一霞
業　　務　李再星　陳美燕　李振東
副總編輯　何維民
編輯總監　劉麗真
事業群總經理　謝至平
發 行 人　何飛鵬

出　　版

麥田出版
地址：115020台北市南港區昆陽街16號4樓
電話：(02) 2500-0888　傳真：(02) 2500-1951
網站：http://www.ryefield.com.tw

發　　行

英屬蓋曼群島商家庭傳媒股份有限公司城邦分公司
地址：115020台北市南港區昆陽街16號8樓
網址：http://www.cite.com.tw
客服專線：(02) 2500-7718; 2500-7719
24小時傳真專線：(02) 2500-1990; 2500-1991
服務時間：週一至週五 09:30-12:00; 13:30-17:00
劃撥帳號：19863813　戶名：書虫股份有限公司
讀者服務信箱：service@readingclub.com.tw

香港發行所

城邦（香港）出版集團有限公司
地址：香港九龍土瓜灣土瓜灣道86號
順聯工業大廈6樓A室
電話：+852-2508-6231　傳真：+852-2578-9337
電郵：hkcite@biznetvigator.com

馬新發行所

城邦（馬新）出版集團 Cite (M) Sdn Bhd
地址：41, Jalan Radin Anum, Bandar Baru Sri Petaling,
57000 Kuala Lumpur, Malaysia.
電話：+603-9057-8822　傳真：+603-9057-6622
電郵：cite@cite.com.my